中国石油气藏型储气库丛书

储气库地质与气藏工程

魏国齐　丁国生　何　刚　等编著

石油工业出版社

内 容 提 要

本书从储气库地质与气藏工程专业角度出发,系统阐述了中国气藏型储气库建设现状、地质评价、物理模拟、地质方案设计、动态监测、库存分析与预测、优化配产配注等关键技术内容,并以多年实践经验为基础,详细介绍了注采方案编制、优化调整方案设计等核心内容。

本书可供气藏型储气库地质与气藏工程相关科研和管理人员阅读,也可作为大专院校相关专业师生的参考用书。

图书在版编目(CIP)数据

储气库地质与气藏工程 / 魏国齐等编著. —北京：石油工业出版社，2020.9

(中国石油气藏型储气库丛书)

ISBN 978 – 7 – 5183 – 2602 – 0

Ⅰ.①储… Ⅱ.①魏… Ⅲ.①地下储气库 – 石油天然气地质 – 研究 – 中国 ②地下储气库 – 油气藏 – 石油工程 – 研究 – 中国 Ⅳ.①TE822 ②P618.130.2 ③TE

中国版本图书馆 CIP 数据核字(2020)第 102885 号

出版发行：石油工业出版社

(北京安定门外安华里 2 区 1 号楼　100011)

网　　址：www.petropub.com

编辑部：(010)64523736　图书营销中心：(010)64523633

经　销：全国新华书店

印　刷：北京中石油彩色印刷有限责任公司

2020 年 9 月第 1 版　2020 年 9 月第 1 次印刷

787×1092 毫米　开本：1/16　印张：14.25

字数：320 千字

定价：120.00 元

(如出现印装质量问题,我社图书营销中心负责调换)

版权所有,翻印必究

《中国石油气藏型储气库丛书》编委会

主　　任：赵政璋

副 主 任：吴　奇　马新华　何江川　汤　林

成　　员：（按姓氏笔画排序）

丁国生　王　平　王建军　王春燕　王皆明
毛川勤　毛蕴才　文　明　东静波　卢时林
申瑞臣　冉蜀勇　付建华　付锁堂　刘存林
刘国良　刘科慧　李　彬　李丽锋　吴安东
何　刚　何光怀　张刚雄　陈显学　武　刚
罗长斌　罗金恒　郑得文　赵平起　赵爱国
班兴安　袁光杰　董　范　谭中国　熊建嘉
熊腊生　霍　进　魏国齐

《储气库地质与气藏工程》编委会

主　　任：魏国齐　丁国生　何　刚
副 主 任：郑得文　王皆明　郑雅丽　李　春　李　彬
成　　员：胥洪成　张刚雄　孙军昌　赵　凯　石　磊
　　　　　魏　欢　朱华银　李　翔　付太森　唐立根
　　　　　完颜祺琪　李　康　祁红林　武志德　邱小松
　　　　　刘先山　朱莎莎　张　敏　垢艳侠　朱思南
　　　　　钟　荣　赖　欣　裴　根　宋丽娜　皇甫晓红

《储气库地质与气藏工程》
编写与审稿人员名单

章	编写人员	审稿人员
第一章	魏国齐 郑得文 何 刚 丁国生 李 彬	魏国齐
第二章	何 刚 郑得文 张刚雄 魏 欢 李 康	何 刚
第三章	丁国生 魏国齐 郑雅丽 邱小松 付太森	丁国生
第四章	朱华银 完颜祺琪 石 磊 武志德 张 敏	朱华银
第五章	胥洪成 唐立根 赵 凯 裴 根	胥洪成
第六章	郑得文 胥洪成 祁红林 赖 欣	郑得文
第七章	孙军昌 李 翔 垢艳侠 朱莎莎	孙军昌
第八章	李 春 王皆明 胥洪成 钟 荣	李 春
第九章	王皆明 李 春 刘先山 宋丽娜	王皆明
第十章	郑雅丽 王皆明 朱思南 皇甫晓红	郑雅丽

丛书序

进入21世纪,中国天然气产业发展迅猛,建成四大通道,天然气骨干管道总长已达7.6万千米,天然气需求急剧增长,全国天然气消费量从2000年的245亿立方米快速上升到2019年的3067亿立方米。其中,2019年天然气进口比例高达43%。冬季用气量是夏季的4~10倍,而储气调峰能力不足,严重影响了百姓生活。欧美经验表明,保障天然气安全平稳供给最经济最有效的手段——建设地下储气库。

地下储气库是将天然气重新注入地下空间而形成的一种人工气田或气藏,一般建设在靠近下游天然气用户城市的附近,在保障天然气管网高效安全运行、平衡季节用气峰谷差、应对长输管道突发事故、保障国家能源安全等方面发挥着不可替代的作用,已成为天然气"产、供、储、销"整体产业链中不可或缺的重要组成部分。2019年,全世界共有地下储气库689座(北美67%、欧洲21%、独联体7%),工作气量约4165亿立方米(北美39%、欧洲26%、独联体28%),占天然气消费总量的10.3%左右。其中:中国储气库共有27座,总库容520亿立方米,调峰工作气量已达130亿立方米,占全国天然气消费总量的4.2%。随着中国天然气业务快速稳步发展,预计2030年天然气消费量将达到6000亿立方米,天然气进口量3300亿立方米,对外依存度将超过55%,天然气调峰需求将超过700亿立方米,中国储气库业务将迎来大规模建设黄金期。

为解决天然气供需日益紧张的矛盾,2010年以来,中国石油陆续启动新疆呼图壁、西南相国寺、辽河双6、华北苏桥、大港板南、长庆陕224等6座气藏型储气库(群)建设工作,但中国建库地质条件十分复杂,构造目标破碎,储层埋藏深、物性差,压力系数低,给储气库密封性与钻完井工程带来了严峻挑战;关键设备与核心装备依靠进口,建设成本与工期进度受制于人;地下、井筒和地面一体化条件苛刻,风险管控要求高。在这种情况下,中国石油立足自主创新,形成了从选址评价、工程建设到安全运行成套技术与装备，建成100亿立方米调峰保供能力，在提高天然气管网运行效率、平衡季节用气峰谷差、应对长输管道突发事故等方面发挥了重要作用，开创了我国储气库建设工业化之路。因此，及时总结储气库建设与运行的经验与教训，充分吸收国外储气库百年建设成果，站在新形势下储气库大规模建设的起点上，编写一套适合中国复杂地质条件下气藏型储气库建设与运行系列丛书，指导储气库快速安全有效发展，意义十分重大。

《中国石油气藏型储气库丛书》是一套按照地质气藏评价、钻完井工程、地面装备与建设和风险管控等四大关键技术体系，结合呼图壁、相国寺等六座储气库建设实践经验与成果，编撰完成的系列技术专著。该套丛书共包括《气藏型储气库总论》《储气库地质与气藏工程》《储气库钻采工程》《储气库地面工程》《储气库风险管控》《呼图壁储气库建设与运行管理实践》《相国寺储气库建设与运行管理实践》《双6储气库建设与运行管理实践》《苏桥储气库群建设与运行管理实践》《板南储气库群建设与运行管理实践》《陕224储气库建设与运行管理实践》等11个分册。编著者均为长期从事储气库基础理论研究与设计、现场生产建设和运营管理决策的专家、学者，代表了中国储气库研究与建设的最高水平。

本套丛书全面系统地总结、提炼了气藏型储气库研究、建设与运行的系列关键技术与经验，是一套值得在该领域从事相关研究、设计、建设与管理的人员参考的重要专著，必将对中国新形势下储气库大规模建设与运行起到积极的指导作用。我对这套丛书的出版发行表示热烈祝贺，并向在丛书编写与出版发行过程中付出辛勤汗水的广大研究人员与工作人员致以崇高敬意！

中国工程院院士

2019年12月

前　　言

气藏型地下储气库一般是储气库建设早期的首选目标,依托已开发气藏改建而成,通过库址资源精细评价,确定合理的库容参数,部署有效的注采井与监测井,利用高效注采气地面设施,使其具备季节调峰和应急储备等多重功能。与含水层、盐穴等其他类型储气库相比,气藏型储气库具有建库目标资料比较齐全、地质认识清楚、开发规律清晰、建设周期短以及成本较低等特点。根据 2018 年国际天然气联盟最新统计资料,全世界拥有气藏型储气库 481 座,类型占比达 67%;形成工作气量 $2934 \times 10^8 m^3$,规模占比高达 75%。我国目前已建成 27 座储气库,其中气藏型储气库 24 座,是储气库建设的主要类型,今后一段时间仍然是储气库建设的主要目标和类型。

我国储气库建设始于 20 世纪 90 年代末期,仅有 20 多年的历史,工作气量只有 $100 \times 10^8 m^3$ 左右,不足年消费量的 5%,总体上处于发展的初级阶段。从全球构造板块演化结果看,我国是多个微板块不断碰撞,多期构造运动导致构造破碎、断裂发育、陆相沉积储层非均质性强等,建库运行面临较大的技术难度和挑战。通过多年自主创新与实践,储气库的建设、优化运行逐步走出了一条符合我国地质特点的专业发展道路,形成了我国复杂地质条件气藏型储气库建库设计与运行配套技术体系,全面支撑了我国多座储气库安全平稳建设与运行,已经成为我国"产供储销"产业链不可或缺的重要组成部分,是调峰保供的最有效手段。

本书以我国已建成的气藏型储气库作为剖析对象,从阶段特点与术语、建设现状、建库资源分布、实验研究、库容参数设计、建库地质方案、库存分析、配产配注、优化调整等方面,对储气库建设与优化运行过程中,地质与气藏工程专业领域所形成的配套技术以及研究新进展做了较为系统、全面的阐述。整体的技术体系框架涵盖储气库圈闭地质精细描述、反复注采气水二相渗流特征、库容参数设计方法、动用库存分析以及优化运行技术指标预测等多项核心技术。对建库地质方案设计、动态监测体系及内容、建库投产与周期注采方案编制以及储气库优化调整方案设计提出了明确、具体的要求。同时也可为我国复杂地质条件气藏型储气库的建设运行提供很好的技术指导和借鉴作用。

全书由郑得文、王皆明、李春负责统稿,最后由魏国齐、丁国生、何刚审查完稿。在本书的编写过程中,中国石油咨询中心的李文阳教授、李海平教授、张昱文教授等对本书的完成做出了重要贡献;中国石油勘探与生产分公司、中国石油北京天然气管道有限公司、中国石油西气东输管道分公司、中国石油西南油气田公司、中国石油新疆油田公司、中国石油辽河油田公司、中国石油华北油田公司等多家公司也给予了大力的支持,在此一并表示衷心感谢。

由于笔者自身理论基础和技术水平有限,书中难免会存在不少缺点和不足,希望同行批评和指正。

目 录

第一章 概述 (1)
第一节 气藏型储气库简介 (1)
第二节 国外气藏型储气库主要特点与发展趋势 (5)
第三节 国外气藏型储气库发展启示 (9)
第四节 中国气藏型储气库发展阶段 (11)
第五节 中国气藏型储气库特点及面临挑战 (12)
参考文献 (14)

第二章 中国气藏型储气库现状及资源规划 (15)
第一节 气藏型储气库建设现状 (15)
第二节 气藏型储气库库址资源优选 (28)
第三节 储气库总体规划布局 (47)
参考文献 (48)

第三章 地质评价流程与关键技术 (49)
第一节 地质评价流程 (49)
第二节 地质评价关键技术 (55)
参考文献 (77)

第四章 储气库注采机理实验评价技术 (79)
第一节 物理模拟实验技术流程 (79)
第二节 实验评价关键技术 (80)
参考文献 (92)

第五章 储气库库容参数设计方法 (94)
第一节 孔隙空间动用主控因素 (94)
第二节 建库有效孔隙体积评价 (95)
第三节 运行压力区间设计 (102)
第四节 库容参数设计 (105)
第五节 库容参数设计模式 (107)
参考文献 (110)

第六章 储气库建库地质方案设计 (111)
第一节 建库地质方案设计原则 (111)
第二节 注采层系设计 (112)
第三节 单井注采气能力设计 (116)

第四节　注采井网设计 …………………………………………………………（123）
　　第五节　注采运行方案及指标优化 ………………………………………………（125）
　　第六节　建库地质方案部署与实施建议 …………………………………………（134）
　　参考文献 ………………………………………………………………………………（135）
第七章　储气库动态监测方法 ……………………………………………………………（136）
　　第一节　动态监测体系及监测内容 ………………………………………………（136）
　　第二节　注采井动态测试 …………………………………………………………（138）
　　第三节　圈闭密封性运行监测 ……………………………………………………（139）
　　第四节　井筒完整性检测 …………………………………………………………（142）
　　参考文献 ………………………………………………………………………………（144）
第八章　储气库库存分析与预测方法 ……………………………………………………（145）
　　第一节　库存管理的意义 …………………………………………………………（145）
　　第二节　库存管理基本内容 ………………………………………………………（145）
　　第三节　库存量管理与评价 ………………………………………………………（148）
　　第四节　库存指标分析与预测方法 ………………………………………………（156）
　　第五节　典型库存曲线分析 ………………………………………………………（170）
　　参考文献 ………………………………………………………………………………（179）
第九章　优化配产配注气藏工程方法 ……………………………………………………（180）
　　第一节　扩容达产阶段配产配注气藏工程方法 …………………………………（180）
　　第二节　稳定运行阶段配产配注气藏工程方法 …………………………………（193）
　　第三节　储气库群优化配产配注气藏工程方法 …………………………………（200）
　　参考文献 ………………………………………………………………………………（207）
第十章　注采方案与优化调整方案设计 …………………………………………………（209）
　　第一节　建库投产方案编制要求 …………………………………………………（209）
　　第二节　周期注采方案编制要求 …………………………………………………（211）
　　第三节　注采优化调整方案编制要求 ……………………………………………（213）

第一章 概 述

天然气地下储气库(以下简称"储气库")是将从天然气田(藏)中采出的天然气,重新注入地下具备封闭条件的储集空间中,形成的一种人工气田(藏)。储气库作为天然气"产、运、储、销、用"业务链五大环节之一,已经成为天然气产业链中不可或缺的组成部分。在天然气的开发和利用过程中,储气库可以优化供气系统,满足市场调峰、应急管道事故和保证国家战略储备。作为一种潜在的价格套利与贸易保值的工具,储气库具有调峰能力强、经济安全、快速可靠的显著优势,是最经济、最主要的天然气调峰储备方式。

根据储气库地质特点,储气库一般可划分为四种类型,即(油)气藏型、含水层型、盐穴型、矿坑(或岩洞)型。其中,矿坑(或岩洞)型储气库数量较少(工作气量仅占比0.02%),大多建在那些缺乏建库地质构造的地区。而气藏型储气库是建库历史最久、调峰规模最大、技术配套最齐全的储气库类型。

第一节 气藏型储气库简介

一、选址基本条件

天然气藏是改建地下储气库的最有利目标之一。天然气藏不仅具有构造落实、圈闭密封性好、调峰规模大、应急能力强等先天地质优势,而且还有可能通过改造利用现有气井和地面设施缩短建库周期、减少投资费用。气藏型储气库是利用天然气藏改建而成的储气库,根据气藏类型不同可分为不同的储气库类型,如按圈闭因素、储层岩石类型、驱动方式、相态因素、饱和度程度、地层压力系数等分,不同类型的气藏型储气库其地质特征、注采规律等差异较大。

根据国外建库目标筛选条件,气藏型储气库主要满足四个基本条件:(1)具有良好的多孔、高渗透性和具有一定厚度的储层,储层孔隙度和渗透率要满足一定的标准(如一般要求气藏改建储气库的储层孔隙度大于15%,渗透率大于100mD,储层厚度大于6m);(2)圈闭密封性好,尤其盖层可靠、断层密封,保证注入气不发生垂向和侧向泄漏;(3)埋深适度,1000~2500m比较合适,一般不超过3500m;(4)原气藏天然气性质好,不含酸性气体。国内气藏型储气库建库条件相对较差,90%为复杂断块气藏,埋藏深、储层渗透性差、非均质性强,在保证圈闭密封性和经济性的前提下,上述库址筛选与评价条件可适当调整。

二、建设运行阶段

气藏型储气库是利用地下气藏构造改建而成的,与其他类型储气库相比,在建库空间、原始流体、工艺实施等方面具有差异性,其建设运行基本原理也不相同。从地质气藏工程的角度,结合早期建成的储气库多年建设运行经验,可将气藏型储气库划分为建设投产、扩容达产、稳定运行三个阶段,各阶段的界限划分、运行原理及特点均不相同。

(一)建设投产阶段

1. 阶段任务

建设投产阶段指储气库从开工建设到第一注气周期前的建设阶段,由于尚未开始循环注采,除由未枯竭气藏改建的储气库外,其他类型储气库均不具备调峰能力。该阶段的基本任务是实施储气库基础工程建设,保障各项工艺设备处于可用状态,完成投产试运行工作,为储气库正式投产运行做好准备。

2. 主要特点

1)基建工程基本完成

按照储气库方案设计要求,开展地下工程、地面工程、管道工程等方面的建设工作,工程建设进度和质量直接关系到储气库能否顺利投产运行以及后期的安全高效运行。其中地下工程包括注采井、监测井等不同功能井的钻井和完井工程,气藏原有老井的封堵或改造利用处理;地面工程涉及注采井场、集输管线、联合处理站等;管道工程包括输气干线到储气库以及储气库到干线或输配管线的管道工程(压力及流量平衡,单线或双线)等。

2)投产调试满足要求

储气库工程建设基本完成后,就可开展投产运行准备工作、试运行及正式投产。在正式投产前,一般需要完成试运行工作,主要目的是检验各项工程建设的质量、联调联运各工艺设备,评价工程及设备长期运行的可靠性、培训操作岗位员工等;当储气库试运行验收合格后,就具备了正式投产运行条件,储气库建设也进入了一个新的阶段。

3)基本不具备调峰及应急功能

建设投产阶段的工作主要集中于工程建设和投产试运行,由于枯竭气藏改建的储气库采气工作尚未开始,未形成有效工作气量,也就不具备储气库调峰及应急能力;对于由未枯竭气藏改建的储气库,如果改建前地层压力高于方案设计下限压力,且投产运行条件允许,可进行季节调峰及应急供气。

(二)扩容达产阶段

1. 阶段任务

扩容达产阶段指第一注气周期达到稳定运行条件的循环过渡周期,既是实现方案设计关键指标的重要阶段,也是对建设投产和稳定运行阶段的有效衔接。该阶段通过持续的工程续建,最终形成满足方案设计要求的整体工程规模;通过运行跟踪分析,尽可能暴露运行中存在的主要矛盾,消除不确定因素,为储气库安全高效运行打下良好的基础。

这里所称的稳定运行条件,主要包含三层含义:(1)工程建设任务基本完成。按照方案设计要求,完成了钻完井、地面及管道等工程建设任务,且投产运行合格,基本满足储气库注采运行所需配套工程的要求。(2)注采井网形成。通过新钻井或老井利用方式,形成了方案设计所要求的注采井网并全部投运,井工程达到完整性管理中的安全性能要求。(3)运行于设计压力区间。储气库注气达到上限压力,采气时达到下限压力,运行压力区间符合方案设计要求。

2. 主要特点

1）处于不稳定运行条件

（1）工程建设持续开展。建设投产阶段仅建成了基本工程设施，还需续建地下工程、地面工程及管道工程，尤其是井工程；同时在实施过程中，部分工程建设调整优化，均需要在本阶段实施完成。

（2）注采井陆续投产。在分批实施情况下，注采井分期分批完钻并投产运行。

（3）运行压力未达到设计区间。对于枯竭气藏型储气库，需要一定的建库周期，才能达到方案设计的运行压力条件；扩容达产阶段运行时间短，同时受投产井数、注入气扩散等影响，实际最大运行压力低于方案设计值，与稳定运行阶段具有显著差异。

2）资料占有低且运行风险大

（1）评价储气库注采性能资料占有程度低。尤其第一周期注气投产和初期运行，仅有气藏开发、储气库新钻井静态地质资料，以及投产试运行等少量动态资料，储气库合理配产配注及注采方案优化难度大。

（2）储气库注采运行风险大。在多周期往复注采工况交变应力作用下，产生盖层毛管密封失效、拉张破坏、剪切破坏及断层滑移激活等，储气圈闭动态密封性失效风险大增，影响储气库运行的安全性。

（3）动态监测工作量大。尤其是第一周期注气资料的录取和圈闭动态密封性的监测，对储气库科学扩容达产、安全运行具有重要意义。同时深化地质认识、核实注采气能力，验证方案设计科学性与合理性，及时调整注采方式和工作制度，为储气库注采优化和合理配产配注奠定基础。

3）运行规律尚未建立

储气库扩容达产阶段运行条件不断变化，如工程建设持续开展、新钻井陆续投产、运行压力区间扩大等，受这些变化因素的影响，运行指标变化较大，整体表现为规律较差的变化趋势。

4）具备一定的调峰及应急能力

对枯竭气藏改建的储气库，建库前地层压力低于下限压力，随扩容达产注采运行，当地层压力高于下限压力后，储气库就具备调峰能力，但扩容达产阶段应以逐步提高气驱效率和工作气量为主，尤其是水侵气藏型储气库初期形成的次生气顶规模有限，尽量不参与大规模调峰，以获得较好的注气驱替效果，为平稳过渡到稳定运行阶段奠定基础。

（三）稳定运行阶段

1. 阶段任务

稳定运行阶段指储气库达到稳定运行条件后的多周期注采循环周期。该阶段既是实现运行规律性认识的重要阶段，也是进一步挖潜深化调整提高运行效率的关键期。

2. 主要特点

1）达到稳定运行条件

通过建设投产、扩容达产阶段，储气库工程建设基本结束，各工程系统也满足储气库注采运行需求；尤其形成了系统的注采井网，达到了地质与气藏工程方案设计的要求；扩容达产注气驱替运行,基本恢复到设计上限压力,注采运行于设计压力区间。

2)动态资料丰富

通过建设投产、扩容达产阶段,获取了大量的动态监测资料和注采运行数据,进一步消除了储气库的不确定因素,有力保障了储气库安全运行;同时资料的极大丰富,动态分析效率的提高,对储气库注采动态特征和运行规律的把握更加准确,储气库配产配注和调整优化更加科学合理,有利于进一步提高储气库运行效率、降低储气成本。

3)注采运行规律强

在稳定运行条件下,工程建设完成、注采井网完善、运行于设计压力区间,外界各因素对储气库运行的影响较小,注采运行整体表现出较好的规律性,技术指标呈现有规律的变化趋势,这对储气库注采能力准确预测十分有利。

4)可通过挖潜深化提高运行效率

通过准确把握储气库运行规律,对库容参数、注采井网、井工作制度等进一步深入评价,深度挖掘提高工作气量和井注采气能力的潜力方向,提出提高运行效率和经济效益的综合优化调整方案并付诸实施。

三、主要术语

气藏:具有独立压力系统和统一气水界面,且只聚集有天然气的单一圈闭[1]。

地下储气库:简称储气库,是利用地下的某种密闭空间存储天然气的地质构造,包括油气藏型、盐穴型、含水层、矿坑四种类型。

气藏型储气库:利用天然气藏改建而成的地下储气库。

储气地质体:由建库层、盖层、断层、上下监测层及相关油气水流体组成的一个或多个圈闭构成,对天然气多周期注采具备"纵向分层、横向遮挡、渗漏监测"的地质单位,是储气库研究评价的核心对象。

储气空间:能储集和流动天然气的各种岩石孔隙、洞穴和裂隙。

上限压力:储气库运行过程中能够达到的最大地层压力,计算时一般折算到储气库建库储层中深对应的地层压力,MPa。

下限压力:储气库运行过程中能够达到的最小地层压力,计算时一般折算到储气库建库储层中深对应的地层压力,MPa。

库存量:某地层压力下储存的天然气在标准状态下的体积,$10^8 m^3$。

库容量:当储气库运行达到上限压力时,储气孔隙空间储存的天然气折算到地面标准状态下的体积,$10^8 m^3$。

垫气量:当储气库运行到下限压力时,储气孔隙空间储存的天然气折算到地面标准状态下的体积,$10^8 m^3$。

损耗量:地下储气库在注气与采气过程中损耗的全部天然气量,$10^8 m^3$。

工作气量:储气库运行于设计的压力区间时,储气孔隙空间中所能采出的天然气折算到地面标准状态下的体积,$10^8 m^3$。

调峰能力:储气库从某地层压力运行到下限压力时能够采出的库存量,$10^8 m^3$。

注采平衡期:注气结束后至采气开始前或采气结束后至注气开始前的时间段,一般发生在春、秋两季。

注采井:用于储气库注气和采气运行的井。

监测井:用于监测储气库密封性、地层压力、流体运移特征等不同功能的井。

第二节　国外气藏型储气库主要特点与发展趋势

国外气藏型储气库已经有近百年的发展历史,成为调峰规模最大、技术配套最齐全的储气库类型,仍将是今后储气库建设的主要库址目标。本节通过对气藏型储气库发展现状分析,总结了国外气藏型储气库主要特点并提出了未来发展趋势,对典型地区的气藏型储气库做了简要介绍。

一、气藏型储气库发展现状

自1915年加拿大在安大略省Welland气田建成全球第一座气藏型储气库以来,气藏型储气库是发展历史最悠久、调峰规模最大、技术配套最齐全的储气库类型。目前全世界在运储气库715座,采气井23007口,总工作气量为$3933×10^8m^3$,占全年天然气消费量的11.3%;主要分布在北美洲、俄罗斯及欧洲,这些地区的工作气量达到$3780×10^8m^3$,占总工作气量的96%;其他少量储气库分布在亚太、中东(伊朗)及南美(阿根廷)等地区。气藏型储气库共481座,占储气库总数的67%;工作气量为$2934×10^8m^3$,占总工作气量的75%。表1–2–1为世界不同地区不同类型储气库统计表[2]。

表1–2–1　世界不同地区不同类型储气库统计表

地区	储气库数量(座)							工作气量(10^8m^3)						
	小计	气藏型	油藏型	含水层型	盐穴型	矿坑型	岩洞型	小计	气藏型	油藏型	含水层型	盐穴型	矿坑型	岩洞型
亚洲	21	18	1		2			48	42	2		4		
亚太	12	12						43	43					
俄罗斯	50	32	3	12	3			1190	960	43	182	5		
欧洲	149	75	3	24	44	1	2	1104	755	9	173	166		1
南美	1	1						2	2					
中东	2	2						60	60					
北美	480	341	36	51	52			1486	1072	197	112	105		
合计	715	481	43	87	101	1	2	3933	2934	251	467	280		1

资料来源:据IGU 2016年资料统计。

二、国外气藏型储气库主要特点

(1)储气库紧邻用气市场附近并以中小规模为主。

工作气量小于$1×10^8m^3$的储气库有172座,占比达到37%;工作气量在$1×10^8$~

$5\times10^8\text{m}^3$ 的储气库有 166 座，占比达到 35%；$5\times10^8\sim10\times10^8\text{m}^3$ 的储气库有 59 座，占比达到 13%；工作气量在 $10\times10^8\sim20\times10^8\text{m}^3$ 储气库有 39 座，占比达到 8%；工作气量在 $20\times10^8\sim30\times10^8\text{m}^3$ 储气库有 19 座，占比达到 4%；工作气量大于 $30\times10^8\text{m}^3$ 的储气库有 14 座，占比 3%。不难看出，工作气量小于 $5\times10^8\text{m}^3$ 的储气库有 338 座，占比高达 72%，另外平均每座储气库工作气量为 $5.8\times10^8\text{m}^3$，因此国外气藏型储气库以中小型为主，这一点也与国外成熟发达的天然气长输管网系统有关。

（2）储气库埋藏浅。

气藏型储气库埋藏较浅，基本上在 2000m 以内，绝大多数在 300～1500m，其中最浅为 56m，最深为 3963m。埋深小于 500m 的浅层储气库有 92 座，占比 25%，500～2000m 的中浅层储气库有 252 座，占比 68%，2000～3500m 的中深层储气库有 28 座，占比 7%，3500～4500m 的深层储气库有 1 座，占比不到 1%。从统计数据分析，埋深小于 2000m 的储气库有 344 座，占比 92%，仅有 8% 的储气库埋深超过 2000m。

（3）储层物性好及非均质性弱。

建库储层岩性以砂岩为主，储气库数量占比 74%；储层厚度较薄，基本都小于 10m，但储层物性较好，以中高孔、中高渗透为主，非均质性弱，有利于满足储气库大吞大吐需求。

储层孔隙度最小为 0.3%，最大为 34.0%，平均为 20.4%，集中分布在 15%～30%，累计占比近 80%。特低孔（≤5%）储气库 3 座，占比 4%；低孔（>5%～10%）储气库 4 座，占比 5%；中孔（>10%～20%）储气库 32 座，占比 40%；高孔（>20%）储气库 41 座，占比 51%。

储层渗透率最低为 2.6mD，最高为 1800mD，平均为 652.0mD，绝大多数储层渗透率大于 200mD，部分甚至超过 1000mD，渗流能力极强。低渗透（>1～20mD）储气库 4 座，占比 5.2%；中渗透（>20～300mD）储气库 37 座，占比 47.4%；高渗透（>300mD）储气库 37 座，占比 47.4%。

三、典型地区储气库介绍

（一）北美地区

北美地区是储气库开发建设最早的地区。1988 年在艾伯塔省 Suffield 地区建成了加拿大工作气量最大的气藏型储气库 Suffield Gas Storage，其顶部埋深为 974m，库容量为 $31.6\times10^8\text{m}^3$，工作气量为 $26.3\times10^8\text{m}^3$，最大小时调峰采气量为 $122.3\times10^4\text{m}^3$。

加拿大目前运营气藏型储气库 41 座，库容量为 $258\times10^8\text{m}^3$，工作气量 $174\times10^8\text{m}^3$，储气库埋深分布于 60～2450m，储层有效厚度平均为 68.2m（表 1-2-2）。

美国于 1916 年在纽约州 Buffalo 附近 Zoar 枯竭气田建成第一座气藏型储气库，其气藏顶部埋深为 452m，库容量为 $6400\times10^4\text{m}^3$，工作气量为 $1700\times10^4\text{m}^3$，垫气量为 $4700\times10^4\text{m}^3$。1945 年，美国在蒙大拿州 Fallon 地区建成了最大的气藏型储气库 Baker（Cedar Creek），其库容量为 $81.4\times10^8\text{m}^3$，工作气量为 $46.6\times10^8\text{m}^3$，最大小时调峰采气量为 $13.6\times10^4\text{m}^3$。

美国目前运营气藏型储气库 300 座，库容量为 $1680\times10^8\text{m}^3$，工作气量 $897\times10^8\text{m}^3$，储气库埋深分布于 50～3970m，储层有效厚度平均为 21.5m（表 1-2-3）。

表1-2-2　加拿大主要气藏型储气库统计表

序号	储气库名称	投运年份	工作气量 ($10^8 m^3$)	垫气量 ($10^8 m^3$)	最大采气量 ($10^4 m^3/h$)	工作井数 (口)	埋深 (m)	上限压力 (MPa)	有效厚度 (m)
1	Suffield Gas Storage	1988	26.3	5.3	122.3	27	974	14.1	7.9
2	Aitken Creek Storage Facility	1988	13.6	3.4	44.2	15	1318		36.6
3	Edson Gas Storage	2006	13.5	7.5	49.2	8	2449	17.9	10.1
4	Carbon	1967	11.3	21.2	37.4	24	1402	9.0	6.4
5	Crossfield	1993	11.3	—	27.2	19	—		36.6
6	Dow Moore	1988	7.5	2.0	—	24	680	9.9	76.2
7	Dawn156	1962	7.5	2.8	—	22		7.9	105.8
8	Warwick		7.1	2.8	0.2	—	—	—	—
9	Payne	1957	7.0	1.7	—	10		9.5	123.5
10	Bickford	1972	5.9	1.7	—	5		8.6	102.4

表1-2-3　美国主要气藏型储气库统计表

序号	储气库名称	投运年份	工作气量 ($10^8 m^3$)	垫气量 ($10^8 m^3$)	最大采气量 ($10^4 m^3/h$)	工作井数 (口)	埋深 (m)	上限压力 (MPa)	有效厚度 (m)
1	Baker(Cedar Creek)	1945	46.6	34.8	13.6	176	213	1.9	18.3
2	North Lansing	1975	27.2	17.0	84.3	80	2055	22.0	5.2
3	Washington10	1999	25.2	3.5	103.3	16	1012	14.6	93.0
4	Bistineau	1966	24.3	19.0	81.6	68	1471	15.0	8.5
5	McDonald Island	1958	23.2	15.5	114.2	81	1570	14.3	15.2
6	Washington	1976	21.2	12.7	59.8	41	2812	25.2	3.0
7	Midland	1970	18.1	20.1	70.0	161	590	6.4	18.3
8	Leidy	1959	17.3	13.3	83.2	64	1709	29.0	6.7
9	Bear Creek	1981	16.4	14.1	61.2	52	2035	19.3	30.5
10	Stark-Summit	1941	16.3	26.4	145.0	624	1138	10.7	7.0

(二)俄罗斯(苏联)

由于天然气供需矛盾的持续加剧,苏联于1959年开始在Samara地区建设Amanakskoe气藏型储气库,其气藏顶部埋深为240m,库容量为$1.23 \times 10^8 m^3$,工作气量为$0.55 \times 10^8 m^3$,是苏联建设的第一座气藏型储气库。1979年,苏联在StavropolskyKrai地区建成了最大的气藏型储气库Severo-Stavropolskoe Ⅱ,其库容量为$475.15 \times 10^8 m^3$,工作气量达到$143.45 \times 10^8 m^3$,最大小时调峰采气量为$6537.5 \times 10^4 m^3$。

经过近60年的发展,俄罗斯目前拥有17座枯竭油气藏储气库(属于GazpromUGS),库容量为$1285 \times 10^8 m^3$,工作气量为$560 \times 10^8 m^3$,储气库地层埋深分布在240~2100m,储层平均孔隙度和平均渗透率分别为18%和540mD,储层有效厚度平均为80.4m(表1-2-4)。

表 1-2-4　俄罗斯（苏联）气藏型储气库统计表

序号	储气库名称	投运年份	工作气量 ($10^8 m^3$)	垫气量 ($10^8 m^3$)	最大采气量 ($10^4 m^3/h$)	工作井数（口）	埋深 (m)	上限压力 (MPa)	下限压力 (MPa)
1	Amanakskoe(Samaragroup)	1959	0.55	0.68	15.6	5	240	1.40	1.13
2	Dmitrievskoe(Samaragroup)	1977	1.13	1.62	41.6	24	450	4.00	3.28
3	Kanchurinskoe	1972	45.74	15.48	1754.1	141	1800	14.90	9.50
4	Kiryushkinskoe(Samaragroup)	1973	4.25	4.45	87.5	31	400	2.22	1.79
5	Krasnodarskoe	1984	12.50	15.00	562.5	92	1040	10.51	6.53
6	Kuschevskoe	1991	56.87	79.38	2135	158	1320	13.40	10.06
7	Kydylanee	1996	0.45	—	40	8	—	—	—
8	Mikhaylovskoe(Samaragroup)	1963	2.18	2.25	62.5	24	470	4.00	3.19
9	Musinskoe	2003	4.10	2.23	216	26	1750	16.80	8.80
10	Peschano-Umetskoe	1966	24.00	19.59	1150	116	1070	11.41	6.06
11	Punginskoe	1985	72.79	122.37	954.1	32	1650	7.49	6.77
12	Severo-StavropolskoeⅠ	1979	55.09	34.00	1545.8	180	1000	8.50	5.60
13	Sovhoznoe	1974	45.70	29.32	2566.6	92	1750	14.50	9.73
14	Stepnovskoe(Ⅰ+Ⅱ)	1973	45.43	49.77	2891.6	198	2100	17.40	8.60
15	Talovskoe	—	10.00	—	—	—	—	—	—
16	Yelshanskoe	1967	36.15	17.22	1480	147	760	9.50	5.10
17	Severo-StavropolskoeⅡ	1979	143.45	331.70	6537.5	661	1000	3.53	2.94

(三) 德国

联邦德国于1969年在HES地区建设Stockstadt气藏型储气库，其气藏顶部埋深为460m，库容量为$2.74 \times 10^8 m^3$，工作气量为$1.35 \times 10^8 m^3$，是德国建设的第一座气藏型储气库。1993年，德国建成了最大的气藏型储气库Rehden，其库容量为$70 \times 10^8 m^3$，工作气量达到$44 \times 10^8 m^3$，最大小时调峰采气量为$240 \times 10^4 m^3$。

德国能源市场中天然气占第二主导地位。85%的天然气消费量需要进口，储气库工作气量占天然气消费量之比高达20%，因此储气库在德国天然气产业链中具有非常重要作用。目前德国运行的气藏型储气库共12座，库容量为$184 \times 10^8 m^3$，工作气量$90 \times 10^8 m^3$，储气库地层埋深分布在350～2930m，储层有效厚度平均为38.4m（表1-2-5）。

表 1-2-5　德国气藏型储气库统计表

序号	储气库名称	投运年份	工作气量 ($10^8 m^3$)	垫气量 ($10^8 m^3$)	最大采气量 ($10^4 m^3/h$)	工作井数（口）	埋深 (m)	上限压力 (MPa)	下限压力 (MPa)
1	Allmenhausen	1996	0.62	3.8	6.2	13	350	—	—
2	BadLauchstaedtReserv	1977	4.4	2.31	23.8	13	725	12.2	3
3	Bierwang	1975	10	11.57	120	45	1510	16.1	5.1
4	Breitbrunn	1996	9.92	9.96	52	11	1917	19	7
5	Dotlingen	1983	—	24.58	84	15	2650	46	9

续表

序号	储气库名称	投运年份	工作气量 ($10^8 m^3$)	垫气量 ($10^8 m^3$)	最大采气量 ($10^4 m^3/h$)	工作井数 (口)	埋深 (m)	上限压力 (MPa)	下限压力 (MPa)
6	Inzenham	1980	4.15	4.65	28	24	700	9.2	3
7	Kirchheilingen	1976	1.9	0.5	12.5	7	888	13	2.5
8	Rehden	1993	44	26	240	16	1850	28.2	11
9	Schmidhausen	1983	1.5	1.5	15	7	—		
10	Stockstadt	1969	1.35	1.39	13.5	13	460	5.7	2.9
11	Uelsen	1997	8.4	5.62	45	7	1550	19.8	7
12	Wolfersberg	1971	3.65	2.19	24	10	2930	—	

四、气藏型储气库发展趋势

由于世界各国对天然气战略储备的重视、管网系统的进一步平衡需要及环境保护与生态建设要求,以及全球经济贸易一体化,给储气库业务发展带来了新机遇,预计未来10~20年,全球对储气库调峰需求量将越来越大,储气库数量和规模将会随之不断扩大。预测2030年世界天然气调峰需求量在 $4560×10^8$ ~ $5490×10^8 m^3$,储气库新建工作气量 $1406×10^8 m^3$。

储气库新功能在未来天然气供给中的作用将日益凸显。从当今全球储气库市场分析对比看,除北美地区、欧洲和俄罗斯外,在亚太地区和南美地区也开始建设储气库。对于储存的价值、补偿储存、调节气候、经营问题、功能分割及成功经验等影响储气库主要因素正在进行积极地攻关与研究。

为了满足市场需求和提升储气库的经济效益,储气库新的非常规功能开始研发和市场应用。目前储气库新功能主要包括以下四个方面:一是将净化天然气生产的酸性气体注入储气库储存;二是与再生氢气相关的储存技术;三是伴生气就近储存;四是 CO_2 埋存。围绕以上内容将着重开展关键技术、政策法规及功能性问题研究配套,推动新的非常规功能储气库建设运行。

另外,提高储气库协调能力和利用效率也是非常重要的内容。通过加强储气库的上下游协调优化,包括地下地面一体化管理、储气库与管网一体化管理、储气库与市场用户一体化管理等三方面,建立一体化模拟技术、系统仿真技术及负荷预测技术,形成储气库—管网—市场整体优化运行,提高储气库群的协调能力,最大限度发挥储气调峰作用。通过加大储气库运行压力范围、优化注采井网与注采量、减少水侵对储气库运行的影响、提高最大注采速度、加快储气库周转,提高储气库利用效率,实现储气库效益最大化。

第三节 国外气藏型储气库发展启示

世界典型国家和地区储气库发展顺应各自天然气产业发展规律,一般经历发展初期、快速发展期、平稳发展期三个阶段,各阶段发展特点由本国对天然气依赖程度及本国国情决定,驱动储气库快速发展的因素主要包括需求、资源、技术、政策、价格等方面。储气库建设是推动我国天然气可持续发展的重要一环,借鉴国外成熟的地下储气库建设经验,对加快推进我国地下储气库建设,尤其是在能源战略转型期具有重要意义。

一、高度重视储气库在天然气工业发展中的作用和地位

在欧美发达国家,储气库不仅仅是输气管道或配气管网的功能性结构之一,也是视为天然气供应链中的重要一部分,在市场经济条件下,地下储气库的主要用途从保障供应安全逐渐发展成为盈利的工具。我国天然气市场化程度比较低,储气库建设还处于发展初期,当前储气库调峰能力尚不能满足日益增长的天然气消费需求,供需矛盾凸显。随着天然气干线管网的逐步完善、四大战略进口气通道的初步形成,我国的天然气对外依存度将从2010年的12%攀升到2018年的40%以上。欧美国家储气库的发展经验及教训已经揭示了储气库在天然气产业中的重要作用和地位,也给我国的天然气发展带来了重要启示,必须重视储气库建设。

二、储气库建设应早规划、早研究、早建设、早运行

储气库调峰需求是随着天然气消费量的增长而增长的,但调峰的需求增长速度要略微滞后于天然气消费增长速度。以美国为例,在20世纪70年代美国的天然气消费量达到高峰期的时候,储气库工作气量仅占天然气年消费量的8%左右,主要原因是储气库建库进度和调峰需求都要滞后于天然气消费的需求。但随着天然气市场的成熟,调峰需求增大,大量的储气库投入建设和运行以满足调峰和应急的需要,储气库工作气量也随之大幅度增加,并且呈稳步上升趋势。我国目前正处于天然气消费的快速发展时期,天然气消费和调峰需求的高峰期均尚未到来,根据预测,到2020年我国天然气消费量将达到$3000×10^8 m^3$左右,以调峰最大需求滞后3~5年计算,调峰需求高峰将在2025年前后出现,而储气库的建库周期需要5~8年。因此目前这个阶段正是大规模进行储气库选址评价和建设的大好时机。

储气库建设一般经过立项、前期评价、设计、施工、周期性运营、达产等几个阶段,从立项到设计大概需要2~5年的时间;规模越大,建设周期越长,不同类型储气库建设达容时间不同,枯竭气藏建设周期一般在5年以上,盐穴储气库一般在8年左右,含水层及水淹气藏型储气库建库达容周期长达十几年甚至几十年。受限于复杂的地质条件等因素,我国气藏型储气库建设也需要较长的建库周期和达容时间。因此,综合考虑天然气工业发展、管网完善程度、复杂建库地质条件、储气库建设及后期达容调峰能力存在时间差,储气库建设应早规划、早研究、早建设、早运行。

三、提前开展储气库建库资源储备

能否建成与我国天然气产业相匹配的储气库,重点在于是否具备建设储气库的地质条件和建库资源,尤其是在天然气消费区,建设相当规模的储气库意义更加重大。因此需要积极加大勘探力度,寻找有利的建库资源,尤其应该对环渤海、长江三角洲、珠江三角洲等我国天然气消费的重点地区,加大储气库勘探评价工作量,储备一批储气库建设目标。

四、针对不同类型储气库特点开展技术研究

与国外相比,我国建库对象主要为复杂破碎断块,低渗透强非的均质性储层,埋深平均在

3000m以上。复杂地质条件给选址、设计、建设、运行带来巨大挑战。因此,需要持续强化复杂条件储气库储气地质体地质理论、工程建设关键技术和装备、长期运行风险预警与管控技术等,解决选址与评价、安全钻井与固井、地面核心装备依赖井口、长期运行风险管控等难题,为储气库高质量建设运行奠定了基础。

五、未雨绸缪,储备保障储气库安全运行的检测与监测技术手段

储气库是保障安全稳定供气的主要手段,但气库本身的安全也需要高度重视。欧美国家储气库井和地面设施的运行已经超过40年。因而针对储气库本身的安全已经形成了一整套安全评价标准和保障措施。随着越来越多的气库投入运行及气库服务时间的增长,我国储气库本身的安全性可靠性问题将会不断显现。因此针对储气库安全评价的监测手段和技术措施等需尽快进行研究。

第四节 中国气藏型储气库发展阶段

中国从1994年正式开始调峰保供型储气库设计、建设与运行,截至目前,已经历了二十多年的建设,储气库整体建设与规模都有了较大的进步,为保障国内安全平稳供气及管道高效运行发挥了重要作用。国内储气库主要由中国石油天然气集团有限公司(以下简称中国石油)建设运行,根据其建设特点、规模以及未来发展趋势,国内气藏型储气库发展主要分为3个里程碑阶段[3]。

第一阶段(1994—2009年):储气库起步阶段。1994年中国石油管道板块牵头建设陕京输气管线配套储气库工程,重点缓解京津地区冬季供气不足、夏季供气富余的矛盾,先后建成了大港储气库群(6座)和京58储气库群(3座),目前这9座储气库已全部投产,季节调峰能力达到$20\times10^8m^3$以上,为京津冀地区安全供气发挥了重要作用;同时这9座储气库的建设与运行,积累了丰富的理论技术和实践经验,为后续储气库的快速发展提供了技术储备。

第二阶段(2010—2018年):早期发展阶段。伴随我国天然气消费市场与长输管网的快速发展,中国石油储气库的建设在"十二五"期间逐步迈入快速发展的通道。中国石油作为国内储气库建设运行的主要单位,由中国石油勘探生产分公司牵头组织,全面开展储气库建设与运行工作,建设步伐大大加快。2010年,经过多轮库址筛选评价,在新疆、西南、华北、长庆、辽河、大港等油田启动第一批6座储气库建设工作,设计总工作气量达$100\times10^8m^3$以上,2013年起陆续建成并投运,已在冬季季节调峰中初步发挥了重要作用,调峰保供作用逐步凸显。2013年,在吉林、华北、长庆等油田启动第二批储气库建设,目前主要开展研究设计工作。2017年底,形成调峰能力$100\times10^8m^3$以上,占年消费量5%以下,储气库建设仍处于早期发展阶段。

第三阶段(2018年后):快速发展阶段。2017年冬季供气出现紧张局面,2018年初国家陆续出台相关政策,供气企业、地方政府和燃气公司联合保供,2020年联合储气能力大于年消费量16%以上。天然气作为清洁能源,其消费市场快速发展,同时随着中俄东线、西线等重点天然气管道工程的建设,需要配套建设更多的储气库工程,以保障天然气安全平稳供应,也是抵御天然气对外高依存度所带来的风险的有效措施。根据国家天然气产业发展态势和储气库建

设需求预测,未来我国储气库调峰能力需求将达到 $1000\times10^8\mathrm{m}^3$ 以上,预计至少需要建设储气库 80 座以上,规划形成西北、华北、东北、西南等四个万亿立方米调峰中心。

第五节 中国气藏型储气库特点及面临挑战

国内气藏型储气库整体建库条件较差,面临很多技术难题。本节在分析气藏型储气库特点的基础上,总结了气藏型储气库取得的主要技术进步,并进一步提出了各专业亟须解决的关键技术问题,为技术发展和科技攻关指明方向。

一、国内气藏型储气库的主要特点

(1)储气库埋藏深。

国内建库气藏埋深基本在 2000m 以上,甚至超过 4000m,其中最浅为 1090m,最深为 4700m,平均为 2848m。埋深在 2000m 以内中浅层气藏 3 座,占比 14%;2000~3500m 中深层气藏 16 座,占比 73%;3500~4500m 深层气藏 2 座,占比 9%;大于 4500m 超深层气藏 1 座,占比 4%。

(2)储层物性以中高孔中低渗透为主且非均质性强。

建库储层岩性以砂岩为主,储气库 14 座,占比 64%,储层有效厚度在 5~50m,最小为 4.6m,最大为 61.5m,平均为 27.0m;其次为碳酸盐岩和白云岩,储气库 8 座,占比 36%。但受陆相复杂的沉积环境影响,储层物性较差,以中高孔中低渗透为主,非均质性强,不利于储气库大吞大吐。

建库储层以中高孔为主,最小为 2.29%,最大为 23.9%,平均为 15.2%,主要集中分布在 15%~25%,累计占比近 68%。特低孔(低于 5%)气藏 4 座,占比 18%;低孔(5%~10%)气藏 2 座,占比 9%;中孔(10%~20%)气藏 10 座,占比 46%;高孔(高于 20%)气藏 6 座,占比 27%。

建库储层以中低渗透为主,渗透率最低为 1.15mD,最高为 346.5mD,平均为 120.8mD。低渗透(1~20mD)气藏 5 座,占比 23%;中渗透(20~300mD)气藏 16 座,占比 73%;高渗透(高于 300mD)气藏 1 座,占比 4%。

(3)气藏采出程度高,伴随开发过程边底水侵入储层内部,地层流体关系复杂。

国内气藏型储气库以带边底水的气藏为主,弱—中等水侵,地层水侵入特征明显,绝大部分采出程度较高,接近开发中后期甚至枯竭,有的甚至达到 90% 以上,共计 20 个,占比 91%,是目前国内建库的主要目标库址。只有极少气藏处于开发前中期阶段,采出程度较低,共计 2 个,占比 9%。

二、注采优化运行面临技术挑战

国内气藏型储气库近 20 年发展历史虽然取得了长足进步,但与国外发达国家近百年历史相比,仍然处于初级阶段。面对复杂地质构造与技术配套成熟度较低等不利条件,需要在周而复始注采运行进程中,不断更新优化设计理念,攻关运行机理与指标预测新认识、新方法,丰富和完善符合我国复杂地质条件储气库注采优化滚动评价模式和配套技术[4-7]。

早期建设的板桥水侵砂岩气藏型储气库群,经过16个周期注采和多轮矿场调整,目前进入扩容达产停滞期,工作气量基本为 $19.5 \times 10^8 m^3$,为方案设计的63%。初步分析认为未达标的主要原因包括两方面:一是建库地质与水侵机理认识仍停留在气藏开发阶段,设计理念存在偏差,库容量、注采井网等关键技术指标设计受气藏开发模式束缚,含气孔隙空间动用程度偏高,导致设计指标与储气库运行实际偏差较大;二是尽管目前开展了扩容达产优化调整研究,但毕竟国内储气库建设运行时间尚短,尤其是扩容达产期的优化运行经验不足,适合板桥库群的强非均质性水侵砂岩气藏型储气库后期整体调整优化技术体系仍未健全。

大港板桥库群经过10多年长期持续跟踪评价和注采优化,认为扩容达产阶段储气库注采优化的核心问题包括两大方面:一是如何提高含气孔隙空间的动用程度,二是如何快速提高调峰能力。为此,需要利用地质研究、物理模拟、数值模拟及气藏工程等多种方法和技术手段,着力解决动静结合精细刻画可动孔隙空间、气液交互注采渗流机理及注采效率、多周期井控诊断及库存评价、库存分析与预测等4项关键技术。

(1)利用高分辨率层序地层学和相控理论,动静结合刻画气藏型储气库单砂体展布和沉积微相特征,分类评价储层流动单元,半定量描述储层的存储性和渗流特性,建立三维精细地质模型,确定含气范围内单砂体有效的含气孔隙空间。

(2)通过室内物理模拟和数值模拟相结合,从微观层面剖析气液多轮次互驱渗流机理,量化不同区带不同物性储层空间动用效率及其主控因素;宏观层面研究多周期注采过程气液界面往复变化规律及气液前缘扩展特征,两者结合准确评价储气库有效含气孔隙体积,科学复核库容参数,为优化调整提供重要依据。

(3)利用现代产量不稳定试井分析方法,通过诊断每口井多周期井控半径和井控库存,分析变化规律,得到单井最终控制供流面积,分析现有注采井网适应性,提出下一步井网加密区域和井数,不仅可以提高对含气孔隙空间控制程度,同时可以增加调峰采气能力。

(4)在库存量分析基础上,提出了可动库存量的概念,从而解决了库存分析与预测理论核心瓶颈问题;进一步建立了系统、全面的库存分析与预测参数数学模型,并提出了详细的储气库库存分析与预测流程,从而建立了水侵砂岩气藏型储气库库存分析与预测理论体系。

中国石油在2010年大规模启动建设的新疆呼图壁、西南相国寺、辽河双6等6座气藏型储气库,经过6~7周期注采试运行,目前全面进入扩容达产关键阶段。由于扩容达产处于工程建设与稳定运行的过渡周期,注采动态资料占有少,储气库运行扩容达产和注采运行规律正在总结深化之中。加之这6座储气库岩性复杂,以水侵砂岩和碳酸盐岩为主,使得建库空间动用及渗流机理进一步复杂化,优化运行面临前所未有的挑战。

(1)在地质与气藏工程方面,深化攻关四项关键技术问题:

① 储气库地应力耦合地质建模技术;
② 复杂岩性储层注采渗流机理评价技术;
③ 储气库气井注采地层不稳定流动分析方法;
④ 储气库扩容达产阶段运行指标优化设计方法。

(2)在钻完井方面,深化攻关四项关键技术问题:

① 气藏型储气库防漏治漏技术;

② 气藏型储气库水平井优快钻井技术；
③ 气藏型储气库老井利用评价与改造技术；
④ 储气库钻完井导向与检测关键装备。

（3）在注采井工程方面，深化攻关四项关键技术问题：
① 储气库井完井方式优选与工艺参数优化技术；
② 注采井完井管柱优化设计技术；
③ 注采管柱在高速气流作用下的失效机理与控制技术；
④ 储气库井监测技术。

（4）在地面设施方面，深化攻关三项关键技术问题：
① 采出气高效处理技术；
② 注采压缩机组件国产化技术。

（5）在完整性技术体系方面，深化攻关四项关键技术问题：
① 管柱适用性选材及优化设计技术；
② 建设期井筒质量控制技术；
③ 运行期井筒完整性技术；
④ 完整性管理体系研究。

参 考 文 献

[1] 叶庆全,袁敏.油气田开发常用名词解释[M].北京:石油工业出版社,2012.
[2] Ladislav Goryl. 2012 – 2015 Triennium work reports – working committee2 underground gas storage[C]//IGU WOC2 annual Meeting,27 June 2015,xi'an,china. DOI:http://ugs.igu.org/2015_WOC2_. Final_report.
[3] 丁国生,谢萍.中国地下储气库现状与发展展望[J].天然气工业,2006,26(6):111 – 113.
[4] Donald L Katz, M Rasin Tek. Overview on underground storage of natural gas[J]. SPE 9390,1981.
[5] 丁国生.全球地下储气库的发展趋势与驱动力[J].天然气工业,2010,30(8):59 – 61.
[6] 丁国生.中国地下储气库的需求与挑战[J].天然气工业,2011,31(12):90 – 93.
[7] 丁国生,李春,王皆明,等.中国地下储气库现状及技术发展方向[J].天然气工业,2015,35(11):107 – 112.

第二章 中国气藏型储气库现状及资源规划

中国自 20 世纪 90 年代启动储气库建设以来,经过二十多年的建设与发展,储气库整体建设与规模都有了较大的进步,为保障国内安全平稳供气及管道高效运行发挥了重要作用。目前已建成大港板桥、新疆呼图壁、西南相国寺等气藏型储气库 24 座,实现调峰能力近百亿立方米,为缓解冬季季节调峰需求、保障长输管线安全、改善大气环境等做出了重要贡献;但这仍远远满足不了储气库调峰需求,且随着天然气消费量的快速持续增长,未来调峰需求量将进一步增加。气藏型储气库作为发展历史最悠久、调峰规模最大、技术配套最齐全的储气库类型,也将是中国储气库的主要建库目标。本章在对气藏型储气库建设现状分析的基础上,进一步评价了气藏型储气库库址资源并提出建库目标库址,对未来储气库总体规划进行整体规划,为气藏型储气库的可持续发展奠定基础[1]。

第一节 气藏型储气库建设现状

本节重点介绍中国气藏型储气库发展建设现状,并根据储层岩性、气藏类型及原始流体性质等,在划分储气库类型的基础上,详细介绍各类型典型及各自面临的技术难点问题。

一、气藏型储气库发展现状

早在 1975 年大庆油田分别在萨中地区和喇嘛甸油田北块,首次建成并投运了中国两座小型天然气地下储气库,但主要解决油田原油生产过程中的伴生气问题且规模小。1999 年在大港地区建成了中国第一座商业化调峰储气库——大张坨储气库,主要功能为平衡陕京管线输气能力、保障季节调峰和应急供气[2]。经过了 20 多年的发展,目前中国在运储气库 27 座,注采气井 268 口,设计总工作气量为 $228.6 \times 10^8 m^3$;中国石油在运行储气库 23 座,设计总工作气量为 $175.1 \times 10^8 m^3$,占全国储气库工作气量的 76.6%;中国石化在运行 3 座储气库,港华燃气在运行 1 座储气库[3]。气藏型储气库共 24 座,占储气库总数的 89%;设计工作气量为 $206 \times 10^8 m^3$,占总工作气量的 90%。表 2-1-1 为中国目前在运储气库统计表[4]。

二、典型储气库介绍

按照岩性、气藏类型及原始流体性质,并根据已建气藏型储气库的主要特点,将 24 座气藏型储气库大体分为四种类型:水侵砂岩气藏、碳酸盐岩气藏、气顶油藏(油环)、含硫气藏,每种类型储气库面临各自不同的技术难点问题。表 2-1-2 为气藏型储气库分类表。

(一)水侵砂岩气藏型储气库

以我国建成投产最早的大港板桥储气库群为典型代表,气藏开发过程中边水选择性侵入,侵入水对储层含气孔隙空间影响较大;后续投产的我国最大规模的新疆呼图壁水侵砂岩气藏储气库,其复杂程度不亚于大港板桥储气库群,后续运行优化也面临巨大的技术挑战。

表2−1−1 中国目前已建气藏型储气库统计表

阶段	油田		储气库	层位	类型	岩性	埋深(m)	厚度(m)	孔隙度(%)	渗透率(mD)	设计库容量(10^8 m³)	工作气量(10^8 m³)	运行压力(MPa)下限	运行压力(MPa)上限	注采井数(口)
中国石油	大港油田	大港库群	大张坨	古近系沙一下段板Ⅱ	弱边水高含凝析油气藏	砂岩	2365	8.0	20.5	126	17.8	6.0	13.00	30.50	19
			板876	古近系沙一下段板Ⅱ	弱边水低含凝析油气藏	砂岩	2220	8.0	18.2	135.6	4.7	1.9	13.00	26.50	11
			板中北	古近系沙一下段板Ⅱ	窄油环弱边水高含凝析油气藏	砂岩	2706	17.8	19.6	132.7	24.5	11.0	13.00	30.50	21
			板中南	古近系沙一下段板Ⅱ	窄油环弱边水高含凝析油气藏	砂岩	2596	17.5	18.7	107	9.7	4.7	13.00	30.50	10
			板808	古近系沙一下段板Ⅱ	窄油环弱边水高含凝析油气藏	砂岩	2675	12.5	23.9	346.5	7.6	4.2	13.00	30.50	9
			板828	古近系沙一下段板Ⅳ	带油环气顶油藏	砂岩	3140	31.0	18	67	4.7	2.6	15.00	37.00	6
	华北油田	华北库群	京58	古近系沙四上段Ⅰ—Ⅳ	边底水气顶油藏	砂岩	1750	32.9	23.3	91.9	8.1	3.9	11.00	20.60	10
			永22	奥陶系峰峰组和上马家沟组	带油环底水含硫凝析气藏	碳酸盐岩	2840	35.4	2.8	1.15	7.4	3.0	17.00	31.35	5
			京51	古近系沙四下段Ⅰ—Ⅲ	低含凝析油气藏	砂岩	1540	20.8	21	101.5	1.3	0.6	8.60	16.47	4
	辽河油田		双6	古近系沙一段	带油环底水含凝析油气藏	砂岩	2250~2300	150~220	5~26.8	224	41.3	16.0	10.00	24.00	15
	华北油田	苏桥库群	苏20	二叠系上石盒子组下段	层状高凝析油含量的凝析气藏	砂岩	3340	319	17.4	252	1.9	0.7	19.00	35.70	1
			苏1	奥陶系峰峰组和上马家沟组	底水带油环凝析气藏	碳酸盐岩	3978	319	4.5	3.45	6.3	2.0	25.00	41.00	8
			苏4	奥陶系峰峰组和上马家沟组	底水带油环凝析气藏	碳酸盐岩	4440	61.5	2.29	2.59~1.89	35.0	12.1	28.00	48.00	8
			苏49	奥陶系峰峰组和上马家沟组	底水块状高凝析油凝析气藏	碳酸盐岩	4700	526	3.8	10~20	14.6	4.5	29.00	48.50	4
			顾辛庄	奥陶系峰峰组和上马家沟组	强底水块状凝析气藏	白云岩	3160	65.4	2.04~10.3	2.31~48.97	9.6	4.0	28.50	34.00	3

— 16 —

续表

阶段	油田	储气库	层位	类型	岩性	埋深(m)	厚度(m)	孔隙度(%)	渗透率(mD)	设计库容量($10^8 m^3$)	设计工作气量($10^8 m^3$)	运行压力下限(MPa)	运行压力上限(MPa)	注采井数(口)
中国石油	大港油田	板南库群 白6	古近系板Ⅲ	凝析气藏	砂岩	2720	5.4~14.3	22	233.3	3.5	1.9	13.00	31.00	5
		白8	古近系板Ⅰ	凝析气藏	砂岩	2860	10.72	22.3	72	1.0	0.5	13.00	31.00	1
		板G1	古近系沙Ⅳ	凝析气藏	砂岩	2930	10.69	15	170	3.3	1.8	13.00	31.00	4
	新疆油田	呼图壁	古近系紫二段	带边底水凝析气藏	砂岩	3470	43.3	19.5	64.84	107.0	45.1	18.00	34.00	30
	西南油田	相国寺	石炭系	干气藏	白云岩	2200~2600	6.3~11.68	5.3~16.8	83.5~571.9	42.6	22.8	11.70	28.00	13
	长庆油田	陕224	奥陶系下统马家沟组马五段	含硫干气藏	白云岩	3475	28.4	6.1	1.17(基质)	10.4	5.0	15.00	30.40	8
	江苏	刘庄	古近系阜宁组二、一段	窄油环弱边水气藏	碳酸盐岩/砂岩	1090	28.5	15	82.9	4.6	2.5	5.00	12.00	10
中国石化	河南油田	文96	古近系沙二下、沙三上	层状边水气藏/带油环气藏	砂岩	2330~2670	35~70、5~10	16.2、22.3	15.97、59.34	5.9	3.0	12.90	27.00	14
	中原油田	文23	二叠系上石盒子组下段	干气藏	砂岩	2700~3154		19.1	130.9	104	45	15	38.6	57

表2-1-2 气藏型储气库分类统计表

储气库类型	典型特点	典型储气库	设计工作气量（$10^8 m^3$）	工作气占比（%）
水侵砂岩气藏	强非均质性、选择性水侵	大港板桥储气库群、新疆呼图壁、苏20、白6、白8、板G1、文23	125.4	60.3
碳酸盐岩气藏	裂缝、空隙型、边底水	相国寺、刘庄、永22、苏1、苏4、苏49、顾辛庄	50.9	24.5
气顶油藏（油环）	流体分布复杂	京58、双6、文96	25.9	12.5
含硫气藏	含硫导致的防腐设备、脱硫装置	陕224、京51	5.6	2.7

1. 大港板桥储气库群

大港板桥储气库群位于天津市滨海新区内,独流减河以北,距天津市约45km处,由6座气藏型储气库组成,主要承担陕京输气管道系统下游用户冬季调峰保供的重要任务。

大港板桥储气库群整体处于大港油田千米桥构造带的中部和南部(图2-1-1),除大张坨储气库外,其他5座储气库均由水侵枯竭砂岩气藏改建而成。建库层位主要为本区主力含油气层系——古近系沙一下段板Ⅱ油组砂岩储层,为一套上覆盖层封闭性好、储层物性好的中高渗透砂岩储层,具有改建地下储气库的地质条件。

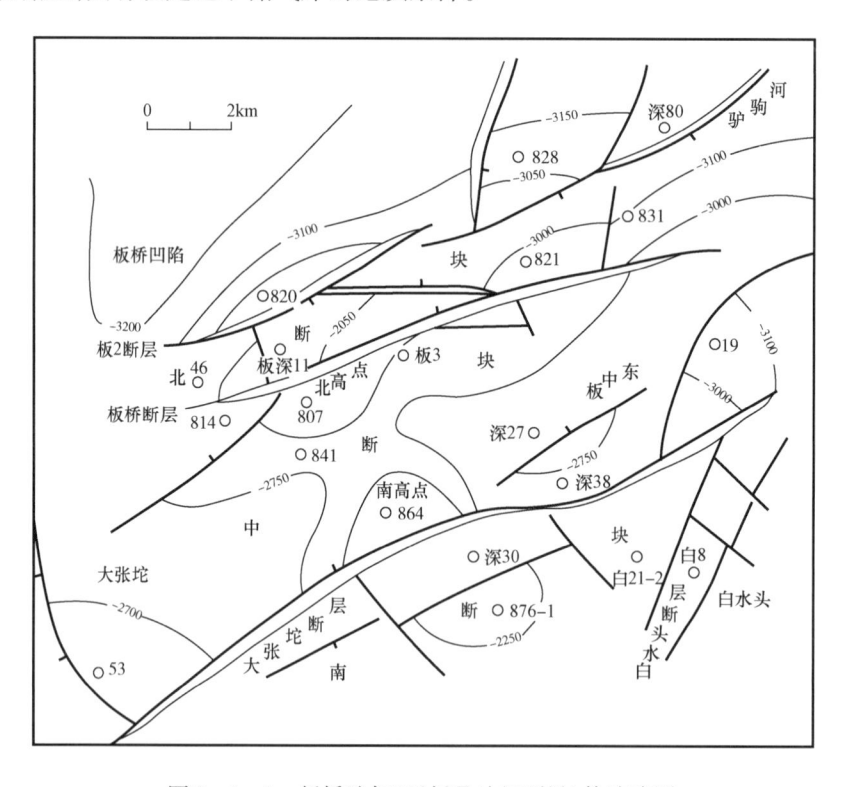

图2-1-1 板桥油气田(板Ⅱ油组顶界)构造略图

大张坨储气库是我国第一座用于城市季节调峰的地下储气库,2000年6月开工,2001年6月20日建成投产。从2001年8月至2005年的五年中,在天津大港千米桥地区相继建成了板876、板中北(一期、二期)、板中南等3座储气库。2005年初,中国石油决定在该地区的板808区块、板828区块建设第五、第六座储气库,2006年10月注气系统建成投产,2007年1月采气系统建成投产。

板桥设计库容量$69.98 \times 10^8 m^3$,工作气量$30.30 \times 10^8 m^3$,新钻井72口,板Ⅱ油组运行压力区间为13.0~30.5MPa,板Ⅳ油组运行压力区间为15~37MPa,最大日采气处理能力$3400 \times 10^4 m^3$,最大日注气能力$1755 \times 10^4 m^3$(表2-1-3)。

表2-1-3 板桥储气库群设计参数

储气库	大张坨	板876	板中北	板中南	板808	板828	合计
设计库容量($10^8 m^3$)	17.81	4.65	24.48	9.71	7.64	4.69	68.98
设计工作气量($10^8 m^3$)	6.00	1.89	10.97	4.70	4.17	2.57	30.3
设计运行压力(MPa)	13.0~30.5(板Ⅱ)	13.0~26.5(板Ⅱ)	13.0~30.5(板Ⅱ)	13.0~30.5(板Ⅱ)	13.0~30.5(板Ⅱ) 15.0~37.0(板Ⅳ)	15.0~37.0(板Ⅳ)	
注采井数(口)	19	11	21	10	11	6	78
最大处理能力($10^4 m^3/d$)	1000	300	900	600	600		3400
最大注气能力($10^4 m^3/d$)	320	100	390	585	360		1755

自2000年大张坨储气库投产运行以来,大港板桥储气库群已安全运行19个注采周期,目前库容量达到$69 \times 10^8 m^3$,超过方案设计指标;工作气量为$19.0 \times 10^8 m^3$,仅为设计指标的60%(表2-1-4)。大港板桥储气库群经过多轮次调整,仍远未达到设计规模;由于初期设计理念偏差,导致技术指标偏高,需要进一步复核;目前扩容达产调整措施效果有限,尚未形成一整套强非均质性水侵砂岩气藏储气库群后期调整优化技术体系。

表2-1-4 板桥储气库群主要运行技术指标

储气库	库容量 设计($10^8 m^3$)	库容量 目前($10^8 m^3$)	目前/设计(%)	工作气量 设计($10^8 m^3$)	工作气量 目前($10^8 m^3$)	目前/设计(%)	工作气比例(%) 设计	工作气比例(%) 目前	注采井数 设计(口)	注采井数 目前(口)	目前/设计(%)
大张坨	17.81	12.82	72.0	6.00	6.00	100.1	33.7	46.8	16	19	118.8
板876	4.65	4.16	89.6	1.89	1.24	65.7	40.6	29.8	7	11	157.1
板中北	24.48	23.58	96.3	10.97	6.08	55.4	44.8	25.8	15	21	140.0
板中南	9.71	11.81	121.6	4.70	1.78	37.8	48.4	15.0	10	10	100.0
板808	7.64	9.62	125.9	4.17	2.25	54.0	54.6	23.4	8	9	112.5
板828	4.69	5.12	109.2	2.57	1.25	48.6	54.8	24.4	6	6	100.0
库群	68.98	67.12	97.3	30.3	18.60	61.4	43.9	27.7	62	76	122.6

2. 新疆呼图壁储气库

呼图壁储气库位于准噶尔盆地南缘,由已进入开发后期的呼图壁凝析气藏改建而成,设计兼顾季节调峰和战略储备双重功能,是"西气东输"二线的重要配套工程。

呼图壁气藏构造为断裂夹持的近东西向展布的长轴断背斜(图2-1-2),建库层位为古近系紫泥泉子组（$E_{1-2}z$），上覆泥岩盖层对储层非常有效，4条近东西向南倾的逆断裂垂向和侧向上均具有封堵作用，建库条件较好。气藏类型为构造岩性控制、带边底水的中孔（19.2%）、中渗透（39mD）贫凝析气藏。

呼图壁气田发现井为呼2井，1996年8月打开古近系紫泥泉子组，1998年4月试采，1999年底正式开发。截至注气改建储气库前，呼图壁气田开发经历了试采、稳产和稳产调峰三个阶段。不考虑弱边水的影响，采用物质平衡动态法计算得到凝析气地质储量 $119.8 \times 10^8 m^3$，折气系数 $f_g = 0.9919$，天然气地质储量 $118.8 \times 10^8 m^3$。

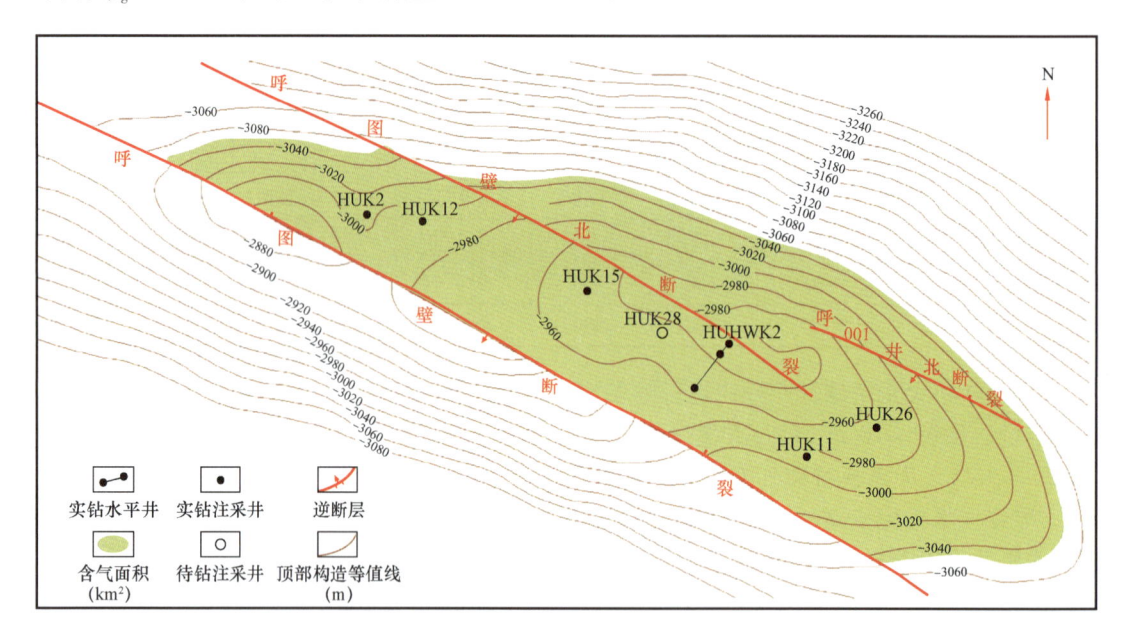

图 2-1-2 呼图壁气田紫泥泉子组 $E_{1-2}z_2$ 顶界构造图

呼图壁储气库设计运行上限压力34.0MPa，下限压力18.0MPa，库容量 $107.0 \times 10^8 m^3$，工作气量 $45.1 \times 10^8 m^3$；当调峰气量为 $20.0 \times 10^8 m^3$ 时，上限压力34.0MPa，下限压力26.0MPa。目前实施注采井30口，已投运25口，其中直井24口、水平井1口；剩余5口井因试气产水或产能较低暂未利用。

注气周期180天，采气周期150天。正常调峰时日均注气量 $1300 \times 10^4 m^3$，日均采气量 $1333 \times 10^4 m^3$；当调峰与战略储备采气同时发生时，战略储备若按90天计算，日均采气量峰值为 $4122 \times 10^4 m^3$。

呼图壁储气库于2013年6月顺利投运，截至2019年3月调峰采气结束，储气库已经历6个完整的注采周期，累计注气 $100.6 \times 10^8 m^3$，累计采气 $63.3 \times 10^8 m^3$，最大日调峰气量 $2004 \times 10^4 m^3$，在区域天然气调峰保供中已发挥重要作用。

总体来看，呼图壁储气库为大型多层砂岩、多层巨厚砂岩，工作气量大、调峰能力强，大型整装储气库地层—井筒—地面一体化优化调峰技术有待进一步攻关；同时储层中孔中渗透、非均质性强，气藏进入开发中后期，边水侵入储层内部，需要深入评价多层水侵砂岩建库气水二相渗流机理及空间动用效率，提高储气库工作气量和运行效率。

3. 中国石化文 23 储气库

中国石化文 23 气田处于东濮凹陷中央隆起带北部文留构造中的较高部位,其主块沙四$^{3-8}$砂组为主要目的层。

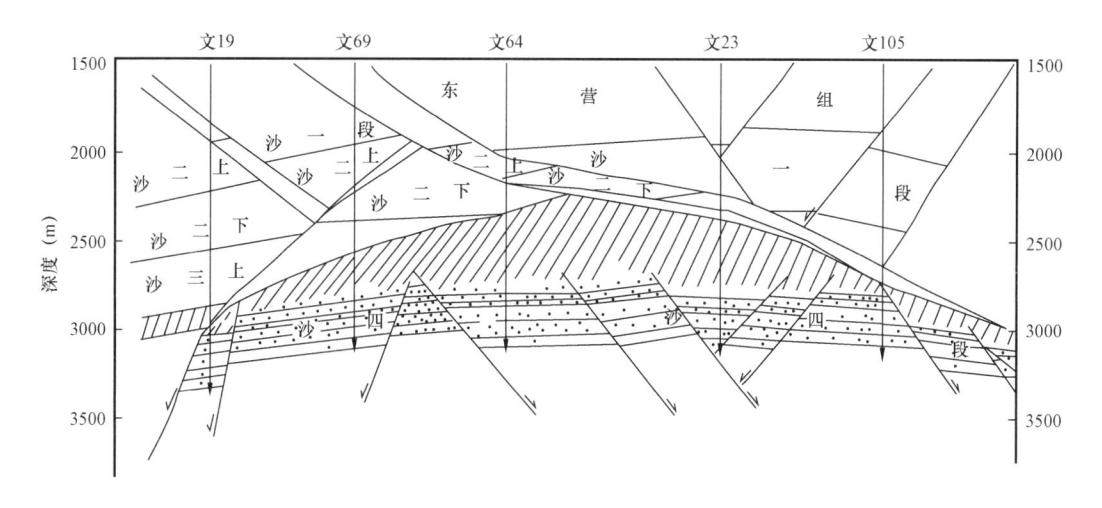

图 2-1-3　文 23 气田文 19 井—文 105 井气藏剖面图(主测线 1242)

文 23 气田是基于基岩隆起条件上所形成的复杂化的背斜构造,东掉为主的次一级断层将气田内部切割成为主、东、南、西四个断块区(图 2-1-3),分界断层之间具有良好的封闭性,具有独立水动力系统,即各自形成一个封闭的储集空间。气田盖层为沙三下亚段沉积的盐膏层夹灰色、灰白色盐岩及含膏泥岩等(文 23 盐),盐膏厚度一般为 300~500m,是文 23 气田良好的区域盖层。

文 23 气田属于我国东部砂岩干气田。物性以低孔、低渗透为特征,孔隙度在 9%~14%,渗透率在 1~14.7mD;具有边、底水,气水界面 2995~3125m;气藏埋藏深(2700~3154m)、异常高压,原始地层压力 38.29~38.98MPa,压力系数 1.27~1.42。

文 23 气田于 1990 年投入开发,发展到 2013 年 12 月,该气田主块总井数量已经达到 57 口,累计气体产出量达到 94.07×10^{8}m^3,地质储量的 81.0% 被开采出,属于低压低产枯竭阶段。文 23 储气库设计库容为 104×10^{8}m^3,有效工作气量为 45×10^{8}m^3。

文 23 气田主块 Es$_4^{3-8}$ 砂组为块状砂岩气藏,储量大,分界断层之间具有良好的封闭性,盖层厚度达到几百米,封闭性及压力承受能力较高。文 23 储气库为天然气供应发挥调峰供气和应急调度作用。

(二)碳酸盐岩气藏型储气库

以苏 4 储气库和相国寺储气库为典型代表,气体储集空间多样,注采机理复杂,总体理论基础薄弱。需要深入评价裂缝发育储层气水二相渗流机理及空间动用效率,进一步攻关高压低渗透碳酸盐岩库群整体运行优化配套技术。

1. 华北苏桥苏 4 储气库

苏桥储气库群(苏 1、苏 4、苏 20、苏 49 和顾辛庄)是陕京线输气管道工程的配套储气库,为京津冀地区进行季节调峰和应急供气,其中苏4储气库由低孔、低渗透、底水驱、碳酸盐岩凝析气藏改建而成。

苏桥潜山带地处河北省霸州市—永清县境内,位于冀中坳陷文安斜坡苏桥—信安镇潜山带,从南至北依次分布有苏6潜山、苏1潜山、苏4潜山、苏49潜山,苏4潜山位于该潜山带的中部。

苏4潜山气藏顶面形态为一个四周被断层切割的近矩形断块山,东西两侧被北东向断层、南北两端被北西向断层切割,前者构成潜山带,后者构成断块山头。潜山直接盖层二叠系本溪组,厚度大,分布面积广,岩性以深灰色泥岩为主,密封条件很好;作为四周被4条主控断层围限的断块潜山,4条主控断层同时能够起到很好的侧向封堵作用。

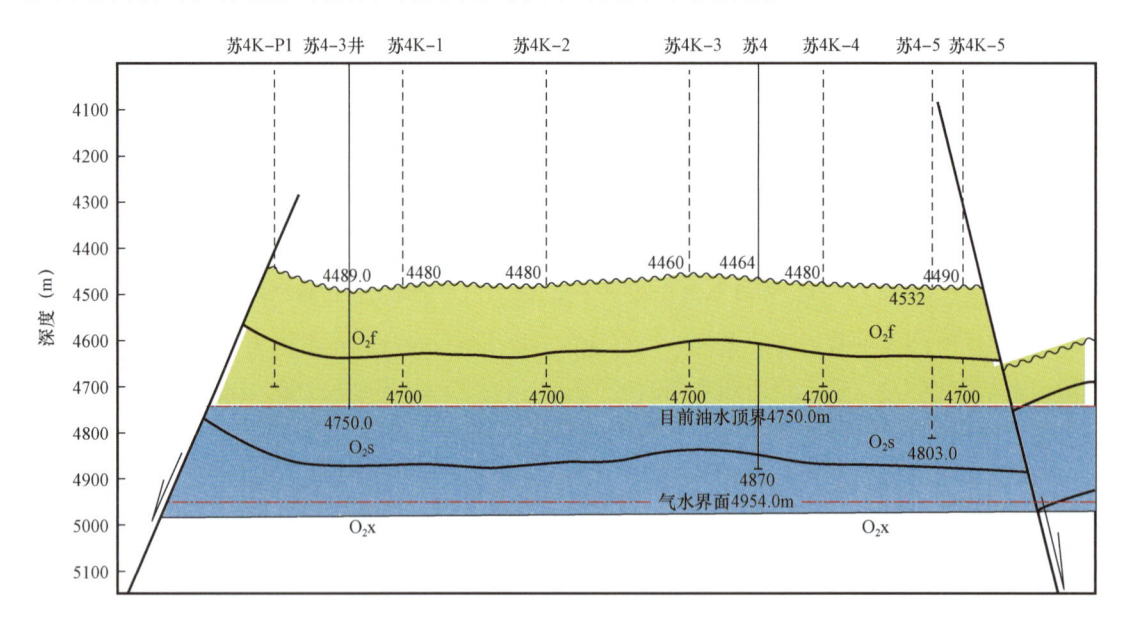

图2-1-4 苏4气藏剖面图

苏4气藏主要产气层位为下古生代奥陶系峰峰组和马家沟组碳酸盐岩,奥陶系储层储集空间以微裂缝—孔隙型为主,以构造微裂缝为主,大缝大洞不发育;储层物性表现为低孔(2.29%)、低渗透(2.59~1.89mD),且由于平面和纵向上白云岩类和泥岩类交互出现,储层非均质性也十分严重。储层中部埋深为4700m,原始地层压力47.9MPa,地层温度156℃,原始气水界面达4954m,为中等活跃底水驱凝析气藏(图2-1-4)。

苏4气藏于1988年12月24日投产,经历了低速稳定生产(1988年12月—1998年10月)、调峰高速不稳定生产(1998年11月—2003年1月)、开发调整(2003年2月—2010年11月)三个典型开发阶段,累计产气 $18.6 \times 10^8 m^3$,产油 $38.01 \times 10^4 t$,累计产水 $47.8 \times 10^4 m^3$,地层压力降至27.43MPa。苏4气藏潜山动态法计算凝析气地质储量 $47.91 \times 10^8 m^3$,天然气储量 $46.33 \times 10^8 m^3$,凝析油地质储量 $98.87 \times 10^4 t$。

鉴于潜山本身的地质条件及目前气藏的水淹状况,为获得较高的库容利用率和注采气能力,平面上采取了构造中、高部位储层发育区布井,顶部相对较密,中部相对较疏,井网井距在300~400m的布井方式;纵向上则以射开顶部峰峰组储层为主,同时兼顾高部位上马家沟储层发育区。

苏4储气库设计运行上限压力48.0MPa,下限压力28.0MPa,库容量$35.0\times10^8m^3$,工作气量$12.1\times10^8m^3$。部署新钻注采井9口,目前已完钻8口,待钻1口。老井采气利用3口,各类监测井5口。注气周期200天,日均注气量$605\times10^4m^3$;采气周期120天,日均采气量$1008\times10^4m^3$。

苏4储气库于2013年6月顺利投运,截至2019年3月调峰采气结束,储气库已经历6个完整注采周期,累计注气$18.7\times10^8m^3$,累计采气$11.2\times10^8m^3$,最大日调峰气量$532\times10^4m^3$,在区域天然气调峰保供中已发挥重要作用。

总体评价苏4气藏奥陶系潜山具有埋藏超深、天然气储量规模较大、储层物性差且非均质严重的基本特征。利用超深奥陶系底水凝析气藏改建地下储气库在国内还没有先例,国外也未见类似的实例,缺乏必要可借鉴的建库经验,特别是建库高压注气过程气井的吸气能力和气体在地层中的扩散情况,直接关系到建库成败和储气库总体运行效率高低,需要加强建库过程中的资料录取和动态分析,适时优化调整储气库注采运行。

2. 西南相国寺储气库[1]

相国寺储气库位于重庆市渝北区,主要作为中卫—贵阳管线季节调峰、事故应急供气、战略应急供气及川渝地区季节调峰、事故应急供气。

相国寺构造为受倾轴逆断层控制的"断垒型"狭长背斜,其东翼断层于盘为相东潜伏构造。构造走向为北北东向,区域构造位置如图2-1-5所示。构造两翼均发育有大型倾轴逆断层,这些断层发生在两翼陡缓转折带,另还派生一些中、小型断层,将背斜两翼切割成叠瓦状。主断层都发育在构造翼部,向上消失于须家河组,向下则断达志留系,断距大,断层未破坏构造和地层的完整性,对气藏起封闭作用。二叠系底部梁山组作为石炭系的直接盖层,分布较广,岩性为致密泥页岩;同时上部栖霞组、茅口组的致密石灰岩及三叠系和侏罗系可作为石炭系的间接盖层,特别是三叠系嘉陵江组的多套致密石膏层,石炭系气藏盖层具备良好的密封性。

相国寺石炭系黄龙组二段(C_2hl_2)以角砾云岩为主,储集空间以孔隙为主,次为裂缝、洞穴。由于储层孔、洞、缝都十分发育,渗透性能很好,平面上呈顶部渗透率高,往边翼部有降低趋势。石炭系沉积后因遭受风化剥蚀故储层较薄,实钻残厚仅9~26.5m,但次生作用强烈,故储层孔隙度较大。

石炭系储层有效厚度在8m左右,分布较稳定。储层埋深2200~2600m,原始地层压力28.7MPa,地层温度62.2℃,原始气水界面海拔-1986m,开发动态反映,气藏水驱很弱,为一定容干气气藏。

相国寺石炭系气藏开发始于1977年11月14日相18井的投产,1980年完成开发设计并实施,至2009年12月底,气藏生产井5口,累计采气$40.24\times10^8m^3$、凝析水$1903m^3$、地层水$110m^3$。2006年储量套改,用压降法回归得到石炭系气藏北区压降储量为$41.5\times10^8m^3$。

相国寺储气库设计运行上限压力28MPa,下限压力13.2MPa,库容量$42.6\times10^8m^3$,工作气量$22.8\times10^8m^3$;储气库注气周期为220天,采气周期为120天。最大日注气量$1380\times10^4m^3$;

---

[1] 吴建发,吴勇,李巧,等. 中卫—贵阳联络线配套相国寺储气库项目可行性研究优化调整报告[R]. 成都:中国石油西南油气田分公司,2010.

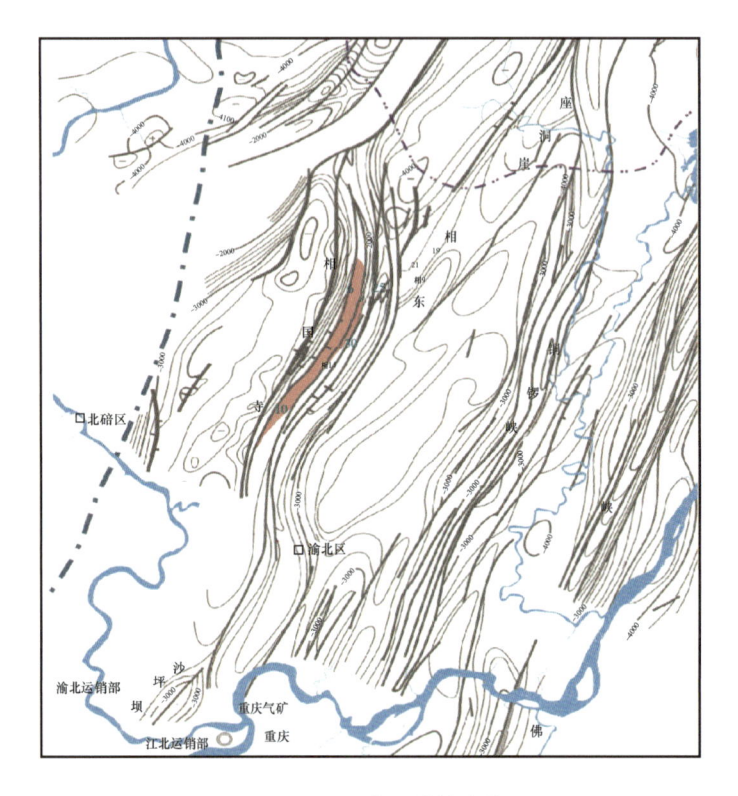

图 2-1-5 相国寺区域构造位置图

最小日注气量 $81×10^4m^3$。仅考虑季节调峰时最大日采气量 $1393×10^4m^3$,同时考虑季节调峰和应急时气库最大日采气量 $2855×10^4m^3$。

相国寺储气库于 2013 年 6 月顺利投运,截至 2019 年 3 月调峰采气结束,储气库已经历 6 个完整注采周期,累计注气 $77.4×10^8m^3$,累计采气 $54.1×10^8m^3$,最大日调峰气量 $2224×10^4m^3$,在区域天然气调峰保供中已发挥重要作用。

总体评价,相国寺储气库为逆冲断层复杂化狭长高陡背斜,薄层角砾云岩储层非均质性强,储层微细裂缝和洞穴较发育,单井注采气能力强;但发育大型倾轴逆断层并派生一些中小型断层,储气库往复注采下断层封闭性还有待进一步评价,应加强动态监测以确保储气库安全运行。

(三)气顶油藏(油环)型储气库

气顶油藏型储气库包括华北京 58、辽河双 6 两座储气库,注采气过程油气水三相渗流及气油相平衡机理都非常复杂。两座储气库剩余油达到 $1000×10^4t$,必须考虑注气过程气体向油相溶解和弥散过程;研究储气库高速注采条件下油气相平衡特征,建立运行机理评价模型;研究油层逐步扩容潜力,进一步提高原油采收率配套技术。

1. 华北京 58 储气库

京 58 储气库地处河北省永清县韩村乡南朝王村,由一个衰竭的气顶油藏改建而成,建库层位主要为古近系沙河街组沙四上段Ⅰ—Ⅳ砂组,主要承担陕京输气管道系统下游用户冬季调峰和应急供气任务。

京 58 储气库构造位于冀中北部廊固凹陷河西务断裂构造带南端,为一受刘其营断层和京 58 西断层所夹持的单斜地垒块,内部被 6 条次一级小断层切割成大小不等的 5 个小断块(图 2-1-6),其中边界断层刘其营断层和京 58 西断层对沙四上段起到了很好的上倾方向遮挡及侧向封堵作用,内部小断层断距较小,地层内部两侧形成砂岩的对接关系,具有明显的不封闭性,在开发过程中表现为液体窜流的主要通道。

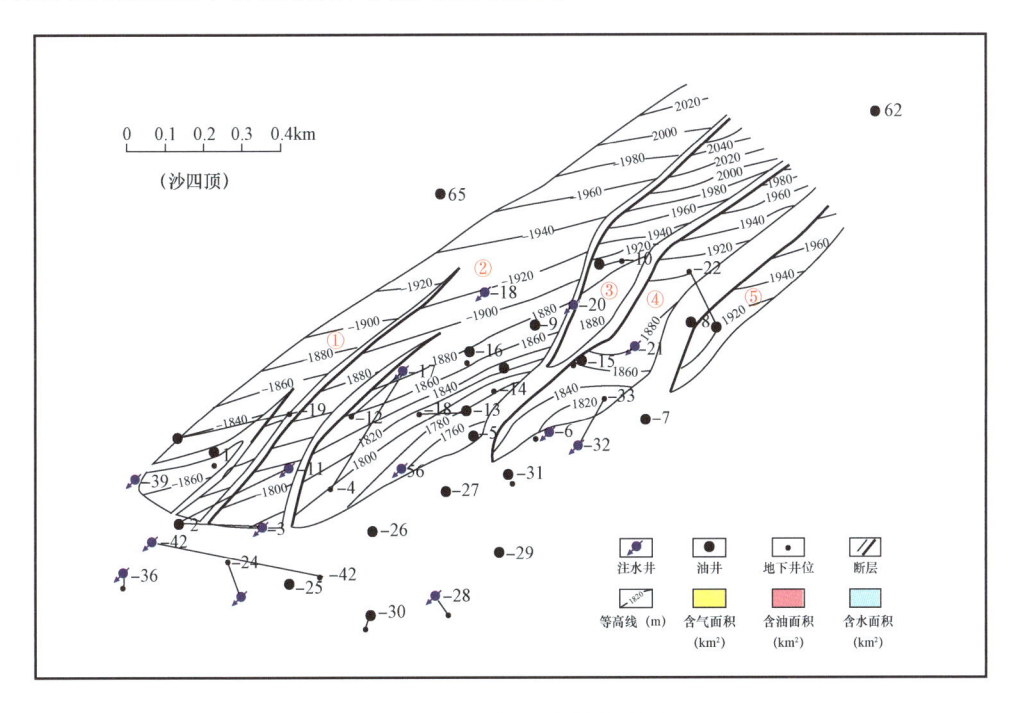

图 2-1-6 京 58 断块构造图

京 58 断块储层物性好,属于中孔中渗透储层,非均质性强,纵向上气油水分异清楚,形成顶部为气、腰部为油、边底部为水的流体分布格局;平面上油气分布稳定,横向可比性强,油气砂体大都连片分布。

京 58 断块自 1989 年 3 月投入试采,2006 年建库前已投入开发 17 年,经历了天然能量开发、全面注水开发、控水稳油和产量递减四个典型开发阶段。共有油井 19 口,开井 16 口,累计产油 53.8×10^{4}t,累计产水 96.3×10^{4}t,累计产气 7.4×10^{8}m^3,可采储量采出程度 87.5%。注水井 12 口,累计注水 257.0×10^{4}m^3。物质平衡动态法计算京 58 断块的天然气储量为 5.3×10^{8}m^3。

京 58 储气库设计库容量 8.1×10^{8}m^3,工作气量 3.9×10^{8}m^3;注采井 10 口、排液井 3 口,最大日注气量 210×10^{4}m^3,最大日采气处理能力 350×10^{4}m^3;采气期 120 天,注气期 220 天,平衡期 25 天。

京 58 储气库于 2010 年 8 月投产运行,目前已经历了 9 个注采周期,累计注气 18.6×10^{8}m^3,累计采气 12.7×10^{8}m^3,累计排液 1.86×10^{4}m^3,油水过渡带 3 口排液井于 2012 年全部关井。

总之,京58储气库主体断块储层物性较好、无阻流量大,气井注采气能力达到设计值,但构造两翼储层物性差,再加上沉积微相和构造影响,气井无阻流量小、注采气能力低;气顶注气扩容效果明显,但气顶驱方式下油层扩容速度缓慢,同时剩余油存在二次吸附饱和机理,存在一定的注入气损失,降低了储气库运行效率。

2. 辽河双6储气库 ❶

双6储气库位于辽宁省盘锦市双台子河下游西岸欢喜岭油田东部,辽河口国家自然保护区的缓冲区和试验区内,是"西气东输"气化辽宁的重要配套工程,主要保障秦皇岛—沈阳输气管线安全平稳运行。

双6储气库构造上处于双台子断裂背斜构造带中部,双6区块位于双台子断裂背斜带中部的主体部位(图2-1-7),主要目的层是古近系沙河街组兴隆台油层(Es_{1+2}),其主体双6、双67两个断块表现为占据构造高点的构造核心部位,断鼻形态较完整。

兴隆台油层上覆盖层封闭条件较好,边界断层封闭,但双6块与双67块原始条件一致,开发过程中两块压降情况相近,同时从油气采出程度上判断,有气从双6块窜入双67块的可能,判断两块间的双62断层有不密封的可能,因此把双6块、双67块作为整体进行建库。

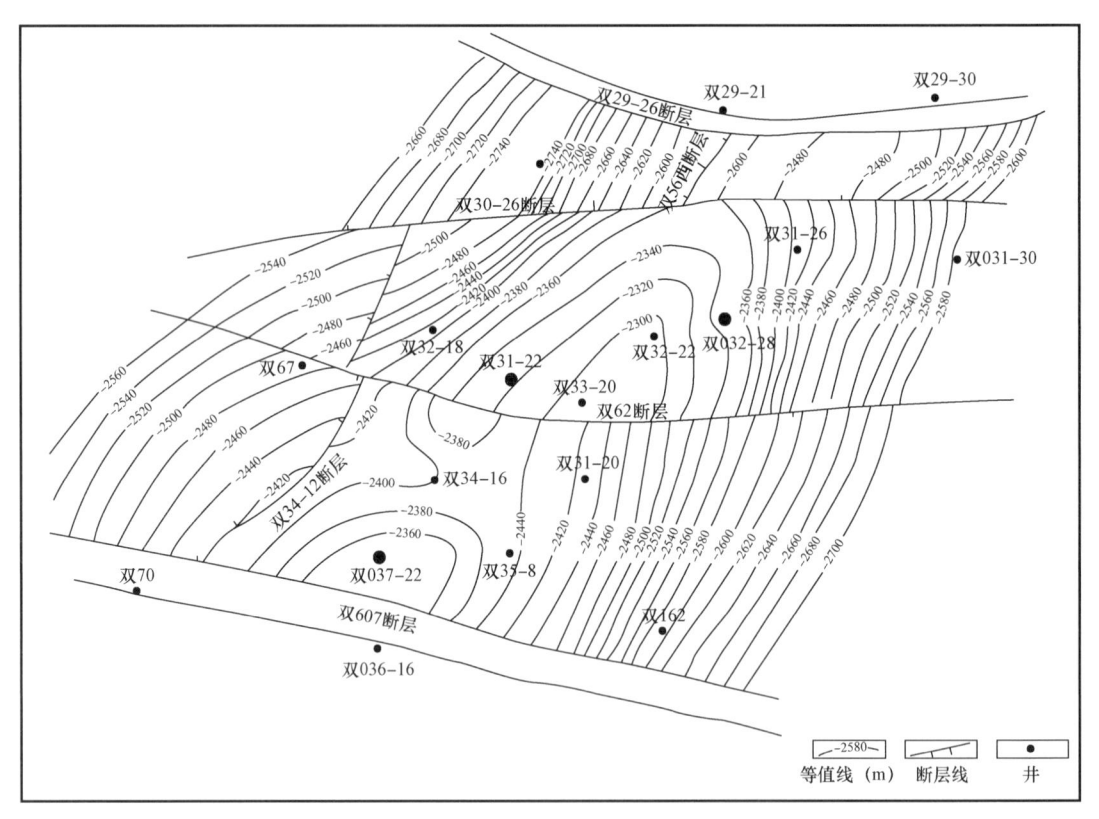

图2-1-7 双6油藏兴隆台油层顶界构造图

---

❶ 潘洪灏,闵忠顺,王丽君,等. 辽河油田双6区块气驱采油及秦皇岛—沈阳天然气管道配套储气库工程初步设计[R]. 盘锦:中国石油辽河油田分公司,2010.

双 6 块、双 67 块兴隆台油层为断层遮挡的屋脊状断鼻构造油气藏,双 6 块为"气顶边水油环油气藏"、双 67 块为"气顶底水油藏";储层属于中孔(17.2%)、中渗透(224mD)。

双 6 油藏于 1980 年全面投入开发,截至 2010 年改建储气库前,经历了上产、稳产、递减三个阶段,累计产气 $51.63 \times 10^8 m^3$,累计产油 $171.25 \times 10^4 t$,累计产水 $54.32 \times 10^4 m^3$。复算天然气地质储量 $51.09 \times 10^8 m^3$,石油地质储量 $848.25 \times 10^4 t$;累计产油 $171.25 \times 10^4 t$,采出程度 24.62%。

双 6 储气库设计运行上限压力 24MPa,下限压力 10MPa,库容量 $41.32 \times 10^8 m^3$,工作气量 $16.0 \times 10^8 m^3$;注气 165 天,采气 150 天,平衡期 50 天,最大日采气量 $1500 \times 10^4 m^3$,最大日注气量 $1200 \times 10^4 m^3$,共实施井数 18 口,其中水平井 9 口、定向井 6 口、观察井 3 口。

双 6 储气库于 2014 年 4 月顺利投运,截至 2019 年 3 月调峰采气结束,储气库已经历 5 个注采周期,累计注气 $52.4 \times 10^8 m^3$,累计采气 $25.3 \times 10^8 m^3$,最大日调峰气量 $1561 \times 10^4 m^3$。

总之,双 6 储气库为带大油环的气藏,同时断块复杂化多层砂岩、储层非均质性强、油气水分布关系复杂,注采运行机理复杂,需深入评价,提高工作气量和油层动用。

(四)含硫气藏型储气库[1]

含硫气藏型储气库以长庆陕 224 储气库为典型代表,由于地层流体硫化氢含量较高,必须考虑对地层采出井流中硫化氢浓度的控制;研究注入气与地层流体相平衡过程,提出地层硫化氢浓度变化特征;还需要攻关含硫气藏型储气库地层—井筒—地面整体运行优化技术,以加快脱硫,提高库容动用程度。

陕 224 储气库位于靖边气田中区西部,地理位置主要位于陕西省靖边县海则滩乡和内蒙古自治区河南乡,主要为"西气东输"二线、三线调峰供气。

陕 224 储气库构造简单,为相对平缓的西倾单斜,建库层位为奥陶系马家沟组马五段,其中马五$_1$亚段白云岩储层与上覆上古生界煤系烃源岩直接接触,东部和东北部马五$_{1+2}$全部被剥蚀,形成沟槽,石炭系细粒沉积充填其中形成地层遮挡,西侧部分残留的马五$_{1+2}$溶孔多被充填,岩性致密,对气藏区域性岩性遮挡,圈闭类型以地层—岩性复合圈闭为主。区域盖层石盒子组是良好的上部盖层,直接盖层本溪组泥岩对该区下古生界储层具有良好的封盖能力。

陕 224 气藏埋深 3475m,储层有效厚度为 2.8m,孔隙度为 9.3%,有效渗透率为 11~23mD。气藏分布不连续,但具有局部高产富集特点,无边底水。陕 224 气藏为含硫型干气气藏,原始地层压力 30.4MPa,地层温度 110.4℃,地层水为弱酸性 $CaCl_2$ 水型。

陕 224 气藏共 3 口气井,其中陕 224 井于 2000 年 10 月 30 日投产,G22-3 井于 2003 年 09 月 05 日投产,G23-2 井于 2003 年 10 月 18 日投产。开发特征为:(1)气田开发具有分层特征;(2)气藏内部连通,属同一压力系统;(3)评价天然气动储量为 $10.4 \times 10^8 m^3$。

陕 224 储气库设计上限压力 30.4MPa,下限压力 15.0MPa,库容量 $10.4 \times 10^8 m^3$,工作气量 $5.0 \times 10^8 m^3$,垫气量 $5.4 \times 10^8 m^3$。注气周期 200 天,采气周期 120 天,平衡期合计 45 天。新钻 3 口水平井作为注采井,利用老井 3 口(G22-3、G23-2、陕 224)作为采气井,2 口备用直井,

---

[1] 冯强汉,兰义飞,刘志军,等. 陕 224 储气库工程初步设计——地质与气藏工程[R]. 西安:中国石油长庆油田分公司,2010.

日均注气量 $250\times10^4\mathrm{m}^3$,日均采气量 $418\times10^4\mathrm{m}^3$。

陕 224 储气库于 2014 年 11 月投产运行,目前已经历了 4 个完整注采周期,累计注气 $9.5\times10^8\mathrm{m}^3$,累计采气 $6.1\times10^8\mathrm{m}^3$,最大日调峰气量 $328\times10^4\mathrm{m}^3$。

第二节 气藏型储气库库址资源优选

气藏型储气库是利用气藏改建而成的储气库,其建库库址资源主要受气藏分布和气藏特征影响。在对我国气藏分布和气藏特征分析的基础上,筛选评价了不同地区的气藏型储气库库址资源,并对有利建库目标的圈闭密封性、储层地质、建库规模、开发特征等进行了详细论述。

一、库址资源评价

就我国天然气资源分布而言,广泛分布在塔里木、鄂尔多斯、四川、东海陆架、柴达木、准噶尔、吐哈、松辽、渤海湾、莺歌海、琼东南和珠江口等 12 个盆地中,其中以中西部的四川、鄂尔多斯、塔里木盆地最多;针对我国天然气资源和气藏分布特点并根据气藏型储气库筛选条件和基本原则,对重点油气区进行了储气库库址资源评价,筛选出的气藏型储气库目标库址基本数据见表 2 – 2 – 1。

（一）大庆油区

大庆油区是我国最大的石油生产基地,探明气田共 22 个,在这些已探明气田中,除徐深、昌德、升平 3 个气田为火山岩储层外,其他气藏均为陆相砂岩储层。储层自上而下为黑帝庙油层、萨尔图油层、葡萄花油层、高台子油层、扶余油层、杨大城子油层、登娄库组及营城组火山岩储层。按照埋藏深度 2000m 为界,把大庆油区分为中浅层和深层两大类(表 2 – 2 – 2)。

大庆油区埋藏深度小于 2000m 的中浅层气田有 19 个,分布在黑帝庙油层、萨尔图油层、葡萄花油层、高台子油层、扶杨油层中,其中喇嘛甸气田于 1975 年已建成供大庆油区冬季调峰的小型气库,储层为黑帝庙油层的有 2 个,即龙南气田、新站气田,这两个气田为中孔—中渗透、小型构造控制为主的气藏。储层为萨尔图油层的有 6 个,其中喇嘛甸气田已改建为小型储气库,其余 5 个为中高孔中高渗透储层,萨尔图气田、新店气田、敖古拉气田为小型岩性—构造气藏,而二站气田、阿拉新气田是构造复杂、渗透好的中型气田。储层为高台子油层的仅白音诺勒气田,储层中孔中渗透、小型层状构造气藏,处于开发中后期。储层为扶杨油层有 8 个气田,属层为中低孔—中低渗透、岩性—构造中、小型气田。

大庆油区深层气田主要分布在徐家围子断陷,包含徐深、昌德、升平 3 个气田。徐深气田为一受基底构造控制的穹隆构造,储层为营三段火山岩、营四段砂砾岩、营一段火山岩,以大面积分布的层状中酸性火山喷发岩为主,夹少量砂砾岩和凝灰质粉砂岩,有一定的裂缝、气孔发育,横向非均质性强,存在双重孔隙度,气藏类型为构造—岩性型。昌德气田为一背斜构造,断层较发育,储层为登娄库组砂岩、营四段砂砾岩、营一段火山岩,非常致密,孔隙度在 10% 左右,基质渗透率在 $0.01\sim4.0$ mD,气藏类型为岩性—构造型。升平气田为一断背斜构造,储层为登娄库组砂岩、营四段砂砾岩,属大型河流相沉积,发育有较厚的河道砂,孔隙度一般为 $5\%\sim10\%$,空气渗透率为 $0.01\sim1.0$ mD,气藏类型为岩性—构造型。

表2-2-1 中国气藏型储气库主要库址及目标基础参数统计表

地区	油田	气田	层位	气藏类型	岩性	埋深(m)	厚度(m)	孔隙度(%)	渗透率(mD)	动态储量($10^8 m^3$)	累计采气量($10^8 m^3$)	原始压力(MPa)	估算参数($10^8 m^3$) 库容量	估算参数($10^8 m^3$) 工作气量
东北地区	大庆油田	升平	营城组三段	含边底水岩性—构造气藏	火山岩	2860	50.1	8.4	1.19	127.32	17.86	31.78	103	20~40
		朝51	白垩系下统的姚家组一段	岩性气藏	砂岩	500~700	3~5	27.8	300.9	2.51	1.62	6.36	2.18	1.4
		四站	白垩系下统的姚家组一段	构造气藏	砂岩	500~700	4~7	27.4	550.1	4.8	1.43	5.81	2.12	1.3
	吉林油田	长春气顶油藏(昰6,昌10)	双阳组双二段	气顶油藏	砂岩	1710~1520	124.1~108.3	14~15.6	166.2~208.7	26.59	19.42	21.06~18.92	17.1	6.8
		双坨子	泉一段,泉三段	弱水驱块状构造气藏	砂岩	1850~1860~1020	3.2~6.4 3.2~16.6	4.4~11.2 21.2~21.3	0.02~26.4 142.2~243.5	12.59	8.04	19.5 12.2	12.59	4.9
		雷61	沙河街组一、二段	构造—岩性气藏	砂砾岩	1250	13.1~98.1	27	639	5.67	3.85	12.36	5.11	2.1
		马19	兴隆台油层	构造—岩性油藏	砂岩	2570~2828		25.9	121		12.9		20.63	11.36
	辽河油田	兴古7潜山	太古宇古潜山油层	裂缝型块状底水油藏	片麻岩与混合花岗岩	2355~4670		基质:3.7~5 裂缝:0.3~0.5	基质:1 裂缝:29.5~360		13.2	37.1	40.1	17

续表

地区	油田	气田	层位	气藏类型	岩性	埋深（m）	厚度（m）	孔隙度（%）	渗透率（mD）	动态储量（$10^8 m^3$）	累计采气量（$10^8 m^3$）	原始压力（MPa）	估算参数（$10^8 m^3$）库容量	估算参数（$10^8 m^3$）工作气量
环渤海地区	大港油田	板深8	奥陶系峰峰组和马家沟组	凝析气藏	白云岩	4080	62.5~127.1	5.64、4.34		6.44	3.75	43.57	6.44	2.5
		驴驹河	沙河街组沙一段	凝析气藏	砂岩	2610~2750	34.2	19.8	171.1	7.82	3.57	27.09	7.82	2.8
	华北油田	兴9	沙河街组沙三下段	岩性圈闭气藏	砾岩	3720	57.3	5	10.6	15.02	9.35	40.82	15.02	6
		文23	二叠系上石盒子组下段	受断裂控制的构造气藏	砂岩	2640	28.1	19.1	130.9	7.93	5.96	27.3	7.93	3.2
	冀东油田	南堡1-29断块	新近系馆陶组	边底水气藏	砂岩	2200~2270		25.6					6.26	1.8~2.4
西南地区	四川油田	黄草峡	三叠系嘉一—嘉二	干气气藏	灰岩、白云岩		8~14.5	1.25	0.01	20.93	14.66	14.2	16.7	6.7
		铜锣峡	长兴组石炭系		碳酸盐岩					17.21	16.7	27.48	11.4	7.3
西北地区	塔里木气区	克拉2	K_1bs_1和K_1bs_2	边底水块状超高压干气藏	砂岩	3500	370	12.44	49.42	31.52	680.57	74.35	888.71	372.52
		丘东	$K_1q,J_2s,J_2x^{上},J_2x^F$	含凝析油低渗气藏	砂岩	2381~3679	2.1~29.5	11.4	6.05	16.08	18.4	32.24	27.8	9.2
	吐哈气区	温西一	J_2x_2,J_2x_3	受岩性控制的构造油气藏	砂岩	3074~3186	5.3~24	11.3	6.6	11.77	9.12	27.9	15.1	6.2
		温八	J_2x_2,J_2x_3	带油环的凝析气藏	砂岩	2250~2845	12~26	14.4	28.1	20.4	6.5	25.8	12.5	4.9
中西部地区	长庆气区	陕43井区	奥陶系马家沟组	含硫型干气气藏	碳酸盐岩	3778	6.6	6.7	0.59（基质）	514	11.6	32.2	20.4	8
		榆林南	山西组山$_3^3$	岩性圈闭气藏	砂岩	2841	8.7	6.36	13.84	8.51	6.5	27.2	968	200
		苏东39-61	马五$_5$		白云岩		6.9	6.8	8.1				18	8
		陕17	马五$_1^3$	岩性气藏	碳酸盐岩			4.2~12.5	0.02~4.56				46.7	16

— 30 —

表 2-2-2 大庆油区气藏类型统计简表

气田类型	储层	气田名称	数量
中浅层	黑帝庙油层	龙南、新站	2
	萨尔图油层	喇嘛甸、萨尔图、阿拉新、二站、新店、敖古拉	6
	葡萄花油层	朝51、四站	2
	高台子油层	白音诺勒	1
	扶杨油层	长春岭、三站、五站、涝洲、太平庄、汪家屯、羊草、宋站	8
深层	登娄库组、营城组	徐深、昌德、升平	3

四站气田和朝51气田构造简单、物性好、产能高,升平气田密封性好、物性好、规模大,优选这3个气田作为建库库址目标。

(二)吉林油区

吉林油区位于吉林省境内,与大庆油田隔江相望。油田中心处于松原市,已探明含气构造11个,其中气顶油藏4个,即红岗、大老爷府、木头、长春;气藏6个,即长岭、英台、双坨子、伏龙泉、小城子、小合隆。各库基本数据见表2-2-3。

表 2-2-3 吉林油区气藏基本信息表

气田	含气层位	气藏类型	埋深(m)	地层压力(MPa)	平均孔隙度(%)	平均渗透率(mD)	厚度(m)	含气面积(km^2)	探明储量(10^{8}m^3)	采出程度(%)
伏龙泉（主体）	泉三段	构造	390	3.9	25.45	590.75	5.6	11.66	17.28	20
	泉二段	构造	788	7.6	17.89	37.65	5.8	7.42	8.32	20
	泉一段	构造	1056	9.3	15.39	344.07	4~8	11.1	12.64	20
	登娄库组	构造	1337	14.2	9.7	10.26	6	12.26	11.72	20
伏龙泉（外围）	登娄库组	构造	1600	14.29	8.12	1.6	4~15	10.91	22.61	10
	营城组	构造	1900	17.05	10.4	2.56	2~8	16.47	22.09	10
小合隆	泉三段	构造	1060	7.04	12.05	24.7	4~8	18.1	3.51	13.5
	泉一段	构造	1456	12.86	10.97	15.87	4~8	12.6	9.45	13.5
长岭	登娄库组	构造	3400	38.7	6.5	0.13	10~40	44.91	172.88	8.4
	营城组	构造	3850	42.2	7.3	0.58	450	44.91	533.42	9.6
小城子	泉一段	构造	1240	12.52	10.2	6.63	2~12	5.4	4.34	1
双坨子	泉一段	构造	1855	19.5	7.8	13.3	28.5	6.64	4.57	52.4
	泉三段	构造	1020	12.2	21.25	192.85	34.5	6.3	6.56	50.9
英台	登娄库组	岩性	2200	21.26	12	0.4	12.3	35	72.91	0
	营一段	构造	2600~4000	22~40	10	0.03	47.9	30	244.97	0

气藏类型以构造气藏为主,在纵向上的分布具有井段长、层位多的特点。储层岩性为粉—细砂岩。储气层自上而下有明水气层、黑帝庙油层、萨尔图油层、葡萄花油层、高台子油层、扶余油层、杨大城子油层、农安油层、怀德油层,埋藏深度为370~2000m。气体类型除孤店气田为二氧化碳气外,其余均为烃类气。

其中长春油藏整体为西南倾单斜构造,双二段油气藏上部为双三段连续沉积大套泥岩地层,总厚度170~230m;岩性以灰黑色泥岩为主,分布稳定;盖层泥岩样品分析突破压力为2.5~10MPa,显示为良好的盖层。长春油藏双二段岩性主要为砂砾岩、中粗砂岩、中砂岩、中细砂岩、细砂岩和粉砂岩等;储层物性属中孔、中渗透储层。长岭气藏、小城子气藏、英台气藏为低渗透气田,伏龙泉气藏虽物性较好,但储层纵向跨度大、纵向性分割性较差,最前埋深390m,因此盖层与断层的封闭性需要着重关注。小合隆气藏物性与伏龙泉气藏相比略差,储量规格也较小。

根据气藏型储气库筛选条件,优选长春油藏和双坨子气藏作为吉林油区改建储气库的库址目标。

(三)辽河油区

辽河油区位于辽河下游、渤海湾畔,被沈阳、大连、鞍山、营口、辽阳所环绕。油气藏分布于辽河坳陷为中—新生代大陆裂谷型盆地,盆地中断层多、构造复杂破碎。盆地内目前共发现了39个油气田,其中29个油气田发育有气层气;目前尚未发现纯气田,都是油区内部的夹层气或上部的浅层气与油层相伴而生。纵向上发育12套含气层系,其中,兴隆台油层和马圈子油层为主力含气层系,但气藏储量规模小、单层厚度薄、连通差,单砂层多呈透镜状。

储层以碎屑岩为主,发育有三角洲砂体、冲积砂体、滨岸砂体、滨浅湖砂体以及湖相的鲕灰岩等储集体。近物源、多物源和快速沉积的特点造成纵向上和平面上的岩性变化大。物性变化大,非均质严重,孔隙度为3%~35%,渗透率从小于1mD到数千毫达西不等。从圈闭类型看,既有构造气藏,又有岩性气藏,还有地层气藏。从油、气、水组合关系看,气顶气藏、纯气藏、边(底)水气藏均存在。从相态上看,以干气藏占主导地位,凝析气藏较少。

表2-2-4 辽河油田储气库建设规划一览表

名称	上报储量			老井数（口）	累计产量		库容量（$10^8 m^3$）	工作气量（$10^8 m^3$）
	原油（$10^4 t$）	气层气（$10^8 m^3$）	溶解气（$10^8 m^3$）		累计产油（$10^4 t$）	累计产气（$10^8 m^3$）		
双台子储气库群	1651	94.71	38.52	180	384.62	88.98	117.43	61.42
雷61	—	5.67	—	7	—	4.02	5.25	3.40
黄金带	841.53	29.34	17.59	38	14.50	14.40	22.00	9.60
马19	514	17.84	10.72	58	175.90	17.76	20.63	11.36
兴古7潜山	3537	—	45.42	70	452.40	13.20	40.10	17.00
高3	4731	31.5	14.19	524	1165.40	20.70	35.00	17.00
龙气5	—	13.87	—	23	—	4.01	10.00	5.00
合计	11274.53	192.93	126.44	900	2192.82	163.07	250.41	124.78

根据气藏储气库建库基本要求,结合各气藏储量规模、储层连通情况、断层复杂程度、开发效果等,除上述的双6块外,雷61、齐13、双602、双51、黄金带、马19等区块具备改建储气库的基本条件(表2-2-4)。但齐13块、双602块和双51块均处于辽河湿地保护区,改建储气库受环保条件制约,因此,雷61、黄金带、马19、高3等区块可作为改建储气库规划目标库址。

(四)大港油区

大港油区位于天津市南部与河北省沧州地区,已发现的油田分布于黄骅坳陷中。黄骅坳陷沉积厚度约14000m,包括中—新元古界长城系、蓟县系、青白口系、古生界寒武系、奥陶系、石炭系、二叠系,中生界侏罗系和白垩系,新生界古近系、新近系和第四系。含油气层位主要属于古近系孔店组、沙河街组、东营组和新近系馆陶组、明化镇组。

大港油区已发现24个油气田、100余个气藏。已开发的干气藏和凝析气藏主要分布在板桥、大张坨、周清庄、王官屯、北大港(港东、港西、港中、唐家河)等5个油气田61个气藏中,其中约占半数以上的气藏已处于开采末期,可作为地下储气库选择目标。自1997年陕京一线投产后,我国第一座气藏型储气库——大张坨储气库于2000年投产。自大张坨储气库投产之后,大港油区又先后建成了板876、板中北、板中南、板808、板828,以及板G1、白6、白8等气藏型储气库。

在剩余气藏中,结合各油气田气藏的地质特征、生产能力、储量规模等因素,板深8气藏与驴驹河气藏条件相对较好,可优先作为地下储气库的建库资源。

(五)华北油区

华北油区渤海湾盆地冀中坳陷为主探区。冀中坳陷是渤海湾盆地中的二级单元,其西缘为太行山隆起,东缘为沧县隆起,北缘为大兴—宝坻凸起,南缘为邢衡隆起,坳陷呈东—西南向延伸。冀中坳陷基本构造单元可以划分出12个凹陷、7个凸起。

冀中坳陷基底为太古界和下元古界变质岩,沉积地层依次为中—新元古界和下古生界碳酸盐岩,上古生界—二叠系薄层石灰岩、煤系及砂泥岩互层,中生界含火山岩的碎屑岩,古近系、新近系砂泥岩互层和冲积层。含油地层以古潜山为主,中元古界长城系、蓟县系,下古生界寒武系、奥陶系,上古生界二叠系,古近系孔店组、沙河街组、东营组,新近系馆陶组、明化镇组均发现工业油气。已发现包括任丘、别古庄等56个油气田,其中有40个气藏,可作为地下储气库选择目标。

华北油区地下储气库的筛选工作自20世纪90年代开始,其后分别于2010年、2013年建成投产了京58(京58、永22和京51)、苏桥(苏1南区、苏20、苏4、顾辛庄、苏49)两个储气库群共8座储气库。这两个储气库群与大港油区的储气库共同承担了陕京一线、陕京二线、陕京三线系统中调峰保供与临时气源的功能,保证了京津冀尤其是首都北京的安全用气。

据不完全调查统计,华北油区已开发气藏24个,从储集类型可分为两类。

(1)奥陶系古潜山碳酸盐岩气藏:多为大型整装油气藏,储层具有缝、洞、孔多种储集空间,非均质性较严重,物性差,埋藏深度大于3000m,最深的苏49气藏达4700m。包括苏49储气库在内的苏桥储气库群就是利用该类气藏改建储气库的。

(2)新近系砂岩气藏:一般埋深适中(小于2000m),但规模较小,储量多小于$3\times10^8m^3$,且储层分布不稳定。尽管该类气藏储量规模小,但埋藏较浅,构造及封盖情况都较落实,储层较好,可以考虑多个相邻气藏建设库群,如京58储气库群就是利用京58、水2和京51三个气藏联合建库的。

总体来看,华北油区的气藏储层物性较差,但考虑到其临近北京等重要城市的特殊地理位置,可优选文23、兴9等气藏作为建库目标。

(六)冀东油区

冀东油区位于河北省唐山市唐海县境内,毗邻东北地区,距离唐山市89km,距离天津市165km,距离北京市254km。冀东油田发现于1979年,1982年开始试采,其后相继发现南堡陆地的高尚堡油田、柳赞油田、老爷庙油田并投入开发,2004年发现南堡油田。截至目前,23个区块已投入开发。以海岸线为界,分为南堡陆地油田和南堡滩海油田,南堡陆地油田已投入开发的均为油藏,南堡滩海油田有少量气顶油藏和凝析气藏。

南堡滩海油田主要发育南堡1号、南堡2号、南堡3号、南堡4号、南堡5号5个有利构造。南堡1号构造、南堡2号构造位于南堡油田的中部,主要是奥陶系潜山基础上发育起来的背斜构造和断鼻构造带。南堡3号构造西、北接南堡2号构造,南邻沙垒田凸起,东连南堡4号构造,属于凹中隆。

根据地下储气库建库的基本要求,南堡油田南堡1-29等四个区块(表2-2-5)具备建库的基本条件,其中南堡280断块、老堡南1断块与堡古2断块为奥陶系碳酸盐岩潜山气藏,埋藏较深,储层物性较差;南堡1-29断块为新近系馆陶组碎屑岩储层,埋藏适中,物性好,盖层条件有利。因此,冀东油区南堡1-29断块气藏应是冀东油区最有利的建库资源。

表2-2-5 冀东油田储气库筛选成果表

断块	层位	埋藏深度(m)	孔隙度(%)	渗透率(mD)	储层岩性	盖层厚度(m)	油藏类型	面积(km^2)	探明储量($10^8 m^3$)
南堡1-29	新近系馆陶组	2200~2270	25.6	462.9	碎屑岩	300~400	气顶气藏	3.37	6.26
南堡280	奥陶系	4250~4500	1.48	1.78	碳酸盐岩	130	凝析气藏	1.09	9.16
老堡南1	奥陶系	3300~4200	0.7	5.02			带油环凝气藏	6.13	51.53
堡古2	寒武系	4780~5340	5.2	11.9	碳酸盐岩	350~450	凝析气藏	4.07	26.41

(七)胜利油区

胜利油区分布在山东省境内,已探明油气藏70余个(包括花沟、八里泊2个CO_2气田)。气层气主要分布在新近系和古近系。从成因上大体可分为埋藏较浅的新近系次生气藏(即浅层气藏)和埋藏相对较深的古近系原生气藏两类。

(1)新近系次生气藏:主要分布于明化镇组、馆陶组。岩性以细砂岩、粉细砂岩为主,多为河流—泛滥平原相沉积。储层为透镜状砂体,平面上连通差,分布零散;纵向上变化大,气藏高度小,一般小于10m。气藏分布主要受新近系中发育的披覆构造、逆牵引构造控制,其埋藏深度在1000m左右,最浅不到200m,压实成岩性差,胶结疏松,储集物性普遍较高,孔隙度在30%左右,渗透率一般大于500mD。气藏类型以透镜状岩性气藏为主,绝大多数气砂体面积小于$1km^2$,储量小于$500 \times 10^4 m^3$。也有少量的构造气藏。该类气藏主要特点为砂体多、储量规模小且分散,气水关系复杂,储层物性好,但压实成岩作用差,胶结疏松,在开发中极易造成气层出砂、出水,单井产能低且递减快。

(2)古近系原生气藏:主要分布在沙河街组和东营组,气藏分布主要受构造控制,与浅层气藏比较相对规则,规模较大,气水关系简单。气藏埋藏相对较深,一般为1400~1800m;储层物性好,孔隙度在22%~33%,渗透率在300~5000mD。气藏多数带有油环。该类气藏比浅层气藏构造相对规则,储层分布较稳定,连通性好,产能较高,不易出砂、出水,对改建地下储气库有利。

胜利油区已查明气层气含气区30余个,气藏具有气砂体分散、面积小、储量小、气水关系复杂的特点。众多小型气砂体可作为建库资源,但受储量规模、成本、管线、用户等因素影响,建库库址需统筹考虑。

(八)西南油区

西南地区包括四川、重庆、云南、贵州四个省市。由于云南、贵州油气资源匮乏,探明的保山、太和等油气藏规模小、断裂发育且构造复杂,因此重点是由四川省与重庆市组成的西南油气区。

西南油区包括四川盆地及边缘和西昌盆地。四川盆地天然气资源丰富,是世界上最早开采利用天然气的地方,也是新中国天然气工业的摇篮。油气地质总体表现为"三多、三高、三低"的基本特征:层系多、类型多、领域多,高温、高压、高含硫,低孔、低渗透、低丰度。四川气藏的主要圈闭类型绝大多数都是受现今构造圈闭控制的气藏背斜和地层—背斜圈闭,其次还有岩性圈闭气藏等。目前,在四川盆地建成了重庆、蜀南、川中、川西北、川东北五个油气生产区,已开发气藏110个左右,其中相国寺气藏已改建储气库,并于2013年投产运行。西南油气区建库资源丰富,选择余地很大。根据其地质条件、H_2S含量以及气藏开采程度等来看,以黄草峡、铜锣峡、牟家坪、老翁场等为代表的一批气藏具备建库条件。

(九)青海气区

青海气区地处青藏高原,位于青海省西北部的柴达木盆地。青海气区以涩北1气田、涩北2气田及台南气田为代表,储量规模大于$600\times10^8m^3$,气藏一般埋深小于2000m,构造比较简单,无断层,物性好(孔隙度一般大于20%、渗透率大于100mD)。但是,气藏气层分散(气层段400~1400m)、储层疏松易出砂、单层厚度薄(1~5m)等特点导致建设地下储气库的难度较大。

(十)塔里木气区

塔里木盆地位于新疆维吾尔自治区南部,是我国最大的内陆盆地。天然气区带资源量主要集中分布在西南坳陷和库车坳陷,已查明油气藏10余个(表2-2-6),这些气藏以中低渗透储层为主;储量规模大,为特大型—大型—中型气藏、最大为储量大于$2500\times10^8m^3$的克拉2气田;埋藏深度均超过300m,最深6430m,地层压力高(29.42~128.6MPa),其中克拉2气藏、迪那2气藏、大北气藏为超高压气藏。

塔里木气区气藏较多,储量较大,但作为上游天然气主产区,且气藏类型和储渗空间复杂、埋藏深、压力高,并不适合大规模建库。但考虑到中亚管道对我国天然气供气安全的需求,可考虑将克拉2气藏作为保障中亚天然气管线的供气保障的储气库资源。

表 2-2-6 塔里木气田气藏地质参数统计

气藏名称	层位	物性 孔隙度(%)	物性 渗透率(mD)	物性 分类	气藏埋深(m)	地层压力(MPa)	探明储量($10^8 m^3$)	气藏类型
克拉2	E+K	13.6	55.7	中渗透	3736	74.35	2840	超高压干气藏
迪那2	E	8~11	0.2~1.4	低渗透	5046	106.24	1752.18	超高压凝析气藏
大北	K	5.96	0.06	致密	5780	89~96	506.2	超高压湿气藏
牙哈	N_1j+E+K	2.1~13	15~170.14	中渗透	4962~5185	55.79~56.38	285.81	凝析气藏
英买7	E	16.6~18.7	1049.7	中渗透	4462~4678	49.32~51.12		凝析气藏
羊塔克	E+K	12~18	160~488	中渗透	5334	57.58~58.78	309.15	凝析气藏
柯克亚	N	13	20~67.6	中渗透	3110	29.42~52.32	80.1	凝析气藏
	E	1.9~4.1	0.035	致密	6430	128.6	302.51	
吉拉克	T	20~24	100.5~247.5	高渗透	4342	47.42	266.56	凝析气藏
	$C_Ⅲ$	10	50.9	中渗透	5380	71.59	66.35	凝析气藏
玉东2	K	17	300	中高渗透	4725	52.09	73.32	凝析气藏
塔中6	$C_Ⅲ$	10	15	低渗透	3726	43.39	85.28	凝析气藏
和田河	C+O	2.1~13		低渗透	3185	15.8~16.8	163.3	含H_2S气藏

(十一) 吐哈气区

吐哈气区位于新疆吐鲁番—哈密盆地,"西气东输"管道从油区北边穿过,距主要气藏约10km,具有重要的地理优势。同时,油区天然气资源丰富,一批中小规模气藏先后投产,主力常规气藏基本为背斜、断背斜构造,埋深适中(1920~3480m),气柱高度高(118~550m),储层物性中—低孔隙度、低渗透率,孔隙度在10.0~16.3%,渗透率在2.49~28.1mD(表2-2-7)。丘东、温八、温西一等气藏可作为改建储气库的备选目标;如果西北地区有调峰和建库需求,可以根据地质条件及开采状况择优选择。

表 2-2-7 吐哈油田探明已开发主要气藏基本情况统计表

气藏名称	层位	圈闭类型	埋藏深度(m)	孔隙度(%)	渗透率(mD)	圈闭高度(m)	含气面积(km^2)	探明储量($10^8 m^3$)	气藏类型
丘东	J_2q, J_2s	背斜	2400~2930	16.3	12.25	530	4.43	5.71	构造—岩性凝析气藏
	J_2x	背斜	3018~3480	11.4	3.67	460	12.28	65.64	岩性—构造凝析气藏
红台2	J_2q, J_2s	断背斜	1920~2770	10.0	2.49	550	30.42	83.16	构造—岩性凝析气藏
温八	J_2x	背斜	2715~2857	14.4	28.1	137	2.56	17.52	构造凝析气藏
温西一	J_2x	断背斜	2781~2906	11.8	18.6	118	3.17	21.33	
温五	J_2x	断背斜	2735~2902	13.0	4.64	120	5.1	18.01	

(十二) 长庆油区

鄂尔多斯盆地为长庆油田的主勘探开发区,天然气资源丰富,也是"西气东输"与陕京输气管线的气源区。鄂尔多斯盆地发现9个气田,除直罗气田为中生界气田外,靖边、苏里格、乌审旗、榆林、米脂、子洲、刘家庄、胜利井等8个气田全为古生界气田。9个气田中除胜利井气田、刘家庄气田和直罗气田面积小、储量少外，其余6个气田均为大面积含气(储量超千亿立方米的气田5个)，这6个气藏含气面积较大，基本上处于建产或上产期，为长庆油田的主产气田，但气藏埋藏深度均超过2500m，物性较差。靖边气田中区西部陕224井区已改建地下储气库，并于2014年11月投产。根据储气库建库的需求及气田内部区块的开采程度，可将苏东39-61、陕17、榆林等气田作为建库目标。长庆油区气田基本情况见表2-2-8。

表2-2-8 长庆油区气田基本情况统计表

序号	气田名称	地理位置	储层埋深(m)	层位	孔隙度(%)	渗透率(mD)	探明含气面积(km²)	探明地质储量(10^8m³)
1	靖边	陕西省、内蒙古	3000~3750	马五$_{1-2}$	6.3	0.4	4337.40	3411.01
2	榆林	陕西省	2800~3000	山2	5.0~13.0	1.0~7.0	1810.5	1807.5
3	乌审旗	内蒙古、陕西省	2800~3000	盒8、山1	6.1~12	1.0~5.0	873.5	1012.1
4	米脂	陕西省	1900~2000	盒6—8	4.5	0.8	478.3	358.48
5	苏里格	内蒙古	3200~3400	盒8、山1	12.0~14.0	1.0~62.7	4067.2	5336.52
6	子洲	陕西省	2390~2500	山2	6.0	2.68	1189.01	1151.97
7	刘家庄	宁夏	750~900	盒5、山1			1.10	1.90
8	胜利井	内蒙古	1850~2500	盒3—4、山1			11.70	18.25
9	直罗	陕西省	630~700	长2$_1$			17.91	9.80

二、典型储气库库址目标介绍

(一)大庆油区

1. 升平气田

升平气田构造位置处于松辽盆地北部深层构造徐家围子断陷北部的升平—兴城构造带上，登二段为主要盖层，营三段火山岩为主要储层与开采层。

气藏构造受沿断裂分布的多个火山机构控制，形成一个复式背斜，发育升深202、升深更2和升深2-7三个构造高点，代表三个火山锥体位置，构造高点位于升深2-12井附近。营城组发育的断层均未穿过上部登楼库泥岩盖层，不会对盖层密封性造成破坏；储层上部的登二段发育70m左右的泥岩盖层，盖层岩性组合为深灰色泥岩夹粉砂岩，具有良好的封闭性能。

营三段火山岩储层以流纹岩为主，其次为熔结凝灰岩。流纹岩主要以原生气孔为主，其次是脱玻化孔；含少量微裂缝孔；裂缝以微裂缝为主，主要为张裂缝、网状缝。储层平均孔隙度为8.4%，平均渗透率为1.19mD。从火山岩储层的孔渗的关系上看，孔隙度与渗透率相关性较差，说明裂缝较为发育。储层厚度为200~760m，平均为350m；有效厚度在40~130m，平均为50.10m。

该气田分布主要受构造、岩性控制，为含边底水的岩性—构造气藏，具有统一的气水界面及压力系统，表现为上气下水的特征。属于干气，原始地层压力31.78MPa，属于正常温压系统。

工区内 14 口生产井(2 口已经报废),累计采气量 17.86×10⁸m³,采出程度 13.92%,对应地层压力 28.10MPa。利用水驱物质平衡法评价气藏动用储量 127.32×10⁸m³,气田属于强水驱气藏,水驱指数为 0.36。

改建储气库时考虑到火山岩储层基质与裂缝系统的复杂性,库容量暂取探明储量的 80%,约 103×10⁸m³,为了防止水侵,按 20%~40%估算工作气量为 20×10⁸~40×10⁸m³,工作气量具有较大的潜力。

总体来看,升平气田具备改建地下储气库的地质条件。升平气田处于开发阶段,规模大,构造落实,埋深适中,储层岩性单一、厚度大,物性较好,盖层与断层封闭性好。不利因素为储层条件复杂,底水强,气井需控制生产,防止出水。

2. 四站气田—朝 51 区块

四站气田与朝 51 区块构造均位于松辽盆地中央坳陷区朝阳沟阶地上,目的层为白垩系下统的姚家组一段葡萄花油层。

四站气田构造为一北东—南西方向的长轴背斜构造,区内断层不太发育,仅有 7 条延伸 0.5~1.5km、断距 20~40m 的小断层;构造较完整,圈闭面积与构造幅度大。朝 51 区块位于朝阳沟背斜构造东北顺轴线倾伏的斜坡部位,发育 5 条断层,除朝 57 井、朝 511 井西侧断层外,其余断层断距、延伸长度均较小。生产实践证明断层基本是密封的。四站气田储层上部发育厚 315m 左右的泥岩盖层,朝 51 区块储层上部发育厚 386m 左右的泥岩盖层,根据盆地区域盖层分类评价,封盖条件好。

四站气田与朝 51 区块储层单一,连通性好。四站气田储层厚度 8.0~10.0m,砂岩厚度 4.0~7.0m,岩性为夹泥岩的粉砂、细砂岩,孔隙类型为原生粒间孔,储层物性好,平均孔隙度 27.4%,平均渗透率 550.1mD。朝 51 区块储层厚度 8.0~10.0m,砂岩厚度 3.0~5.0m,均匀且无夹层,岩性为含泥混合粗砂岩;储层物性好,平均孔隙度 27.8%,平均渗透率 300.9mD。

四站气田与朝 51 区块天然气为干气,为正常温压系统的气藏。四站气田为构造气藏,构造圈闭高度大于气柱高度,天然气未充满,原始地层压力 5.81MPa。朝 51 区块为受断层的切割遮挡的岩性气藏,朝 57 井西侧也受断层遮挡,朝 57 井为纯气层;朝 51 井比朝 57 井构造位置低 63.7m,为纯气层,原始地层压力 6.36MPa。

四站气田投产井 2 口,天然气探明储量为 4.80×10⁸m³。累计采气量 1.43×10⁸m³,采出程度 74.5%,对应地层压力 1.85MPa。朝 51 区块投产井 2 口,天然气探明储量为 2.51×10⁸m³。累计采气量 1.62×10⁸m³,采出程度 74.7%,对应地层压力 1.83MPa。

总体来看,四站气田和朝 51 区块具备改建地下储气库的地质条件。四站气田处于开采枯竭期,埋藏浅,在 500~700m;构造简单,断层少;储层单一,分布稳定,有一定规模,厚度在 4m 以上;物性条件好,储层不出砂。盖层、隔层岩性为纯泥岩,密封性好。不利因素为两个气藏的储量规模均较小,两库库容量在 2.0×10⁸~2.5×10⁸m³。

(二)吉林油区

1. 长春气顶油藏

长春气顶油藏构造位置处于伊舒盆地鹿乡断陷五星构造带上,双阳组双三段泥岩为主要盖层,双二段为主要储层与开采层。

长春油田整体为西南倾单斜构造,在2号断层和17号断层上盘发育了昌6和昌10两个半背斜圈闭。昌6断块、昌10断块主要发育两组断层,其中边界断层为2号断层、17号断层、A7井断层和昌307井断层,断距大,对沉积和油气的分布起控制作用,封闭性好;内部断层A6-8井断层、A4井断层和2C1-5井断层,断距小,油气分布不受断层影响,不具封闭性。长春气顶油藏双二段油气藏上部为双三段连续沉积大套泥岩地层,总厚度170~230m;岩性以灰黑色泥岩为主,分布稳定;盖层泥岩样品分析突破压力为2.5~10MPa,显示为良好的盖层。

长春油田双二段岩性主要为砂砾岩、中粗砂岩、中砂岩、中细砂岩、细砂岩和粉砂岩等;储层物性属中孔、中渗透储层,昌6断块孔隙度14.0%,渗透率166.2mD;昌10断块孔隙度15.6%,渗透率208.7mD。双二段储层砂岩普遍发育,昌6断块、昌10断块平均单井砂岩厚度分别为124.1m、108.3m,其中中部的1—3砂组砂岩较为发育。

天然气具有凝析气特征,属于正常温压系统,具有统一的气水界面及压力系统,表现为上气中油下水的特征,水型为$NaHCO_3$。

昌6和昌10两个断块为气顶油藏,驱动类型是以弹性气顶驱+溶解气驱为主、人工注水和弱边水驱为辅的综合驱动类型。两个断块均经历了20多年的开发,都处于开发后期。若改建储气库上限压力取值为原始地层压力,以物质平衡计算的气顶天然气储量为基础,预测库容量为$17.10 \times 10^8 m^3$,工作气量若按40%估算,预计储气能力为$6.8 \times 10^8 m^3$左右。

总体来看,长春气顶油藏具备改建地下储气库的地质条件。气藏处于开发末期,构造落实,埋深适中,储层物性较好,盖层与断层封闭性好。不利因素为含气层段较长,注水开发导致油气水关系复杂。

2. 双坨子气藏

双坨子气藏构造位置处于松辽盆地南部中央坳陷区华字井阶地南部,目的层为泉一段、泉三段,其中泉一段含气小层为17—22小层,泉三段为7—12小层。

区内断裂发育,深大断裂较少,以小断裂为主。断层呈条带状,雁行式展布。条带内断层两两成对出现,倾向相对。泉三段与泉一段除个别主要断裂有继承性,多数小断层只发育在泉一段。通过岩性对置关系、气水界面分析,以及测压资料分析,断开一段、泉三段的断层具有一定的封堵性,而只断开泉一段的断层两侧多数出现砂—砂对接的现象,不具备侧向封堵性。双坨子主要含气层位泉一段上部的泉二段、泉三段上部的泉四段主要为泥岩沉积,沉积厚度大于90m,成为很好的盖层。泉一段17小层上覆盖层平均厚度28.5m,泉三段7小层上覆盖层平均厚度34.5m,且上覆泥岩盖层分布连续且较稳定,突破压力均大于2MPa,说明盖层具有较好的封闭性。

泉一段中上部储层岩性为粉砂岩,下部以细砂岩为主,局部含砾,主力含气层平均孔隙度4.4%~11.2%,平均渗透率0.02~26.4mD,砂岩平均厚度3.2~6.4m;泉三段以粉砂岩和细砂岩为主,主力含气层岩心分析小层平均孔隙度21.2%~21.3%,平均渗透率142.2~243.5mD,砂岩平均厚度3.2~16.6m。泉一段砂体厚度和侧向连通性明显好于泉三段的砂体厚度和侧向连通程度。

天然气分布受构造控制,局部受岩性控制。各断块具有独立的气水界面,气藏类型为弱水驱块状构造气藏。天然气属于干气,泉一段气藏、泉三段气藏原始地层压力分别为19.5MPa、

12.2MPa,压力系数分别为0.96、1.0,地温梯度分别为4.2℃/100m、5.3℃/100m,属于正常压力高温系统。

泉一段气藏、泉三段气藏泉一段由西至东,依次分为坨105断块、坨17断块和坨深1断块,共投产16口气井,目前开井5口,地层压力4.56MPa,累计产气4.66×10^{8}m^3,采出程度52.40%;泉三段自西向东分别为坨19—坨101断块、坨A4-2断块,共投产8口井,目前井开井6口,地层压力3.42MPa,累计产气3.38×10^{8}m^3,采出程度50.9%。

利用容积法逐断块与小层计算天然气地质储量15.53×10^{8}m^3,物质平衡法计算动态储量12.59×10^{8}m^3。改建储气库上限压力取原始地层压力,库容量以动态储量为依据,预测双坨子库容量为12.59×10^{8}m^3,由于气藏为弱水驱,工作气量按40%估算为4.9×10^{8}m^3。

总体来看,双坨子气藏含气层位为泉一段和泉三段,整体上为断层复杂化的背斜构造,储层主要为中低孔中低渗透型。其继承性断层具有封闭性,盖层分布稳定具有很好的封堵作用,适宜建库。

(三)辽河油区

1. 双台子储气库群

双台子油气田位于辽宁省盘锦市盘山县曙光农场至坨子里一线的双台子河流域,处于双台子河国家级自然保护。构造位置处于辽河坳陷西部凹陷的双台子断裂背斜带,西以双台子断层与欢喜岭油田相邻,北为曙光断裂鼻状构造带前缘,东南临清水洼陷,南与双南油田相接,为北东—南西方向展布的断裂背斜构造带。

双台子构造带内含15个小断块,地层发育稳定,为多个断背斜成的长轴背斜,构造落实、圈闭密封性好、储层物性好,具备建设储气库的基本地质条件;油藏类型多样,主要为气顶油环边底水气藏,地质储量大,能够保证建库规模及调峰能力。双台子构造带(双6、双51、双31等块)与周边潜力区块齐13块、齐62块统一建库,预计双台子储气库群建成后库容量达到百亿立方米、实现60×10^{8}m^{3}以上的工作气量,将为区域季节调峰及应急供气发挥重要作用。

2. 雷61气藏

辽河油田雷61气藏构造位置处于辽河坳陷西部凹陷陈家洼陷北侧,沙一+沙二段为主要储层与开采层。

雷61区块为四周受断层封闭的单斜构造,区块内共确定断层5条,北东走向为主干断裂,断距大,延伸长,控制了雷61气藏的构造格局;近北西走向为次级断层,断距小,延伸短,但对圈闭起到封闭的作用。其中断块东侧高部位的雷604断层为遮挡断层,断距在50~80m,延伸长度在1.9km;断层两侧为储层与不渗透地层相接触,侧向不连通而形成遮挡封闭,同时断层面处形成断层泥封闭,具有较好的封堵作用。盖层为沙一+沙二段上部的厚层块状泥岩,厚度在70m以上,形成一套深灰色泥岩夹深灰色、褐灰色薄层炭质泥岩及油页岩为主的非渗透层,分布稳定、厚度大、岩性纯,具有有效的封闭性能。

雷61区块沙一+沙二段储层岩性以砂砾岩为主,地层厚度64~131m,砂层厚度13.1~98.1m,平均孔隙度27%,平均渗透率638.8mD,属高孔高渗透储层。

雷61区块为干气气藏,属于正常温压系统。气藏受构造—岩性控制,具有统一的气水界面及压力系统。气藏处于开发末期,生产井5口,原始地层压力12.36MPa,累计产气3.85×10^{8}m^3,

天然气采出程度75.3%,对应地层压力3.88MPa。

雷61区块天然气地质储量为$5.11\times10^8m^3$。改建储气库上限压力取原始地层压力,预测库容量为$5.11\times10^8m^3$,工作气量若按40%估算为$2.1\times10^8m^3$。

雷61气藏构造较为简单且落实,埋深适中,储气层位较为单一,连通性好,物性较好,盖层与断层封闭性好,具备改建储气库的基本条件。

(四)大港油区

1. 板深8气藏

板深8气藏处于黄骅坳陷中区北大港构造带东北倾没,奥陶系峰峰组和马家沟组深灰色的石灰岩和白云岩为主要目的层。

板深8气藏为背斜构造,发育千12-18断层(北断层)、千10-20断层(南断层)和板深8断层(西断层)三条逆断层,压力—时间关系显示板深8井与千12-18井不连通,压力恢复资料结果反映板深8气藏与千12-18、板深703两井区不连通,因此断层具封堵性。奥陶系顶界直接盖层以中生界泥岩为主,夹杂致密泥灰岩,整体厚度为300~435m,起到良好的封闭作用,是理想的盖层。

储集空间类型以构造缝、溶蚀孔洞等次生孔隙为主。储集类型以孔—洞—缝复合型储层为主,储渗能力最好。该类储层由大型、中型、小型、微型的不同成因的缝、洞、孔组合匹配,相互连通形成统一的储渗系统。板深8气藏主要以白云岩或含灰质白云岩为主,储层厚度在62.5~127.1m,其中Ⅰ类储层厚约40.4m,Ⅲ类储层厚约50.8m。峰峰组总孔隙度为5.64%,上马家沟组总孔隙度为4.34%。

板深8井区以中高凝析油为主的凝析气藏,原始地层压力43.57MPa,地层压力系数为1.014,地温梯度在3.76℃/100m左右。气藏受构造、断裂控制作用明显,呈层状展布,集中分布于峰峰组和上马家沟组上段,具南厚北薄、中间厚、四周薄的特点。气藏储集物性较好,气水界面为-4330m。

板深8井于1999年生产至2007年,地层压力由43.57MPa降到15MPa,压降程度65.6%,平均单位压降采气量$0.12\times10^8m^3$。目前气藏处于开发末期,生产井3口,开井2口,累计产气$3.75\times10^8m^3$,天然气采出程度58.2%,计算凝析气动态储量为$6.44\times10^8m^3$。上限压力取值原始地层压力,预测库容量为$6.44\times10^8m^3$,工作气量按40%估算为$2.5\times10^8m^3$。

总体来看,板深8气藏具备改建地下储气库的地质条件。气藏构造落实,储层物性较好,盖层与断层封闭性好。不利因素为埋藏较深,孔隙—裂缝系统储层非均质性较强,建库投资大、成本高。

2. 驴驹河气藏

驴驹河气藏构造位置处于黄骅坳陷中北部,沙一段板0油组1、2小层为主要储层与开采层。

驴驹河气藏夹持于长芦断层和高沙岭断层之间,由板深80-1、板831-21、板深82-1、板深82-2、板深10-5五个断块组成,各断块受五条边界断层控制,由于各断块原始地层压力与生产一段时间后的地层压力均不同,说明各断块是独立的,即五条边界断层具备封堵性。同时板0油组1小层分布在板深82-1断块,上覆泥岩盖层厚约26~47m,对气藏形成有效封闭;板0油组1小层与2小层之间岩性以大段深灰色泥岩为主,泥岩厚度在90~215m,分布范围大,是区域性盖层,对气库起到良好的封闭作用。

板0油组可划分为3个小层,其中1、2小层为产气层。1小层河道主体部位砂岩厚度可达15~20m,平均为13.6m。2小层砂体分布范围较广,厚度较大,河道主体部位砂岩厚度可达15m以上,平均为20.58m。1小层孔隙度20.02%,渗透率175.49mD;2小层孔隙度19.57%,渗透率166.68mD。储层为中孔中渗透型。

驴驹河地层压力系数为1.00~1.07,为高温常压气藏。气藏受断块与岩性控制,没有明显统一的气水界面。气藏处于开发中后期,生产井8口,开井4口,累计产气 $3.57 \times 10^8 m^3$,天然气采出程度45.64%。计算动态储量为 $7.82 \times 10^8 m^3$,改建储气库上限压力取值原始地层压力,预测库容量为 $7.82 \times 10^8 m^3$,工作气量若按40%估算为 $2.8 \times 10^8 m^3$。

总体来看,驴驹河气藏具备改建地下储气库的地质条件。气藏构造落实,埋藏适中,储层物性较好,盖层与断层封闭性好。不利因素为断块分割,连通性差。

(五) 华北油区

1. 兴9气藏

兴9气藏构造位置处于廊固凹陷固安—旧州断裂构造带大兴断层下降盘的中部,新生界沙三下段是该气藏的产层,细分为第Ⅰ套砾岩、第Ⅱ套砾岩产层两套产层,两套产层间有稳定泥岩隔层,形成两套封闭的、互不联通的产层,其中第Ⅰ套砾岩为主产层,可作为建库目的层,而包围砾岩体的大套暗色泥岩作为盖层。

兴9砾岩体的第Ⅰ套砾岩产层顶面构造为一北倾,东、南方向受砾岩体尖灭线控制的岩性圈闭,北部的大兴断层是廊固凹陷中西部控盆边界断层,为北东向展布、倾向东南的正断层,平均断距大于2000m;内部也发育次一级小断层,是在主断裂活动后期形成的一些张性羽状断层,延伸短、断距较小,储层起分割作用,封堵性较差。

兴9砾岩体为一岩性圈闭气藏,砾岩体受沉积因素影响,纵向上相互叠置,平面上西北经大兴断层与基底相接,形成圈闭溢出点,远端向东南方向上翘并尖灭,包裹于沙三段大套暗色泥岩之中。沙三段泥岩为大套褐灰色、深灰色泥岩夹薄层细砂岩或粉砂条带,厚度800~1000m,为一套有效的区域性直接盖层。

第Ⅰ套砾岩储层段平均砾岩厚度198m,平均储层厚度71.2m,平均孔隙度为4.9%。气层平均厚度为57.3m。根据地层测试资料获得气层的有效渗透率在0.8~24.1mD,平均为10.6mD。兴9砾岩体储层为中—低孔、中—低渗透储层。

兴9气藏处于开发末期,生产井12口,开井10口,原始地层压力40.82MPa,第Ⅰ套砾岩产层累计产气 $9.35 \times 10^8 m^3$,天然气采出程度62.3%,地层压力13.36MPa,表现为封闭气藏的开采特征。

兴9气藏气层地质储量 $15.02 \times 10^8 m^3$,改建储气库上限压力取值原始地层压力,预测库容量为 $15.02 \times 10^8 m^3$,由于气藏为定容气藏,工作气量若按40%估算为 $6.0 \times 10^8 m^3$。

总体来看,兴9气藏具备改建地下储气库的地质条件。气藏为岩性圈闭气藏,储层较单一,封闭性较好。不利因素为埋藏较深,储层物性较差。

2. 文 23 气藏

文 23 气藏构造位置处于霸县凹陷文安斜坡的最东侧,其中二叠系上石盒子组下段为一近源河流相沉积,由砾岩、砂砾岩、砂岩杂色泥岩组成。该套地层在文安斜坡地区分布广泛,横向较稳定,揭开厚度 230m,可进一步划分为三个气层组:Ⅰ、Ⅲ气层组为粗段,Ⅱ气层组为细段。本块产气层位为Ⅰ气层组。

文 23 气藏顶面构造形态为断层复杂化的单斜断块,周围发育有 4 条断层,断距较大,为该断块气藏的封堵断层,生产动态表明断层封堵的有效性。内部发育 2 条小断层,断距较小,对油气的分布不起分割作用。文 23 气藏盖层由二叠系上石盒子组上段、石千峰组和古近系沙河街组沙四段组成,盖层厚度达 400m 以上,其中起主要作用的是下部盖层,岩性较纯、分布较稳定、厚度较大、密封性较好。

文 23 气藏孔隙度平均为 19.1%,渗透率平均为 130.9mD,为中孔低渗透储层。各井揭开的砂岩厚度 31.8~62.4m,砂地比为 40%~67%,平均为 55%。该区完钻井的最大含气井段长度为 130m,一般为 80~90m,各井气层厚度 10.8~46.0m,平均单井厚度 28.1m,说明该区气层发育,并且分布集中。

文 23 气藏受断裂控制的构造气藏,为正常温压系统的凝析气藏,原始地层压力 27.3MPa,处于开发末期,生产井 4 口,全部停产,累计产气 $5.96 \times 10^8 m^3$,天然气采出程度 75.4%,对应地层压力 5.84MPa。生产表明边水不活跃,驱动能量主要来源于天然气和岩石的弹性膨胀能,表现为封闭气藏的开采特征。

计算凝析气地质储量为 $7.93 \times 10^8 m^3$,其中干气储量 $7.64 \times 10^8 m^3$。改建储气库上限压力取值原始地层压力,预测库容量为 $7.93 \times 10^8 m^3$,由于气藏边水不活跃,工作气量若按 40% 估算为 $3.2 \times 10^8 m^3$。

总体来看,文 23 气藏具备改建地下储气库的地质条件。气藏构造落实,埋藏适中,储层物性较好,盖层与断层封闭性好。

(六) 西南油区

1. 黄草峡气藏

黄草峡气藏位于川东南中隆高陡构造区的中部,含气层位为嘉二^1 层下部白云岩和嘉一层上部石灰岩。

黄草峡气藏构造处于北东东向和南北向两组构造组系的交叉地带,区内断层异常发育。黄草峡气藏背斜(东高点)发育良好,形态完整,断层并未延伸至嘉二^1—嘉一气藏,没有对背斜形态产生破坏作用,圈闭有效性良好。嘉二^2 层下部横向连续分布的石膏层和石灰岩、底部在横向上分布稳定的泥岩,以及嘉二^1 上部的石膏层是嘉二^1—嘉一气藏良好的直接盖层。

嘉二^1—嘉一层岩石基质孔隙度、渗透率低,储层类型属于低孔低渗透型储层。储层裂缝较发育,主要集中在构造高点部位。储集空间为孔隙和裂缝,储集类型属于孔隙—裂缝型。嘉二^1 下部白云岩厚度 8~14.5m,以泥—细粉晶云岩,残余砂屑云岩及含膏质云岩为主,其底部见溶蚀针孔,局部密集。嘉一上部为石灰岩,以层纹状细粉晶灰岩为主,高角度缝很发育,局部只有薄层的针孔灰岩,主要受裂缝发育部位和程度的控制,储层的非均质性较强。

嘉二¹—嘉一气藏属干气气藏,含有微量 H_2S,原始地层压力 14.2MPa,地层压力系数 1.16,地温梯度在 3.0℃/100m 左右,属于常温常压气藏。嘉二¹—嘉一气藏原始状态下为同一压力系统的气藏,探明地质储量 $20.93×10^8m^3$。气藏处于开发后期,生产井 4 口,开井 4 口,累计产气 $14.66×10^8m^3$,天然气采出程度 70.04%,预测目前的地层压力为 1.71MPa,估算工作气量 $6.7×10^8m^3$。

总体来看,黄草峡气藏具备改建地下储气库的地质条件。气藏构造落实,埋藏适中,盖层与断层封闭性好,天然气气质较好,微含硫化氢。不利因素孔隙—裂缝系统储层非均质性较强。

2. 铜锣峡气藏

铜锣峡气藏位于重庆市渝北区境内石船—统景一带,距渝北区两路镇约 20km。铜锣峡气藏构造位于川东南中隆高陡构造区华蓥山构造群中部,北与板桥、九峰寺构造斜鞍相接,南与南温泉、佛耳崖构造相望,西隔茨竹—沙坪向斜为相国寺(龙王洞)构造,东隔大盛场向斜与明月峡构造平行排列。

整体上看,铜锣峡气藏构造为一呈北东—南西向展布的长条形高陡背斜,两翼多发育有倾轴逆断层与构造相伴,平行展布。根据地震解释成果,断层未对圈闭造成破坏性影响;直接盖层飞一段以深灰色、灰褐色、深灰色泥灰岩为主,飞二段以灰绿色、暗紫色灰质页岩为主,飞四段灰绿色泥云岩与紫红色、灰绿色泥岩不等厚互层;间接盖层嘉二² 膏盐岩未出露地表,断层未切断割构造轴部,嘉二² 膏盐岩以下各储层多为异常高压,即具有很好的盖层封堵条件。

铜锣峡气藏长兴组主要为一套浅海碳酸盐台地相沉积,沉积厚度在 100m 左右,主要为石灰岩、生屑灰岩夹少量燧石结核灰岩;储集空间以裂缝为主,属典型的裂缝型储层,气井产能大。气藏属异常高压气藏,铜 12 井投产前关井点地层压力系数最高为 2.04,计算动态储量为 $17×10^8m^3$ 以上。

铜锣峡气藏构造落实、储层埋深适中、盖层和断层具有较好密封性,且老井固井质量较好,具有一定的储气规模,具备改建地下储气库的条件。

(七)塔里木气区

塔里木气区克拉 2 气藏构造位置处于塔里木盆地北部的库车坳陷克拉苏构造带东段,位于 KL1 号构造与 KL3 号构造之间,古近系库姆格列木群白云岩段、砂砾岩段和下白垩统巴什基奇克组、巴西改组为主要储层和开采层。

克拉 2 气藏构造就是在双重构造背景下形成的一个突发褶皱,其构造简单,平面上为一轴向近东西、两翼基本对称的长轴背斜。圈闭落实,高点埋深 3500m,气藏幅度 468m,含气面积 $44.75km^2$。克拉 2 号构造南北两侧为两条一级控边断层,断距大于 700m。南侧大断裂延伸至泥膏盐盖层内,并逐渐消失;与之相邻的二级断裂同样未断穿盖层;从断裂两侧岩性对接情况来看,断层上盘的储层与下盘的泥膏盐岩对接,确保了侧向的有效封堵使储层与膏盐岩对接而密封。其直接盖层为库姆格列木群的膏盐岩,以物性封闭和欠压实地层的双重封闭机理,充当了克拉苏构造带油气藏的优质盖层。

克拉 2 气藏岩石类型主要为岩屑砂岩和长石岩屑砂岩,砂岩碎屑颗粒呈次棱角—次圆状,分选中等—好,胶结中等偏弱,多以孔隙胶结为主,孔隙度平均为12.44%,渗透率平均为49.42mD,有效厚度370m。

克拉2气藏为边底水块状超高压干气气藏,水驱气藏类型;中部地层温度为100℃,地温梯度2.2℃/100m,属正常的温度系统;平均压力系数1.95~2.20,属超高压气藏;原始气藏压力74.35MPa,为储气库上限压力的设计提供了巨大的空间,而且高压环境下气体体积系数较小,有利于气体储存。

克拉2气藏具备建库的地质条件,其圈闭落实,储层物性较好,盖层和断层密封性好,且规模巨大,改建时机与气藏稳产开发基本吻合,改建后具备较强的应急储备能力,工作气量达到$300×10^8m^3$以上,在保障中亚管道和"西气东输"系统安全运行方面将发挥不可替代的作用。

(八)吐哈气区

1. 丘东气藏

丘东气藏构造位于台北凹陷温吉桑构造带中三排近东西向展布的背斜带的最北一排,南接温吉桑油气田的温八区块,西部与米登油田相接,北面靠近博格达山。

丘东气藏具有完整的背斜构造。其盖层分布稳定,封盖性好,断层封堵性好,具备天然岩性封闭条件。其岩性为含粉砂细砂岩及中—细砂岩,较致密,沉积相主要为水下分支河流,河口坝,前缘席状砂和远沙坝,气藏埋深2381~3679m,单层有效厚度2.1~29.5m。储层物性差,以低孔低渗透为主,$J_2x^{上}$孔隙度11.4%,渗透率6.05mD;$J_2x^{下}$孔隙度10.3%,渗透率2.09mD。

丘东气藏属中含凝析油型的低渗透气藏,原始地层压力为32.24MPa。气藏衰竭式开发,动态法计算地质储量为$31.5×10^8m^3$。初步估算工作气量$8×10^8$~$9×10^8m^3$。

丘东气藏具备改建地下储气库的地质条件。其具备完整的背斜构造,断层、盖层封堵性好,具备天然岩性封闭条件。不利因素是其储层物性较差,为低孔低渗透型。

2. 温西一气藏

温西一气藏分布于温吉桑构造带西端,其南部紧邻温西七块,东部是丘东、温八含气构造。温西一气藏为断鼻构造,构造长轴都呈北东向展布,北翼倾角13°,构造闭合幅度190m,闭合面积$6km^2$。

温西一气藏盖层为三间房组底部区域盖层,岩性为紫色、棕红色泥岩,分布稳定,封盖性好,断层封堵性好,内部断裂系统不发育。其岩性为含粉砂细砂岩及中—细砂岩,沉积相主要为水下分支河流、河口坝、前缘席状砂和远沙坝,气藏埋深3074~3186m,单层有效厚度5.3~24m,储层物性差,低孔低渗,孔隙度平均为11.3%,渗透率平均为6.6mD。

温西一气藏属于受岩性控制的构造油气藏,原始地层压力为27.9MPa。气藏衰竭式开发,动态法计算储量为$16.08×10^8m^3$。初步估算工作气量为$6×10^8m^3$左右。

温西一气藏具备改建地下储气库的地质条件。其构造完整,断层、盖层封堵性好,单层有效厚度较大,储层横向连通性好,单井产能高,累计采气量与压降匹配好。不利因素是其储层物性较差,为低孔低渗透型。

(九)长庆油田

1. 陕 43 井区

靖边气田为一套海相碳酸盐岩地层,马五段是靖边气田天然气储集的主要层位,划分十个小层,即马五$_1$—马五$_{10}$,其中马五$_{1+2}$为主力气层,位于马五段上部。

陕 43 井区位于靖边气田中西部,构造简单,为相对平缓的西倾单斜,西南方向为岩性致密,其他方向马五$_1$均被剥蚀,沟槽被上覆泥岩地层充填,形成有效侧向遮挡。G34-2 井、陕 71 井生产动态资料表明井间不连通,陕 43 井区生产动态表明东侧及南侧边界封闭性较好。鄂尔多斯盆地地层平缓,构造稳定,保存条件好。陕 43 井区位于盆地中部,上覆上石盒子组为一套泥岩和粉砂质泥岩为主的地层,厚度 120~160m,具有分布稳定、单层厚度大的特点,是气藏良好的区域盖层。

马五$_{1+2}$储层岩性以泥—细粉晶白云岩为主,岩层厚度约占地层总厚度的85%。岩石成分中白云石含量约占90%,另外含有含泥云岩、含灰云岩、灰质云岩以及次生灰岩等。细粉晶白云岩是本区主要储集岩,储层以成层分布的溶蚀孔洞为主要储集空间,见少量晶间微孔,网状微裂缝为主要渗滤通道。

统计陕 43 井区 15 口井物性参数得出,马五$_1$储层有效厚度 1.2~8.2m,平均为 4.1m,平均孔隙度6.68%,平均基质渗透率0.663mD;主力层位马五$_1^3$平均有效厚度2.5m,平均孔隙度6.7%,平均基质渗透率0.518mD。

陕 43 井区气体组分表现为含硫型干气气藏,天然气相对密度0.6,甲烷平均含量为95.08%,H_2S含量为75.79mg/m^3,CO_2含量为4.37%。含气面积70.9km^2,原始地层压力32.2MPa。陕 43 井区共有生产井 14 口,2004 年进入稳产期,累计产气 11.6×10^{8}m^3,对应地层压力10.2~26.7MPa,平均为16.28MPa。利用压降法计算动态储量为20.4×10^{8}m^3,改建储气库预测工作气量8.0×10^{8}m^{3}左右,具有一定调峰规模。

总体来看,气藏具备改建地下储气库的地质条件。气藏构造简单落实,埋藏适中,储层条件与封闭性较好。不利因素为其储层非均质性较强。

2. 榆林气藏

榆林气田位于鄂尔多斯盆地东北部,陕西省榆林市境内;以无定河为界,榆林气田北部被沙漠覆盖,南部为典型的黄土塬地貌,地面海拔一般在 950~1400m。其目的层为山西组山 2^{3}段。

榆林气田为西倾单斜构造。其区域盖层上石盒子组发育泥岩及粉砂质泥岩,厚度大、分布广;直接盖层山 2^2、山 2^{1}小层主要岩性为泥岩、砂质泥岩及煤等,平均厚度大于20m,具有良好封闭性。

榆林气田主力储层山 2^{3}小层砂体、有效砂体钻遇率分别达到95%和80%,平均砂体厚度10.3m,平均有效砂体厚度8.7m,砂体及有效砂体横向分布连续,平面分布稳定。孔隙度主要分布在4%~10%,平均为6.36%;渗透率主要分布在0.1~10mD,平均为13.84mD。

榆林气藏属于岩性圈闭气藏,其地层压力27.2MPa,压力系数0.94,为正常压力系统,地层温度为86℃,地温梯度为3℃/100m。气藏衰竭式开发,动态法地质储量为514×10^{8}m^3,初步估

算工作气量在 $100\times10^8\mathrm{m}^3$ 以上。

榆林气藏具备改建地下储气库的地质条件。其区域盖层、直接盖层具备良好的封闭性。储量规模大。不利因素是其物性较差,单井产能较低,需采取工程措施大幅提高单井产能。

第三节　储气库总体规划布局

针对我国储气库调峰缺口大,建库资源与市场分布不均等问题,按照"先东后西、先易后难"的布局原则及"达容一批、新建一批、评价一批"的工作部署,充分挖掘储气库建设潜力,加快推进储气库建设。一是满足用户需求。库址应靠近消费市场区,距离 50~150km 范围内,不超过 200km,工作气量占消费量的比例应达到并超过 12%(世界平均水平)。二是保障能源安全。在满足季节调峰的前提下,进口气通道沿线部署战略储备库。三是与管网配置合理。管网和储气库协同发展,在管网互联互通的情况下,必须提前按管线走向和输气量规划布局储气库,同时在管网枢纽地区可适当增加工作气量。

一、建设目标

考虑我国建库资源、消费市场、管网规划,制定近期及中长期储气库建设目标。其中:

2020 年初步形成储气库设施的基础构架,即西部调峰市场区、中部调峰枢纽区、东部消费市场区,实现"十三五"规划目标。选址类型首选枯竭油气藏,其次是盐穴和含水层。鉴于库址目标有限等因素,根据各区调峰需求,优化组合多种方式调峰,力争建成储气库工作气量占天然气消费量比例达 10%,占总调峰量的 60%~70%。

2030 年以后,力争形成西部、东北进口通道区储气库调峰兼战略储备格局,实现储气库调峰与战略储备达 $600\times10^8 \sim 1000\times10^8\mathrm{m}^3$。选址类型包括气田适时转库及油气藏型为主,同时加快盐穴,拓展含水层建库,实现储气库工作气量占天然气消费量比例达 12%,占总调峰量超 80% 以上。

二、战略布局设想

(1)东部地区包括东北、华北及中东部三个主要天然气消费区,三个地区 2018 年天然气消费量及调峰需求占全国总量比例超过 50%,需求巨大。除地下储气库参与调峰外,沿海 LNG 接收站同样承担部分调峰任务,可在一定程度上弥补储气库调峰能力不足。"十四五"期间拟采取储气库与 LNG 接收站调峰并重,同时加大有利建库目标的筛选及勘探,中远期调峰手段逐渐转向以储气库为主,LNG 接收站为辅。

考虑华北地区优质库址资源有限及进口气通道需建适量战略储备库,东北地区未来 10~20 年重点筛选气藏型储气库,在满足本地区调峰需求的基础上,增加工作气量 $50\times10^8 \sim 60\times10^8\mathrm{m}^3$,通过中俄东线、秦沈线将富余气量调往华北地区。华北地区筛选大型储气库存在一定难度,可选优质库址少,面对巨大调峰缺口,一是加快推进在役库达容、唐山 LNG 接收站扩增接收能力,二是利用管网互联互通,将东北、中西部、西南地区富余气量调入。中东部地区油气勘探程度较低,应重点在河南、江苏、浙江筛选可靠盐穴及含水层目标,增加工作气量

$20\times10^8\sim30\times10^8m^3$,弥补调峰缺口。

(2)中部调峰枢纽区包括长庆气区和西南气区,地处"西气东输"、陕京线、中贵线等重要天然气长输管线枢纽,气藏资源丰富,重点筛选气藏型储气库,加快推进调峰气田建设,在满足本地区调峰需求的基础上,长庆气区新增$50\times10^8\sim100\times10^8m^3$工作气量通过陕京线调往华北地区,西南气区可通过中缅线、川气东送将富余气量调往中东部地区。

(3)西部战略通道区气源多、人口少,适宜建库的油气藏资源丰富,在满足本地调峰需求基础上,充分考虑管道余量及管输经济性,在青海、塔里木、新疆等油田优选大型气藏型目标,增加工作气量$30\times10^8\sim50\times10^8m^3$作为调峰兼战略储备库,即和平时期满足正常调峰需求,保证气库正常运转,富余工作气量用于应对进口管道气突发中断、管道检修及战时储备。

参 考 文 献

[1] 马新华. 中国天然气地下储气库[M]. 北京:石油工业出版社,2018.
[2] 于春雷. 试析地下储气库建设技术研究现状及建议[J]. 化学工程与装备,2018(11):102-103.
[3] 张光华. 中石化地下储气库建设现状及发展建议[J]. 天然气工业,2018,38(8):112-118.
[4] 叶康林. 地下天然气储气库信息化建设现状与探讨[J]. 信息系统工程,2019(7):124-126.
[5] 曹锡秋. 新疆某地衰竭气藏地下储气库地应力特征研究[D]. 北京:中国地质大学(北京),2013.

第三章 地质评价流程与关键技术

储气库地质评价是储气库地质与气藏工程中的基础性、关键性研究内容,对于评价储气库地质体是否具备建库条件(尤其圈闭的密闭性)和储气规模至关重要,也是储气库建设运行成败的关键因素。国外已基本形成一套成熟的储气库地质评价方法,而国内在这一领域的理论和技术还不成体系,处于探索发展阶段[1]。本章是在地质评价研究的基础上,提出了气藏型储气库地质评价的流程与研究方法,重点阐述了地质评价关键技术,目标是研究储气库的圈闭密封性与库容规模。

第一节 地质评价流程

储气库地质评价流程主要包括4个方面[2]:(1)气藏型储气库地质重构;(2)地震勘探、钻井及测井;(3)地质评价关键技术;(4)地质评价内容(层序界面特征和识别、构造圈闭重新解释、断层静态封闭性评价、小层的划分与对比、三维地质建模精细化等)。评价流程如图3-1-1所示。

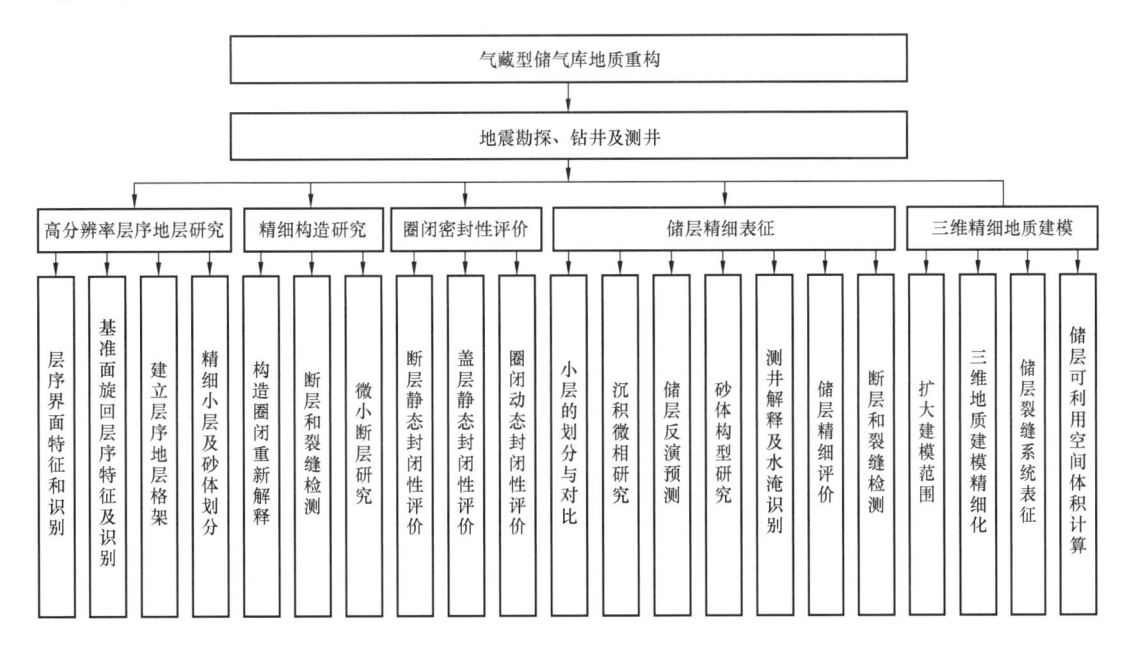

图3-1-1 储气库地质评价流程图

气藏型储气库的地质基础研究是建立在地震勘探、钻井、测井研究基础上的,其主要技术包括5个方面:(1)高分辨层序地层研究;(2)精细构造研究;(3)圈闭密封性评价;(4)储层精细表征;(5)三维精细地质建模。其中高分辨率层序地层研究是地质研究的基础,建立各层组和小层的高分辨率层序地层格架;精细构造研究是储气库建设的关键,重新解释构造圈闭,深入评价断层特征;圈闭密封性评价是储气库建库可行性论证的重要内容,采用静态和动态方法对储气库密封性做出全面准确评价;储层精细表征结合储气库新钻井和气藏开发老井资料,再次厘清地层分布格局,明确生、储、盖空间展布规律及组合关系;三维精细地质建模是定量表示地下地质特征和各种储层(气藏)参数三维空间分布的数据体,可以直观表征构造、沉积、储层、流体等气藏属性。

一、高分辨率层序地层研究

层序地层学在海相和非海相沉积中都有很好的应用,如盆地分析、圈闭成因解释、油藏描述和数值模拟等[3]。1994年,由美国的Cross提出的高分辨率层序地层学理论是近年来层序地层学中发展较快的新理论。气藏型储气库高分辨率层序地层学研究中运用露头、岩心、地震、钻井、测井等资料,主要开展层序界面特征和识别、基准面旋回层序特征及识别、高分辨率层序地层格架的建立及精细小层和砂体划分研究等。油组、小层划分对比运用高分辨率层序地层学理论及技术方法,采用"旋回对比、分级控制"的原则,利用区块内取心井的录井、测井资料进行短期和中期基准面旋回的划分,进而建立各油组、小层的高分辨率层序地层格架(图3-1-2、图3-1-3)。

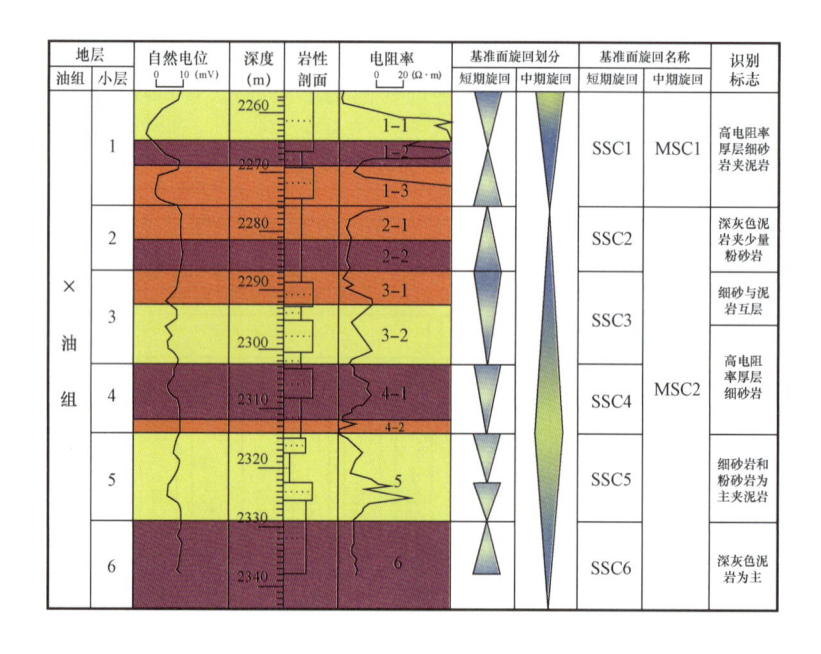

图3-1-2 库×井油组界面岩性和中期基准面旋回特征图

二、精细构造研究

气藏型储气库研究地质基础研究中,采用精细解释的思路,从宏观到微观,从立体到平面,从平面到线再到点,再由点落实到面再到体的迂回方式,开展构造精细解释,准确落实断层的平面组合形态和空间展布特征。精细构造研究的主要目的是分析构造差异性、扩大研究范围、提高研究精度及校正微构造起伏。分析构造差异性主要利用重新采集或重新处理的地震资料进行构造精细解释,搞清与气藏地质研究成果的差异,并分析差异产生的原因;扩大研究范围,

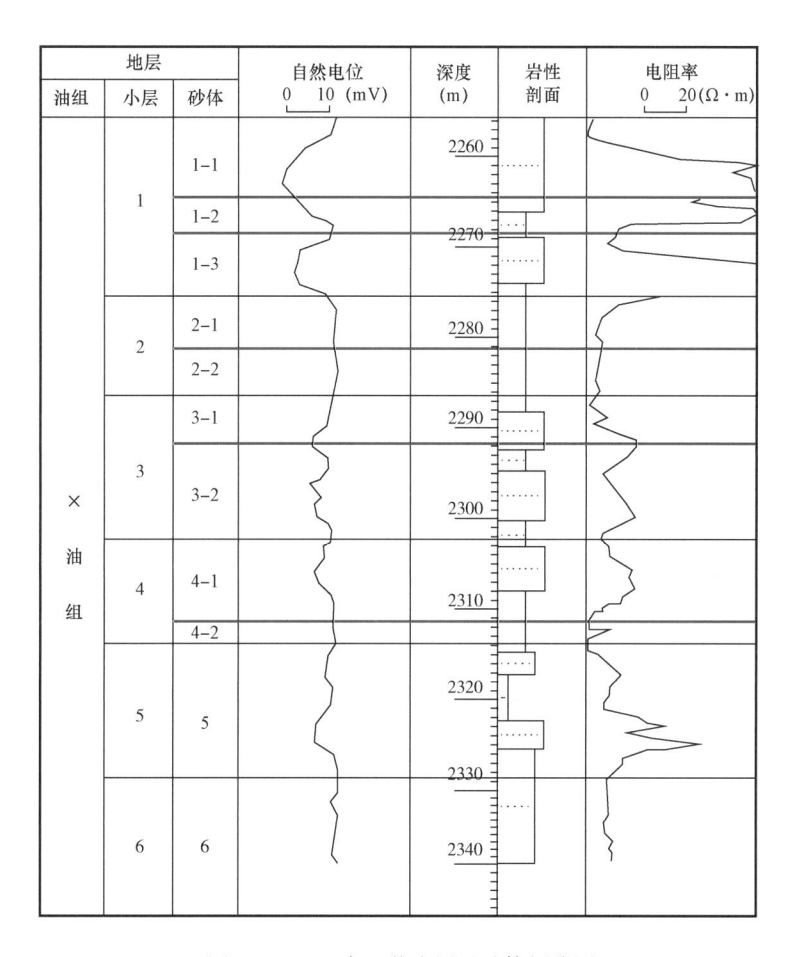

图 3-1-3 库×井小层及砂体划分图

进行储气库大构造区的三维精细构造解释,落实气藏圈闭以外的构造发育特征,研究构造的完整性;提高研究精度,着重对含气边界内部断层分布及断裂系统的复杂程度进行研究,落实微小断层,最终实现提高研究精度的目的;校正微构造起伏是对含气区砂体微构造进行表征,明确砂体起伏特征。

精细构造研究方法主要是运用相干体技术、蚂蚁体技术、垂直断层走向任意线技术、时间切片、三维可视化等手段开展全三维解释(图 3-1-4),最终实现多技术联合应用识别微小断层、微构造[图 3-1-4(e)]。

三、圈闭密封性评价

圈闭密封性评价的主要目的是评价断层和盖层的封闭性能,其评价指标包括断层封闭性(性质、断距大小、断层两侧岩性组合)、盖层封闭性(岩性、厚度、沉积相)、圈闭动态封闭性(室内模拟评价、动态监测井评价)等[4]。圈闭密封性评价方法及技术流程如图 3-1-5 所示。

断层封闭性评价主要通过一系列指标判断,明确断层的静态封闭性,并结合监测井等信息对气藏开发过程中断层封闭性的变化做出判断;盖层封闭性评价主要是在储气库大构造区的

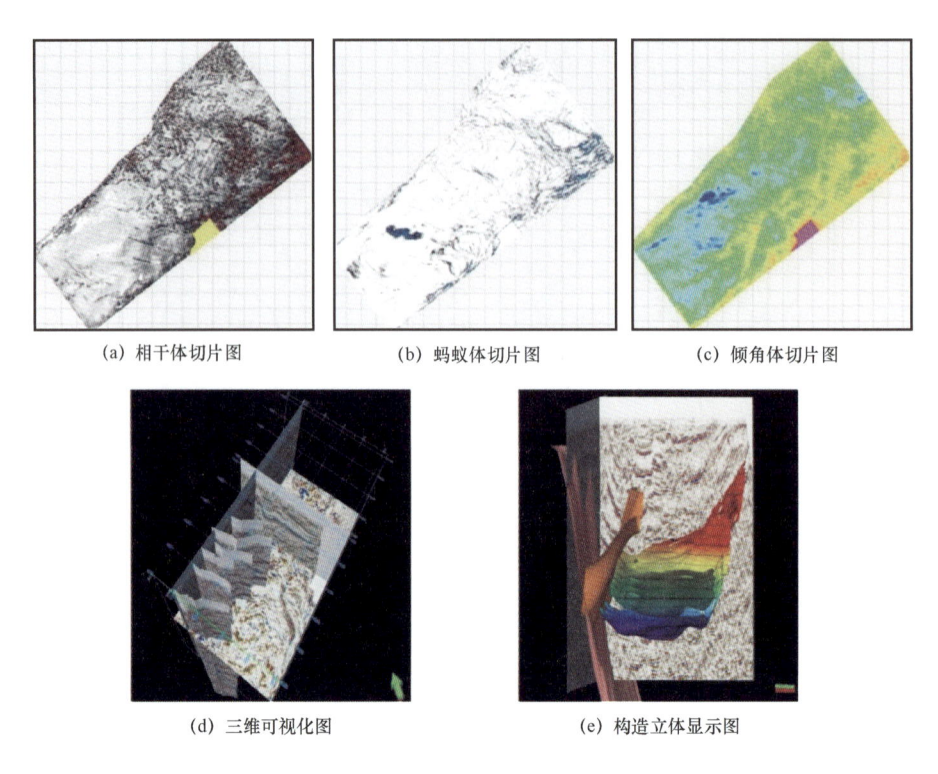

(a) 相干体切片图　　　　(b) 蚂蚁体切片图　　　　(c) 倾角体切片图

(d) 三维可视化图　　　　(e) 构造立体显示图

图 3-1-4　储气库精细构造研究主要方法

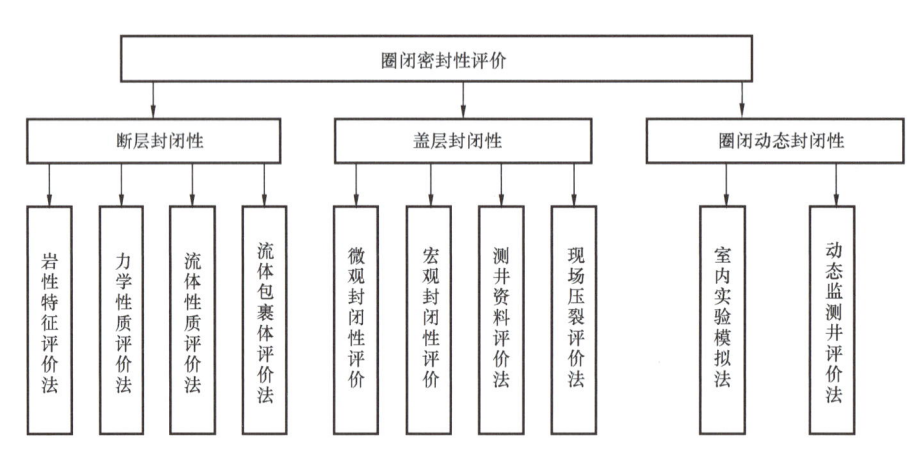

图 3-1-5　圈闭密封性评价方法及技术流程图

三维精细构造解释的基础上,落实气藏圈闭以外的构造发育特征,研究构造的完整性;圈闭动态封闭性评价是采用物理模拟和数值模拟方法,结合储气库动态监测资料,开展多周期交变应力条件下盖层、断层封闭性研究,分析不同注采运行工况下圈闭密封性变化特征。

四、储层精细表征

储层精细表征的方法很多,如高分辨率储层地震表征、高分辨率层序地层、精细沉积微相和储层随机建模等,各种方法各有其特点和优势,但每一种方法单独用于储层精细表征都达不到精度要求。近年来研究实践发现,综合运用上述方法对保证储层表征的精度和准确性具有重要意义,由此总结出一套以高分辨率层序地层、沉积微相分析、储层随机建模和开发动态分析为主的方法体系和技术流程[5]。

储层精细表征的主要研究目的包括地层及储层分布格局再认识、储层宏观物性特征及渗流特征再认识和储层微观结构再认识等。地层及储层分布格局再认识主要利用新钻井资料结合老井资料理清地层分布格局,明确生、储、盖空间展布规律及组合关系;储层宏观物性特征及渗流特征再认识借助新井测井及测试资料,研究气藏开发结束后储层性质的变化特征,分析流体渗流对储层物性造成的影响;储层微观结构再认识主要利用新增分析化验资料加深对储层存储空间的认识程度,从微观角度精细表征储层的存储及渗流能力。

储层精细表征的研究方法及技术流程主要分为5个步骤:(1)重新落实小层界面,细化高级别的沉积旋回单砂体研究单元;(2)通过岩石相和地震相研究,搞清砂体分布规律;(3)建立新的测井解释及流体识别标准,搞清储层动态变化规律;(4)通过储层评价对储层微观及宏观特征进行表征[6];(5)综合多项参数对储层进行综合分类评价。

五、三维精细地质建模

三维精细地质建模是地质基础研究的最后一个环节,在油气藏精细描述的基础上,最终建立三维精细地质模型。落实储层、盖层、断层等圈闭要素,为油气藏数值模拟提供准确的静态数据模型[7-9]。

三维精细地质建模的主要目的包括构造及储层三维可视化、各种地质参数计算分析、为储气库数值模拟及方案预测提供模型。构造及储层三维可视化中高精度三维地质模型指能定量表示地下地质特征和各种储层(气藏)参数三维空间分布的数据体,可以直观表征构造、沉积、储层、流体等气藏属性;对于各种地质参数计算分析,由于地质模型的基本计算单元是三维空间上的网格,每一个网格均赋有储集体类型及孔隙度、渗透率、饱和度等参数,通过三维空间运算,可计算出实际的含气储集体体积、孔隙体积及含气体积,计算精度和效率大大提高。

三维精细地质建模方法及技术流程:在精细地质研究基础上,以相控建模思想为指导,建立储气库高精度三维地质模型。遵循点—面—体的步骤,首先建立各井点的一维垂向模型,包括各种井数据;然后建立储层框架模型,即由一系列叠置的二维层面模型构成,包括断层、层面及构造模型;最后在储层框架模型基础上,建立储层各种属性的三维分布模型,包括相、属性及流体模型(图3-1-6)。

广义的储层三维建模(即气藏三维建模)主要包括4个环节,即数据准备及质量检查、构造建模、储层属性建模、图形显示。根据三维地质模型,可完成各种参数(储量、体积等)计算。其中,数据准备及质量检查、构造建模是地质建模中的关键环节。

(一)数据准备及质量检查

1. 数据准备

储层建模以数据库为基础的,数据的丰富程度及准确性很大程度上决定了所建模型的精度。从数据来源看,建模数据包括钻井、岩心、测井、地震、试井、开发动态等。从建模内容看,

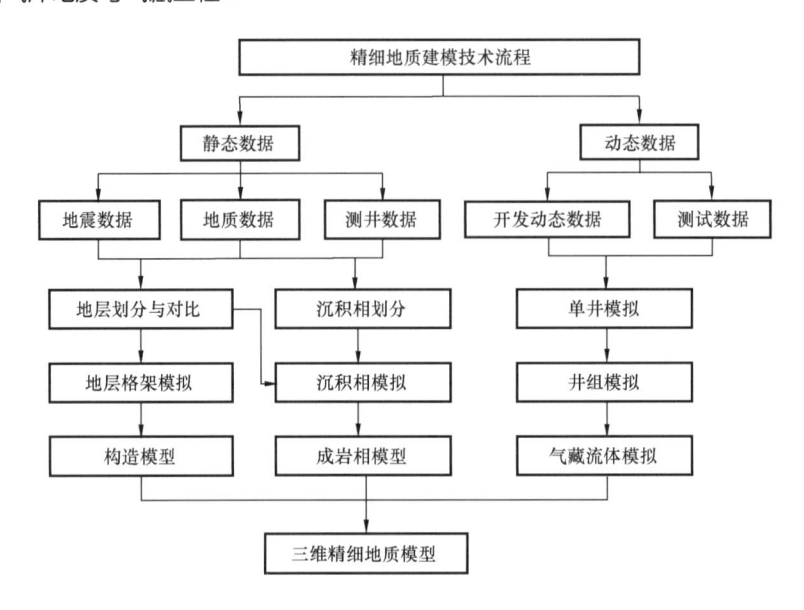

图 3-1-6　三维精细地质建模流程

基本数据类型包括以下 4 类[10-13]：

(1) 坐标数据：井位坐标、地震测网坐标等。
(2) 分层数据：各井的油组、砂组、小层、砂体划分对比数据，地震资料解释的层面数据。
(3) 断层数据：断层位置、断点、断距等。
(4) 储层数据：井眼储层数据、地震储层数据和试井储层。

数据集成是在各类数据准备齐全后，通过集成各种不同比例尺、不同来源的数据(井数据、地震数据、试井数据、二维图形数据等)，形成统一的储层建模数据库，以便综合利用各种资料对储层进行一体化分析和建模[14-17]，这一过程是多学科综合一体化储层表征和建模的重要前提。

2. 质量检查

对不同来源的数据进行质量检查也是储层建模中十分重要的环节。为了提高储层建模的精度，必须尽量保证用于建模的原始数据特别是硬数据的准确性，应用错误的原始数据不可能得到符合实际的储层模型。必须对各类数据进行全面质量检查，如检查岩心分析中孔隙度和渗透率参数的奇异值是否符合地质实际，测井解释的孔隙度、渗透率和饱和度是否准确，岩心、测井、地震、试井解释结果是否与实际情况吻合等。可以通过不同的统计分析方法，如直方图、散点图等对数据进行检查，还可以在三维视窗中直观地检查各种来源数据的匹配关系并对其进行质量检查和编辑。

(二) 构造建模

为了准确描述微构造，用井数据建立构造模型时，井数据必须先经过补心海拔(地面海拔加上补心高)校正。若存在大角度斜井，在建模之前还必须进行井斜校正。在建立模型前需要准备以下数据：

(1) 井的井头、井斜、地质分层(储层划分)等数据。
(2) 断面数据及等高线数据体等。

(3) 各小层沉积微相数据。

(4) 井的孔隙度和渗透率数据。

(5) 补心海拔校正,目的是消除地表起伏和补心高差对油藏构造模型的影响。

(6) 井斜校正,为了得到斜井各深度点垂直深度,获得真实的构造顶面和底面数据,还必须对倾角大于5°的斜井进行校正。

第二节 地质评价关键技术

气藏型储气库研究地质基础研究主要通过高分辨率层序地层识别、精细构造解释、圈闭密封性评价、储层精细表征、圈闭三维精细地质建模来评价储气库各项建库指标,本节对研究核心内容中运用的关键技术进行描述[18-21]。

一、高分辨层序地层识别技术

高分辨率层序地层识别是一项以钻井、露头、测井和高分辨率三维地震资料为基础,以多级次的基准面旋回为参照面,建立高精度时间地层对比格架的层序地层划分与对比技术;高分辨率的时间—地层单元划分既可应用于油气田勘探阶段长时间尺度的层序单元划分和等时对比,也适合开发阶段短时间尺度的砂层组、砂层和单砂体层序单元划分和等时对比;通过高分辨率层序地层划分可以认识沉积物的体积分配作用,从而进行准确的高分辨率地层对比;高分辨率层序地层划分与对比,是变一维信息为三维信息,提高了储层分布预测的精度,为地层内流体流动准确模拟提供可靠的岩石物理模型。

(一) 岩心或野外露头识别旋回界面

地层剖面中的冲刷现象及其上覆的滞留沉积物可能代表基准面下降于地表之下的侵蚀冲刷面,也可能代表基准面上升时的水进冲刷面。两者的区别是后者冲刷面幅度较小,且其上多见盆内屑。作为层序界面滨岸上超的向下迁移,在钻井剖面中常表现为沉积相向盆地方向移动,如浅水沉积物直接覆于较深水沉积物之上,两类沉积之间往往缺乏过渡环境沉积。岩相类型或相组合在垂向剖面上转换位置,如水体向上变浅的相序或相组合向水体逐渐变深的相序或向组合的转换处。图3-2-1为层序界面的岩心识别标志。

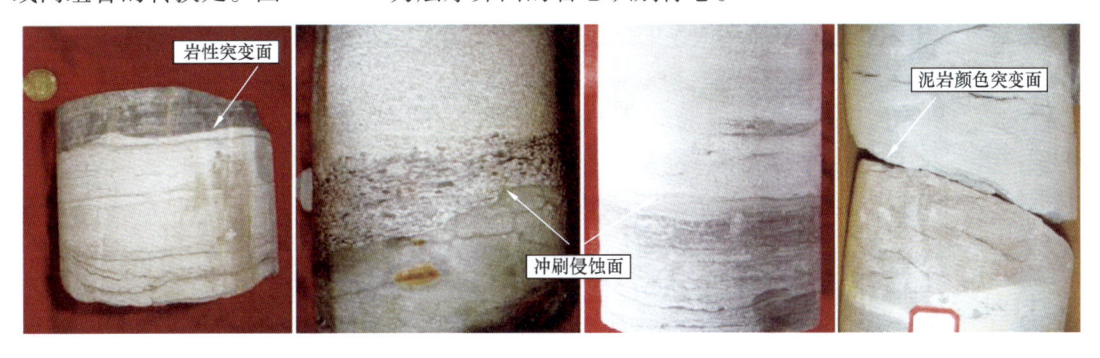

图3-2-1 层序界面的岩心识别标志(据张金亮等,2010)

(二)测井识别旋回界面

若缺乏露头和岩心数据,主要运用测井相方法对层序进行划分。运用测井信息识别和划分基准面旋回时,为了避免测井曲线代表地质意义的多解性,选择合理的测井组合系列十分重要。测井组合系列中的每一种测井曲线对用来识别和划分基准面旋回的地质信息,如地层界面特征、地层旋回性、地层结构、岩石成分、岩性变化和岩相组合等信息的敏感程度不同,但可以通过相互补充、综合分析确定旋回界面,划分旋回。测井资料的选用标准是:(1)能反映油层的岩性、物性、含油性特征;(2)能明显反映出油层岩性组合的旋回特征;(3)能明显反映岩性上各个标准层的特征;(4)能反映各类岩层的分界面;(5)研究区绝大多数井均具有的测井曲线类型。图3-2-2为测井识别旋回界面图。

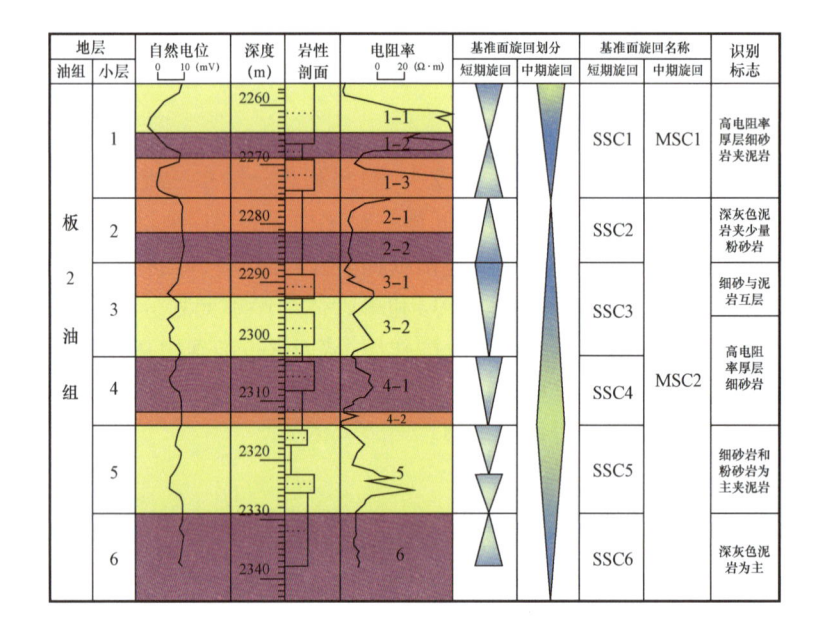

图3-2-2 测井识别旋回界面图

(三)地震识别旋回界面

地震剖面上反映地层不协调关系的地震反射终止、削蚀、削截与上超(图3-2-3)可代表区域性侵蚀间断或无沉积型间断。其中削蚀、削截指原始倾斜地层在水平方向上的角度交切,其成因与构造隆升、周期性暴露或低位期河流回春有关,在盆地边缘向盆内的过渡带,冲积扇、河流或三角洲沉积体系向盆内推进过程中,河道侵蚀下切并向盆地方向延伸的侵蚀冲刷和沉积充填作用可形成区域性不整合面,以发育在近冲断带的盆缘隆起区为主;而在持续稳定沉降的盆内,则表现为上下平行的强反射界面。

(四)洪泛面的识别方法

在短期和中期基准面旋回中,洪泛面可位于层序顶部与顶界面重合,有的缺失洪泛面,但更多的是位于层序内部将层序分隔成基准面上升和下降两个半旋回。识别短期和中期基准面旋回

(a) 削截接触　　　　　　　　　　　　　(b) 上超接触

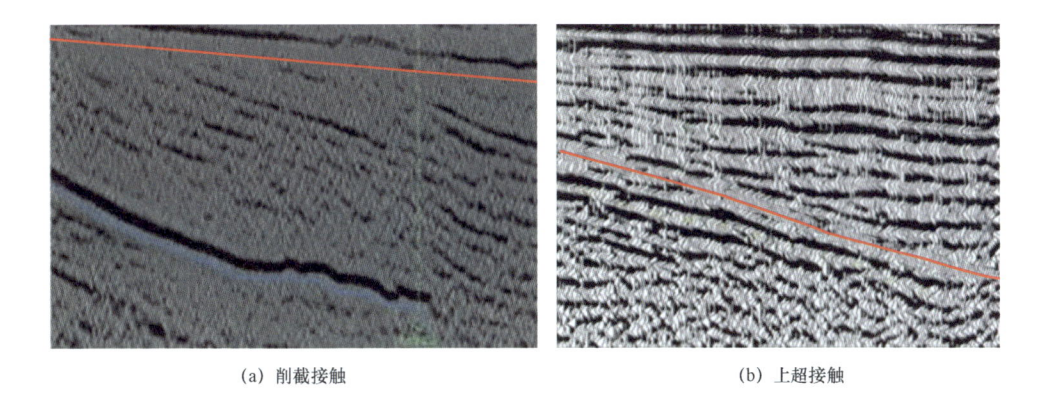

图3-2-3　削截接触和上超接触地震反射特征图(据张金亮等,2010)

中的洪泛面产出位置及其沉积学意义,对确定旋回结构类型和分析旋回叠加样式至关重要,也是一定范围内对地层和砂体进行追踪和等时对比的重要线索。在长期基准面旋回中,洪泛面一般位于层序内部,成因与基准面大幅度上升达最高点位置后出现区域性的欠补偿或无沉积作用有关,在区域地层对比上也具有极其重要的等时对比意义。图3-2-4为洪泛面识别特征图。

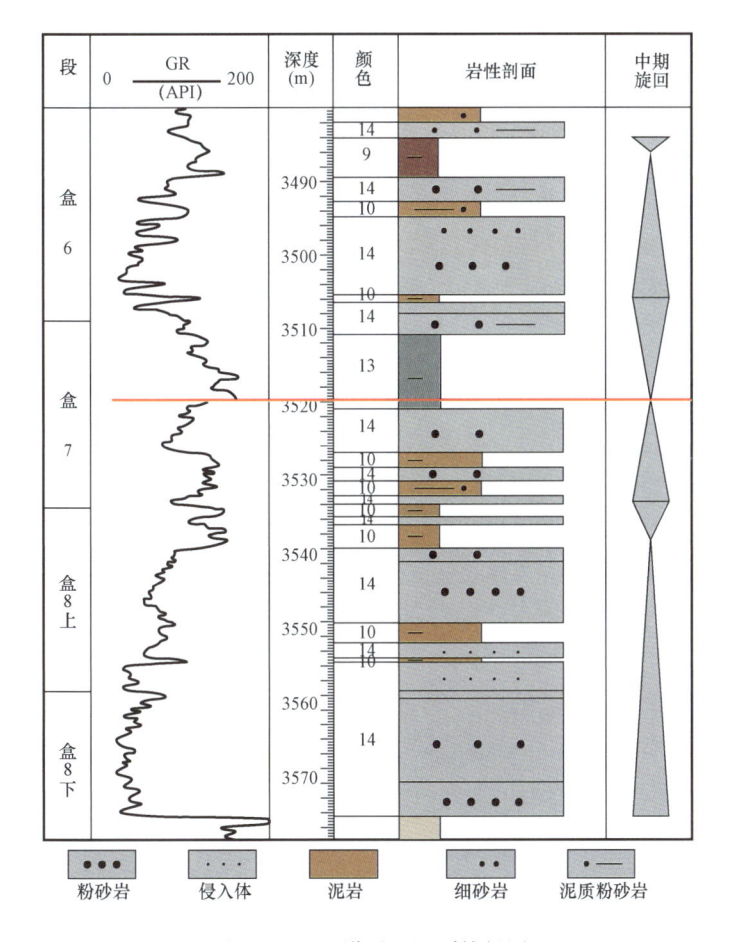

图3-2-4　洪泛面识别特征图

二、精细构造解释技术

精细构造解释主要利用地震反射标准层和地层的组合关系,通过精确描述目的层顶底面构造,达到卡准砂体、保证注采井准确入靶的目的。同时,采用多时窗相干分析,配合断层立体组合技术,精细描述各级断层,通过速度场分析,提高构造描述精度,最大程度降低注采井的地质风险。

(一)提高构造解释的精度

为提高断层解释精度,需要综合运用多种技术进行全三维空间解释,采用精细解释思路,精细刻画小断层、微构造,及时提供有利开发圈闭目标。采用从宏观到微观,从立体到平面,从平面到线再到点,再由点落实到面再到体的迂回方式,准确落实断层平面组合形态和空间展布特征。提高解释精度中主要运用倾角体技术,通过计算层位倾角的时间变化率,十分准确地计算正断层的水平断距[图3-2-5(a)];采用三瞬显示剖面解释小断层技术,使小断层断点更加清晰、准确[图3-2-5(b)];最后通过频谱分析技术,采用测井与地震剖面的频谱分析方法,寻找适合解释大断层与微小断层的频率解释区间[图3-2-5(c)]。

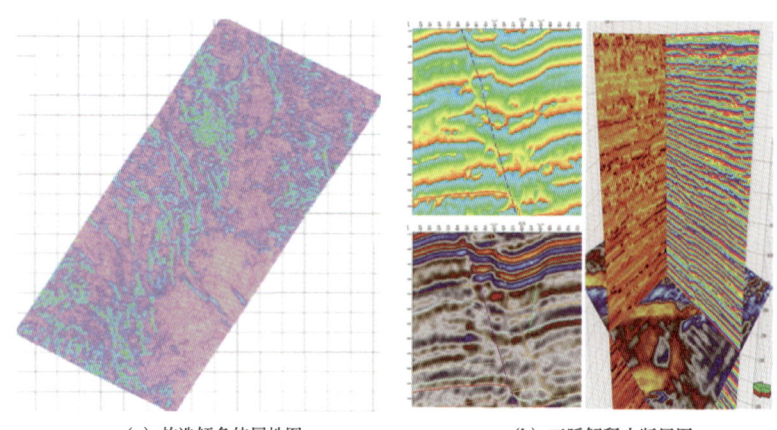

(a) 构造倾角体属性图　　(b) 三瞬解释小断层图

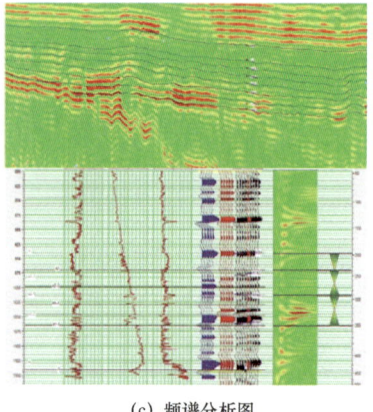

(c) 频谱分析图

图3-2-5　全三维空间解释示意图

(二)构造圈闭重新解释

利用三维数据体显示构造整体及任意方向的剖面,通过不同水平切片、垂直切片等正确识别、解释断层,同时结合钻井资料,准确落实断层信息,校正构造。

(三)断层和裂缝检测

断层和裂缝检测中主要运用相干体技术(图3-2-6)及随机模拟方法预测断层和裂缝[22,23]。相干体技术是通过分析波形相似性对三维数据体不连续性进行成像,根据波形相似性将三维地震反射数据体从连续性过渡到不连续性,有利于识别平行于地层走向的断层,并对断层进行自动解释,提高解释效率和精度。以测井裂缝识别为基础,在测井裂缝识别较准确且井资料充足的前提下,利用随机模拟方法将井点裂缝识别信息推广到平面上,预测裂缝平面分布(图3-2-7)。

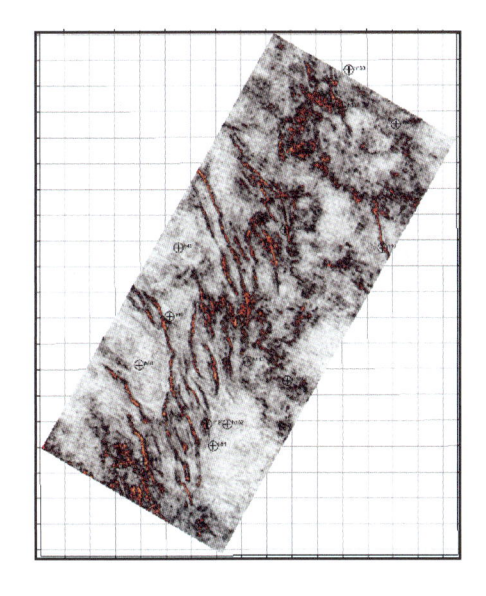

图3-2-6 相干体切片实例图

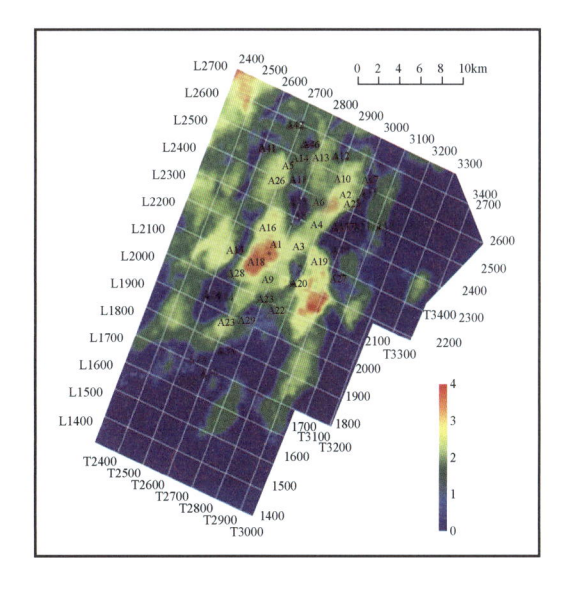

图3-2-7 地震地质统计学反演预测裂缝分布

(四)微小断层识别

为了识别微小断层、研究井间单砂体沉积微相和储层变化、弄清油气水分布规律,要求地震资料重点搞清5~10m的小断层、5~10m的微幅构造。研究微小断层过程中,必须采用全三维层间微构造解释配套技术,包括相干体、蚂蚁体自动断层提取技术(图3-2-8)、曲率属性(图3-2-9)等,在此基础上建立了微小断层识别流程(图3-2-10)。

三、圈闭密封性评价技术

圈闭密封性是决定气藏是否适合建库的首要因素。因为将天然气大规模注入埋深2000~5000m的储气圈闭中必须首先保证气体"存得住"。但是与油气藏勘探开发研究不同,储气库选址圈闭密封性评价不仅需评价其原始静态密封性,而且需预先考虑气藏建库后周期注采交变地应力下盖层弹塑性变形、断层滑移错动等对其原始密封性的影响,准确评估长期交变载荷作用下的圈闭动态密封性。地质构造越复杂,地应力场扰动对盖层、断层静态密封性的影响越大[22-28]。

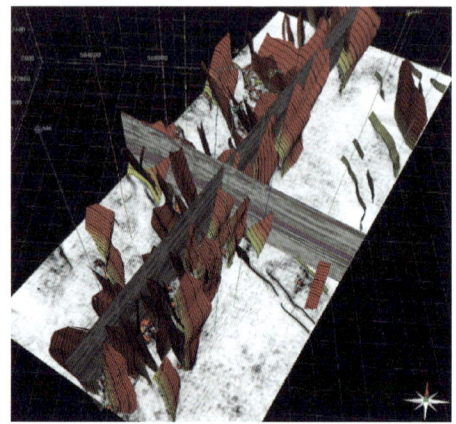

图 3-2-8 三维可视化解释断层与蚂蚁体断层提取图

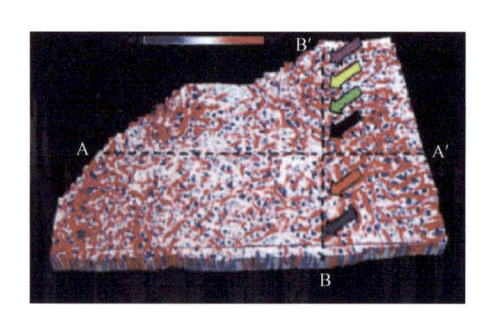

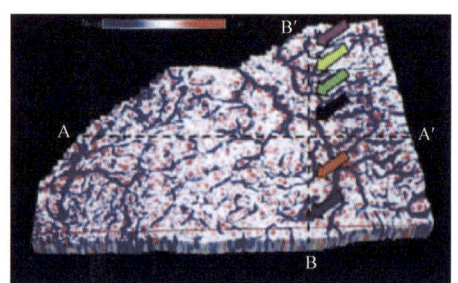

图 3-2-9 短波长最正曲率沿层切片与长波长最负曲率沿层切片图

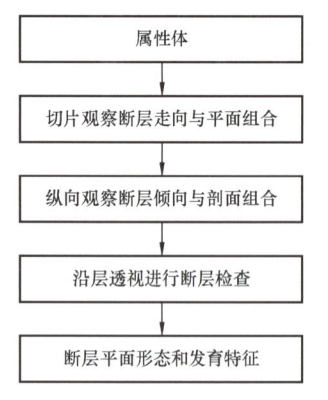

图 3-2-10 微小断层识别流程图

(一)断层封闭性评价

我国气藏型储气库构造复杂、断裂发育,因此断层封闭性成为储气库圈闭密封性的关键因素之一。断层封闭性评价方法主要包括岩性封闭性评价、断面力学特征评价、流体性质评价及流体包裹体评价 4 种方法。

1. 岩性封闭性评价

岩性封闭性评价主要包括断层断开地层岩性、断裂带填充物岩性和泥岩涂抹系数 3 个方面。

(1)利用断层两盘岩性特征定性评价封闭性时(图 3-2-11),断层封闭性具有以下特性:

① 当储集砂岩层与对盘泥岩层对接时断层具侧向封闭性[图 3-2-11(a)],当储集砂岩层与对盘砂岩层对接时

[图3-2-11(b)(c)],断层在侧向上可能不具封闭性,断层两盘砂泥岩能否对接受断层断距和断移地层岩性影响。

② 如果断层断距大于砂岩厚度,砂岩层本身被完全错断,砂泥对接的可能性大,反之可能性小。

③ 如果断移地层岩性以泥岩为主或泥地比值较高,那么断层两盘砂泥对接的可能性大,侧向封闭性好,反之亦然。

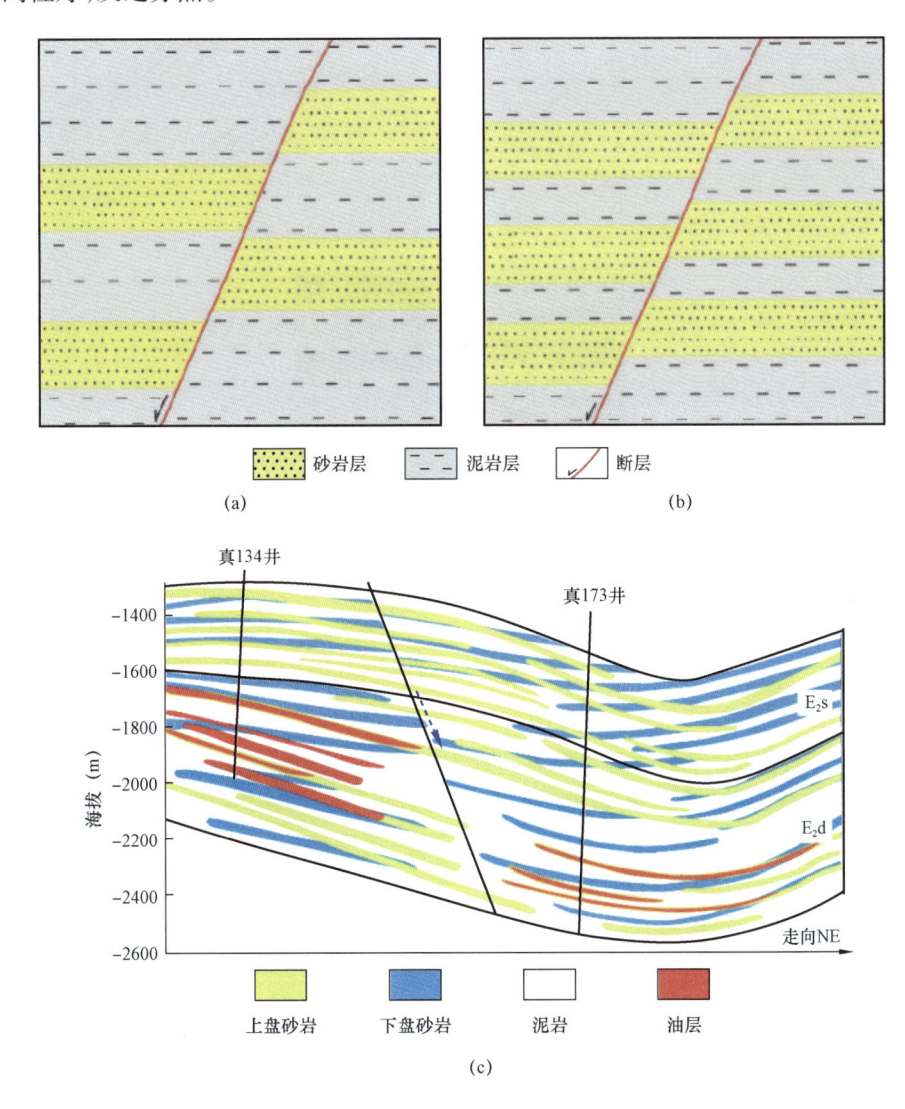

图3-2-11 断层两盘岩性特征定性评价封闭性图

(2)利用断裂填充物岩性定性评价封闭性时(图3-2-12),断层封闭性有以下特性:

① 断裂充填物以泥质为主,泥质充填物本身具备侧向封闭性,可形成断层侧向与垂向封闭[图3-2-12(a)]。

② 若断裂充填物以砂质为主,则不具侧向封闭性[图3-2-12(b)]。

③ 地层为较薄的砂泥互层,断裂充填物的性质在互层段内可能没有大的变化,不具侧向和垂向封闭性。尽管目的储层之上断层两盘可能为泥岩层相对置,气体仍可沿断裂带作垂向运移[图3-2-12(c)]。

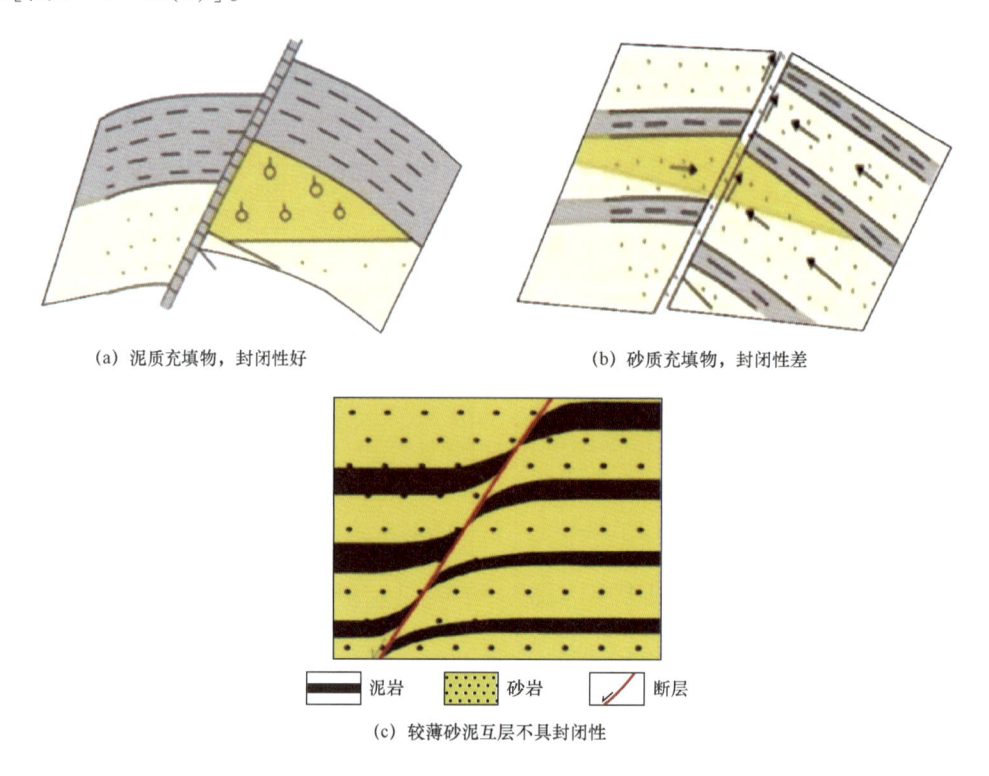

(a) 泥质充填物,封闭性好

(b) 砂质充填物,封闭性差

(c) 较薄砂泥互层不具封闭性

图3-2-12 断裂填充物岩性定性评价封闭性图

(3)利用泥岩涂抹系数定量评价封闭性时(图3-2-13),断层封闭性有以下特性:

① 断层活动过程中,由于泥岩岩性软塑性大,在挤压应力或重力作用下,泥岩被粉碎成黏土,在上下盘被削截的砂岩层上形成糜棱岩化的泥岩隔层。

② 泥岩涂抹只存在于泥岩位移经过的断层部分,集中反映断层位移大小和断开泥岩层数及厚度。

③ 断层位移越小、断开泥岩层数越多、厚度越大,则泥岩涂抹层在空间上的连续性越好,反之连续性越差。

涂抹因子(SSF)、黏土涂抹势/泥岩涂抹能力(CSP)、断层泥比率(SGR)的公式为:

$$\text{SSF} = \frac{H_垂}{\sum H_泥} \tag{3-2-1}$$

$$\text{CSP} = \sum \frac{H_泥^2}{L_涂} \tag{3-2-2}$$

$$\text{SGR} = \frac{\sum H_泥}{H_垂} \times 100\% \tag{3-2-3}$$

式中　$H_垂$——断层的垂直断距,m;
　　　$H_泥$——泥岩层厚度,m;
　　　$L_涂$——涂抹距离,m。

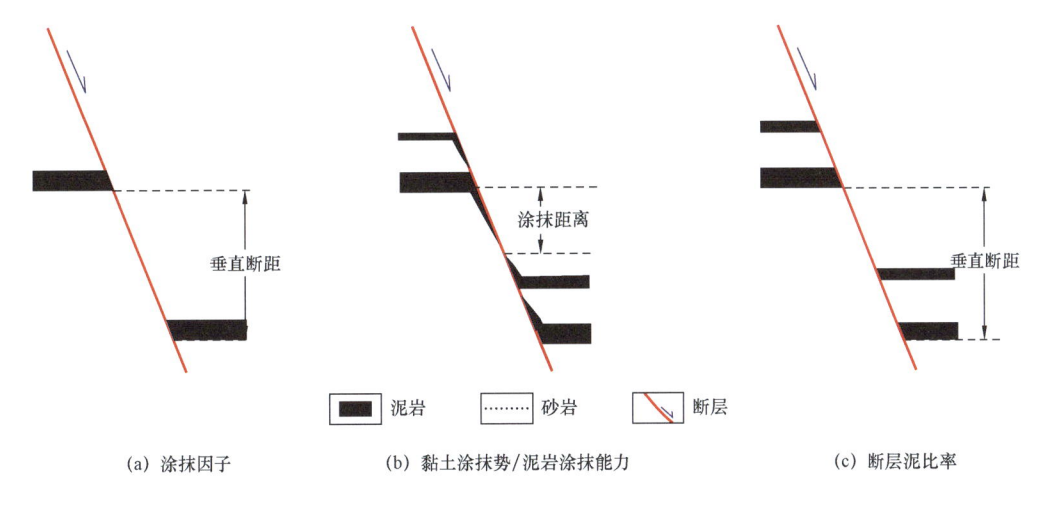

(a) 涂抹因子　　(b) 黏土涂抹势/泥岩涂抹能力　　(c) 断层泥比率

图 3-2-13　泥岩涂抹系数定量评价封闭性图

2. 断面力学特征评价

断面力学特征评价主要通过计算断面所受正压力的大小来判断断面的封堵程度。

(1)利用断面正压力法定量评价封闭性时,断层封闭性有以下特性:

① 如果断面紧闭,断层垂向封闭性好,油气难以沿断面做垂向运移,否则,断层开启,可作为油气运移的通道。

② 断面紧闭程度通常取决于其所受正压力的大小,较大的正压力使得断面两侧地层在断层活动过程中趋于变形,甚至导致断层裂缝闭合。

③ 倾角越大、埋藏越深、区域主压应力越大、断面正压力越大,越有利于断层封闭。

断面的紧闭程度可用断面所受正压力大小来衡量,如图 3-2-14 所示,公式为:

$$p = Z(\rho_r - \rho_w)\cos\alpha + \sigma_1\sin\alpha\sin\beta \qquad (3-2-4)$$

(a) 剖面图　　(b) 平面图

图 3-2-14　断面正压力法定量评价封闭性图

式中　p——断面所受的正压力,MPa；
　　　Z——断面埋深,m；
　　　ρ_r——上覆地层的平均密度,g/cm³；
　　　ρ_w——地层水密度,g/cm³；
　　　α——断面倾角,(°)；
　　　σ_1——区域主压应力,MPa；
　　　β——区域主压应力方向与断层走向之间夹角,(°)。

（2）利用异常地层压力法定量评价封闭性时（图3-2-15），断层封闭性有以下特性[29]：

① 由异常超压引起的断层封闭性最可靠。

② 异常超压带通常形成于较厚的泥岩层中,在泥岩中断面倾角会变缓,作用在断面上的上覆岩层分力变大,进一步增强封闭性。

③ 倾角越大、埋藏越深、区域主压应力越大、断面正压力越大,越有利于断层封闭。

异常地层压力可用声波时差测井数据计算,公式为：

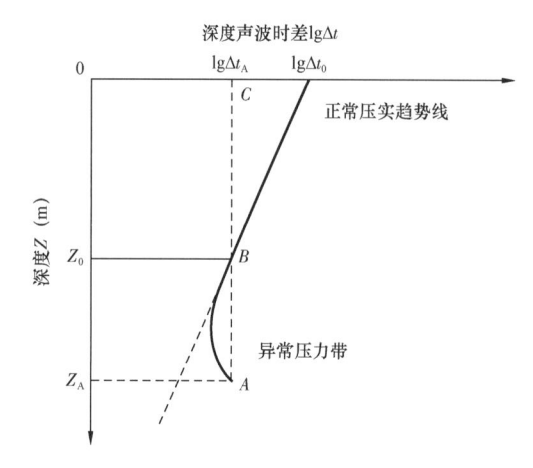

图3-2-15　异常压力平衡深度计算法示意图

$$p' = Z_A \gamma_{bw} - \frac{\lg\Delta t_0 - \lg\Delta t_A}{K}(\gamma_{bw} - \gamma_w) \quad (3-2-5)$$

$$K = \frac{\lg\Delta t_1 - \lg\Delta t_2}{Z_2 - Z_1} \quad (3-2-6)$$

式中　p'——地层流体压力,MPa；
　　　Z_A——异常压力点深度,m；
　　　γ_{bw}——上覆负荷平均密度,g/cm³；
　　　Δt_0——初始深度对应的声波时差,s/m；
　　　Δt_A——压力异常点深度对应的声波时差,s/m；
　　　γ_w——地下流体平均密度,g/cm³；
　　　K——正常压实趋势线斜率；
　　　Z_2,Z_1——任意两点深度,m；
　　　$\lg\Delta t_1,\lg\Delta t_2$——任意两点对应的声波时差。

3. 流体性质评价

流体性质评价法主要利用断层两侧储层流体性质研究断层封闭性（图3-2-16）,断层封闭性有以下特性：

（1）开启性断层两盘油气水物理、化学性质基本相同,具有统一的油水界面,如图3-2-16(a)

所示。

(2)封闭性断层两侧油气水性质存在较大差异,各自具有独立的、纵(横)向上极为复杂的油—气—水关系,可形成特殊的油气藏,如图3-2-16(b)所示。

(3)断层两侧具有明确的油水关系油气藏可以用该方法进行判别。

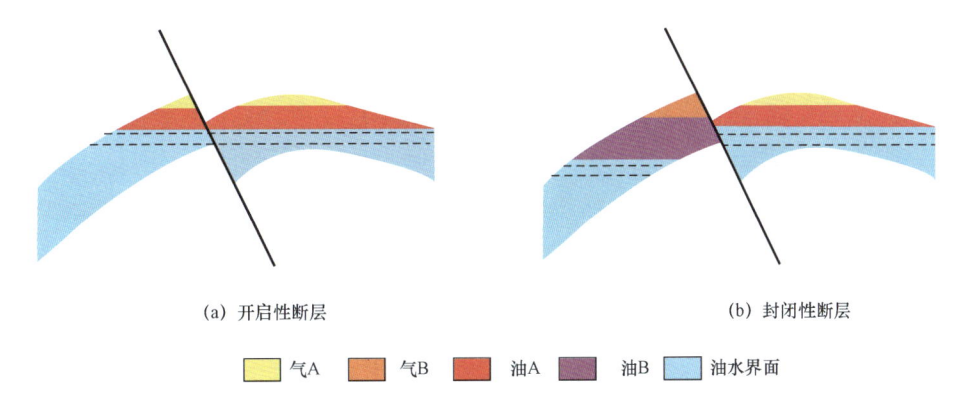

(a) 开启性断层　　　　(b) 封闭性断层

气A　气B　油A　油B　油水界面

图3-2-16　断层封闭性与油藏示意图

表3-2-1　断层封闭性综合评价表

评价方法	基础数据	适用条件	关键点	主要特点
定型参数评价法	地震、测井及测试等所有相关资料	资料少的地区	从所有资料中找出可用的资料	不受资料限制,应用地区广,但精度较低
图示法	二维或三维地震资料及部分测井资料	地震资料品质好的地区	确定砂泥岩层的位置	清晰直观,易于实现,但离井越远精度越低
地震预测法	少量井的自然伽马和声波时差资料,二维或三维地震速度及速度谱	地震资料品质好的地区	砂泥岩—声波速度图版的建立	所需基础资料少,易于获得,预测范围大,但预测精度较低
地应力法	地应力大小方向及地震数据	有一定量探井的地区	三维地应力场有限元的数值模拟	预测范围大,还可以模拟古地应力变化,但操作较复杂,精度一般
Fns法	密度测井资料和地层岩性解释资料	探井较多且Fns有统计规律的地区	地层岩性的确定、Fns临界值的统计	研究思路简单,所需资料多,预测精度受地区影响
排替压力法	不同埋深、不同岩性岩石排替压力资料地震数据及伽马测井资料	岩心较多的地区	岩性—埋深—排替压力图版的建立	理论基础简单,但受钻井取心限制,可操作性不强
泥岩涂抹法	断层断距、断层两盘砂泥岩厚度及泥质含量	预测井附近的地区	砂泥岩层及泥质含量的确定	简单易行,但预测范围较小,精度一般
烃柱高度法	不同油气藏烃柱高度,伽马测井资料,地层水和烃类密度	受断层控制的地区	断层单一因素控制的油气藏的确定,SGR的精确计算	所需基础资料较少,预测精度也较好,但参数较难取全取准
断层FOI法	声波时差、自然伽马和密度测井资料,水平地应力大小、方向,断层埋深、断距走向及倾向	预测井附近的地区	从所有资料中提取精确度最高的数据作为基础数据	考虑因素较为全面,预测精度较高,但所需基础资料较全面,计算稍复杂

4. 流体包裹体评价

流体包裹体评价法主要对胶结物中流体包裹体进行研究(图3-2-17、图3-2-18),定性或定量判断断层活动的时期:

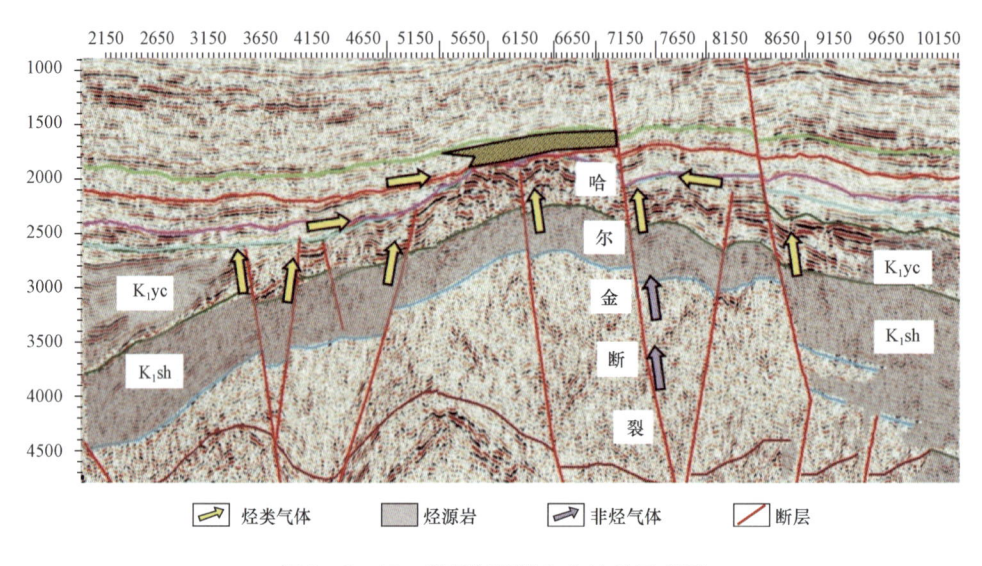

图3-2-17 断层封闭性与含油性示意图

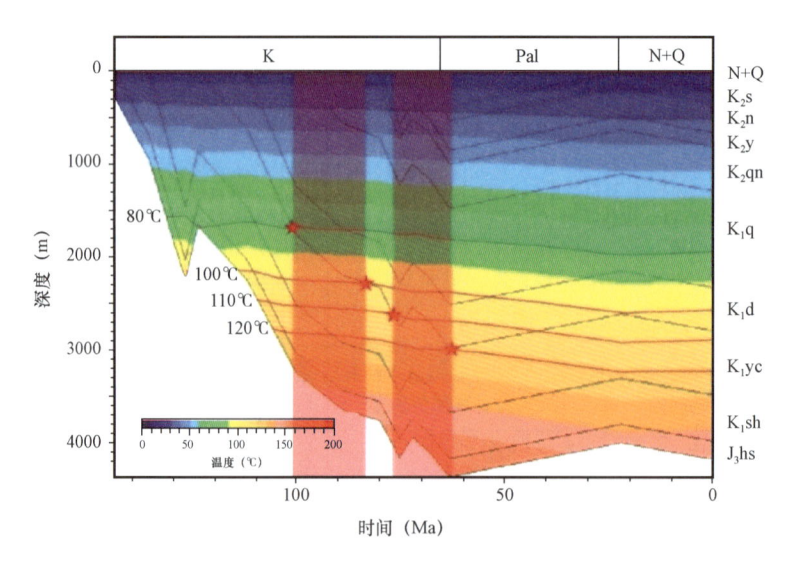

图3-2-18 油气充注时刻图

(1)沿断裂带走向提取不同深度的流体包裹体,测定均一化温度,并根据包裹体内流体性质确定断层流体活动的时间,进而获得断层启闭时间。

(2)流体活动时间连续,说明断裂长期开启。

(3)流体活动时间间断,说明在流体活动断裂间断性封闭。

断层封闭性影响因素很多,如断层倾角、断距、断层泥、断层活动性等,其中的一种或两种并不能全面评价断层的封闭性,因此,综合这些因素评价断层封闭性是该研究的发展方向

(表3-2-1)。

5. 注采运行动态评价

断层封闭与否,除应考虑上述因素外,还可在储气库注采运行过程中,利用丰富的动态、静态资料分析多周期断层封闭性的变化情况。如应用断层两侧气井压力曲线、流体组成及性质、储气库多周期运行曲线等,分析判断断层的封闭性,这对储气库安全运行具有重要的意义。

(二)盖层封闭性评价

储气库盖层封闭性是圈闭密封性评价的另一个重要内容,将直接影响注入的天然气能否存得住。盖层封闭性机理包括毛细封闭、压力封闭、浓度封闭等,评价方法主要包括微观封闭性评价、宏观封闭性评价、测井资料评价及现场测定破裂压力等4种。

1. 微观封闭性评价

盖层微观封闭特征是封盖油气能力的最直接反映,微观封闭机理包括毛细管封闭、超压封闭和烃浓度封闭。

(1)超压封闭机理定性评价封闭性(图3-2-19)有以下特性:

① 超压盖层实际上是一种流体高势层,能阻止包括油水在内的任何流体流动,不仅能阻止游离相的油气运动,还能阻止溶有油气的水流动;

② 超压盖层的封盖能力取决于超压的大小,超压越高,其封盖能力越强;

③ 一旦超压盖层恢复到正常的静水压力状态,超压封闭作用即被毛细管封闭作用取代。

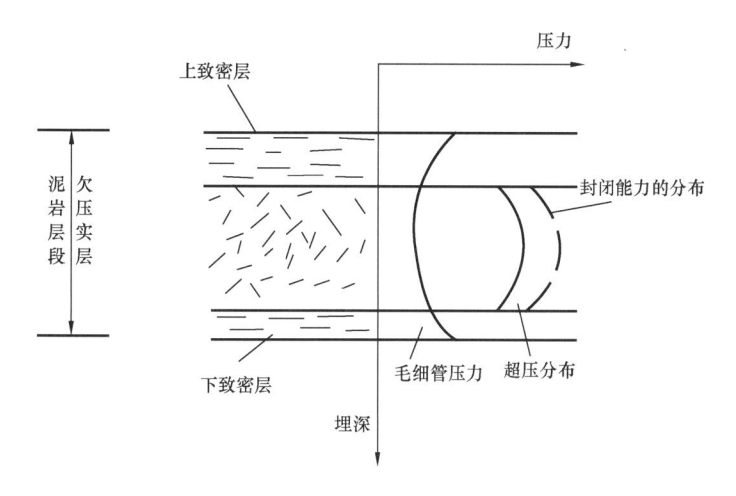

图3-2-19 泥岩欠压实层产生的超压模式图

(2)烃浓度封闭机理定性评价盖层封闭性时(图3-2-20):

① 当储气层的泥岩盖层为烃源岩时,其生成的天然气溶于地层孔隙水中,增大了含气浓度,使储盖层之间向上递减的含气浓度差减小,使向上扩散作用减弱。

② 如果泥岩盖层同时又具异常孔隙流体压力,其内部孔隙水中的含气浓度进一步增大,超过正常压实地层孔隙水的含气浓度,使原来向上递减的含气浓度出现向下递减趋势,下伏储层中天然气不能向上扩散运移,同时其生成的天然气在含气浓度向下递减的作用下向下伏储层中扩散运移。

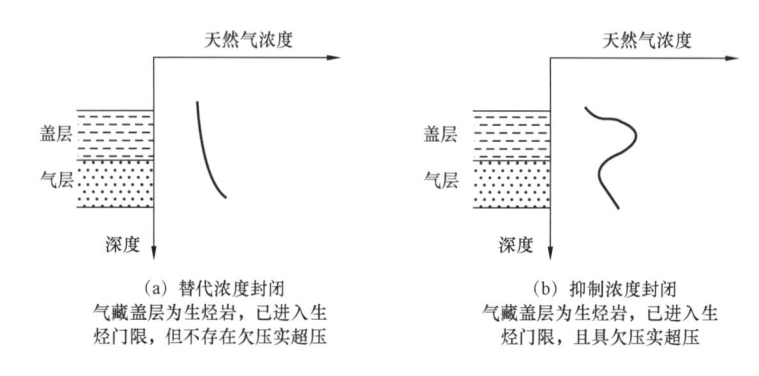

（a）替代浓度封闭
气藏盖层为生烃岩，已进入生烃门限，但不存在欠压实超压

（b）抑制浓度封闭
气藏盖层为生烃岩，已进入生烃门限，且具欠压实超压

图 3-2-20　烃浓度封闭机理模式图

2. 宏观封闭性评价

宏观封闭性评价主要通过地质综合分析评价盖层厚度、稳定分布程度、泥岩纯度等，盖层厚度越大封闭性越好，盖层分布越稳定封闭性越好，盖层泥岩纯度越高封闭性越好[30,31]（图 3-2-21）。

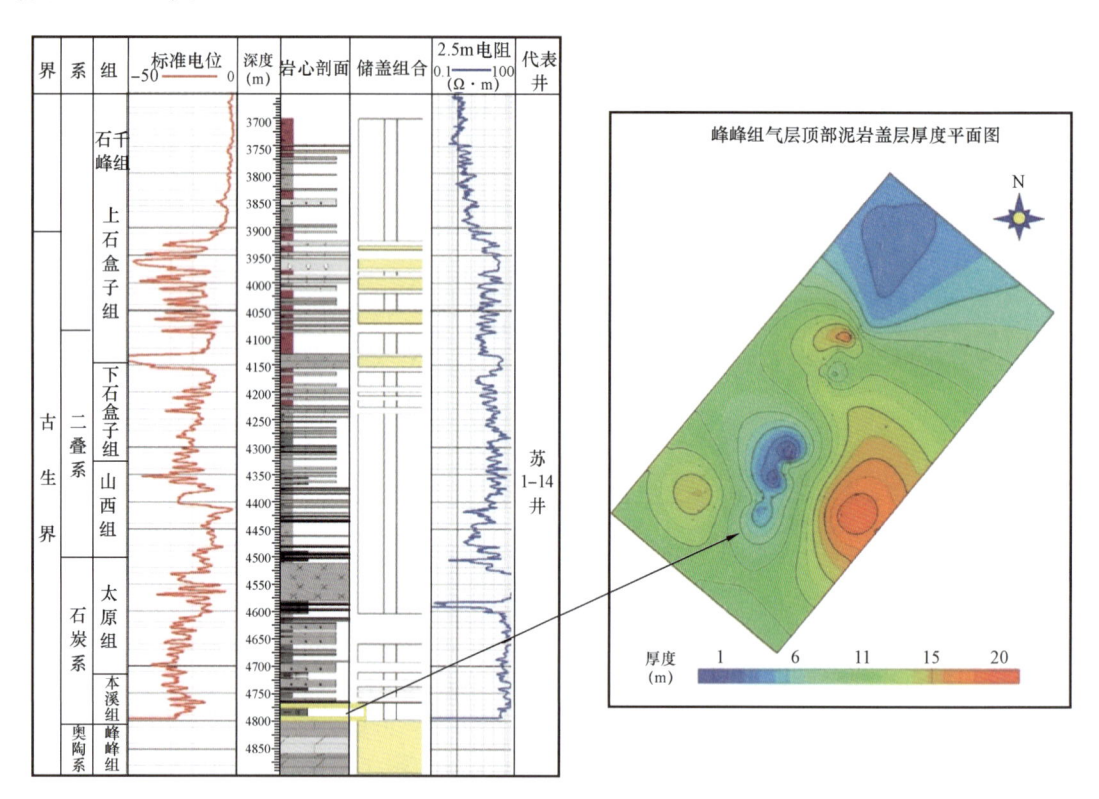

图 3-2-21　宏观封闭性评价组合图

3. 测井资料评价

通过突破压力分析封盖气柱高度，从而评价盖层封闭性，毛细管封闭是靠盖层的毛细管力阻止油气渗漏的封闭。

利用测井资料评价封闭性时(图3-2-22):

(1)气藏的浮力p_f、剩余压力Δp_t、水动力p_w、储层的排替压力p_r构成了天然气藏的能动力。盖层突破压力(毛细管力)p_A(抑制力)必须大于气藏的能动力才能使气藏得以保存。

(2)通过测井或岩心实验得到突破压力后,预测不同埋深、不同压力系数盖层所能封闭的气柱高度。

(3)气柱高度的大小除受突破压力决定外,气藏的压力系数、埋藏深度也有影响。

测井资料评价法公式如下。

封闭条件: $$p_A > p_f + \Delta p_t + p_r \pm p_w$$
平衡条件: $$p_A = p_f + \Delta p_t + p_r \pm p_w$$
渗漏条件: $$p_A < p_f + \Delta p_t + p_r \pm p_w$$

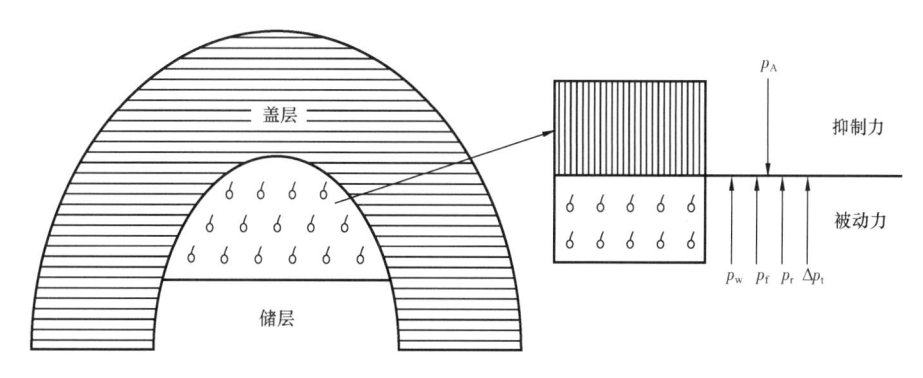

图3-2-22 测井资料评价模式图

4. 现场测定破裂压力

水力压裂工艺可以获得岩石的破裂压力,从而推测盖层的封闭能力。测得的是盖层岩石真实的压力界限值,可较为准确地反映盖层的封闭能力。

现场测定破裂压力法内容和流程主要包括水力压裂测试、岩石破裂压力、破裂压力梯度、计算井点破裂压力、破裂压力分布规律和盖层封闭能力评价。

综上所述,宏观封闭能力评价中盖层岩性、厚度和分布对盖层评价尤为重要;微观有效性评价主要涉及岩石矿物成分、孔隙度、渗透率、孔隙中值半径、突破压力、扩散系数等;测井资料评价利用测井数据预测评价盖层可封闭的气柱高度;现场测定破裂压力最为准确,可作为储气库上限压力设定的有力依据。

(三)圈闭动态封闭性评价

气藏改建储气库圈闭动态封闭性评价首先需开展室内单轴拉伸或巴西劈裂、单轴压缩、不同围压三轴压缩等相关力学实验,研究储盖层岩石力学变形破坏特征并确定抗压(拉)强度、内聚力和内摩擦角等力学强度参数。缺少代表性岩心时,可应用声波测井解释结果计算得到单井一维岩石力学属性剖面模型。

以储盖层岩石力学参数为基础,进一步开展室内凯瑟尔效应、古地磁等岩心实验和现场水力压裂、地漏试验等,结合成像、地层倾角等特殊测井解释结果,采用力学理论公式或地质力学数值模拟多次拟合确定水平最小主应力、水平最大主应力和垂向主应力,据此评价储盖层抗拉破坏极限,约束储气库运行上限压力安全设计。

为全面评价气藏圈闭在储气库长期往复高速强注强采工况下的动态密封性,在上述储盖层岩石力学特征和圈闭地应力研究的基础上,进一步开展室内交变载荷疲劳损伤物理模拟、圈闭大尺度地应力耦合建模和数值模拟研究,定量评价盖层剪切和长期疲劳破坏风险,以及考虑三维复杂构造、岩石力学参数非均质性和储气库高速注采引起的复杂地应力场(如局部应力集中)等对盖层力学完整性和断层稳定性的影响。

中国石油勘探开发研究院研发了多周期交变应力盖层和断层密封性物理模拟实验装置(图3-2-23),可采用真实岩心模型,根据地应力和储气库实际运行工况设计实验开展动态密封性模拟,指导运行压力区间设计和优化。圈闭大尺度地应力耦合建模和数值模拟是在精细地质建模基础上,根据一维单井岩石力学属性剖面、单井地应力测试,数值模拟反演出局部圈闭三维地应力场;最终根据储气库设计或实际工况数值模拟储气库注采过程中地应力场及其动态变化、地层岩石弹塑性变形。以此为基础,采用剪切、安全指数、累计塑性应变和断层滑移趋势等定量评价盖层力学完整性和断层动态密封性,从而模拟获得圈闭承压极限。

图3-2-23 断层和盖层密封性物理模拟实验装置图

综上所述,断层封闭性评价主要通过岩石特征、力学性质、流体性质及包裹体特征进行定性及定量评价;盖层封闭性评价主要从微观、宏观、测井资料及现场测试等方面进行定性及定量评价;圈闭动态封闭性评价主要借助室内实验和地质力学数值模拟手段对储气库多周期运行条件下的密封性进行评价。各项技术相互结合,最终实现气藏型储气库地质基础研究中圈闭密封性的评价。

四、储层精细表征技术

近年来,为保证储层表征的精度和准确性,形成了一套方法体系和研究流程(图3-2-24)。

(一)小层划分对比

在气藏描述基础上,采用旋回性分析、熵谱分析、小波变换、湖泛面分析、地震测井界面分析等技术手段,对储层单元进行细分,一般按照超短期层序进行细分,达到单砂体级别。主要技术包括:通过岩心及测井资料识别旋回界面;通过积分手段放大测井曲线信号,结合岩心沉积界面变化特征细分短期旋回,达到单砂体级别;对细分小层进行全区对比,建立高分辨率层序地层格架。

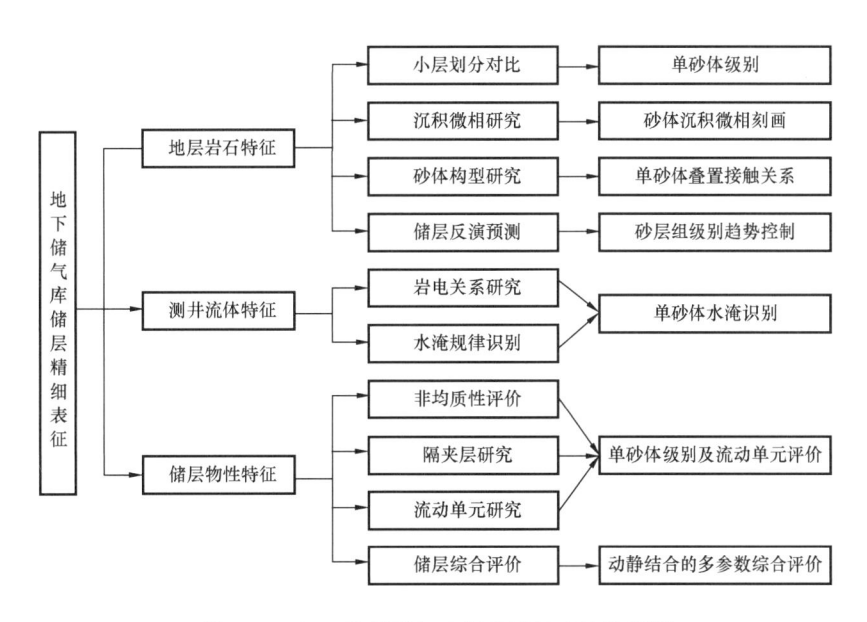

图 3-2-24　储层精细表征关键技术及流程图

(二)沉积微相研究

沉积微相研究主要结合岩心观察、测井曲线识别、地震资料分析等,对储层进行精细描述,识别出各小层的沉积微相。关键技术包括:(1)明确沉积背景,结合岩心观察与描述,建立单井相剖面;(2)结合岩石学、重矿物、砂体分布识别沉积物源,建立沉积模式;(3)建立砂体微相与测井曲线形态对应模型,定性及定量描述相类型;(4)从平面和剖面上对砂体及沉积微相展布特征进行描述;(5)分析沉积演化规律,系统分析沉积微相平面展布及纵向演化规律。

(三)砂体构型研究

砂体构型研究主要将小层内部砂体结构划分为多个级次,在单砂体精细刻画基础上,进行砂体内部构型描述和构型要素分析。关键技术包括:岩心结合测井资料,对结构面产状进行定量描述;利用沉积微相预测法和密井网小井距解剖法预测砂体内部结构体规模;在空间结构分析基础上,统计砂体和夹层的分布密度,建立微相控制的砂体结构模式;对单砂体内部可识别的最低级次的结构面和结构体进行定量表征。

(四)储层反演预测

应用储层反演技术预测主力储层分布范围,描述储层孔隙度—渗透率空间变化特征,并结合岩石学特征和储层四性关系确定有效储层下限,明确有效储层分布范围。关键技术包括:岩石物理结合岩石学确定储层敏感参数;合理提取统计子波,在高精度合成记录基础上进行储层再标定;建立储层构造模型与属性模型;选用合适反演方法,结合四性关系,剖析沉积体内幕特征,预测有效储层分布范围。

(五)测井解释及水淹识别

测井解释及水淹识别利用新井测井曲线与附近老井测井曲线的对比,研究气藏开发前后储层物性及流体变化程度,识别水淹级别,为建库前流体表征提供指导[32]。

水淹后储层(物性、黏土矿物含量、微观孔隙结构)和流体(地层水性质、含气饱和度、天然气性质、气水相对渗透率)特征可能发生变化,若依然沿用水淹前的测井解释标准,结果可能发生误差(图3-2-25),影响后期储气库的运行。因此,为提高测井解释及水淹识别的准确性,更好地指导建库,需要建立新的四性关系标准。

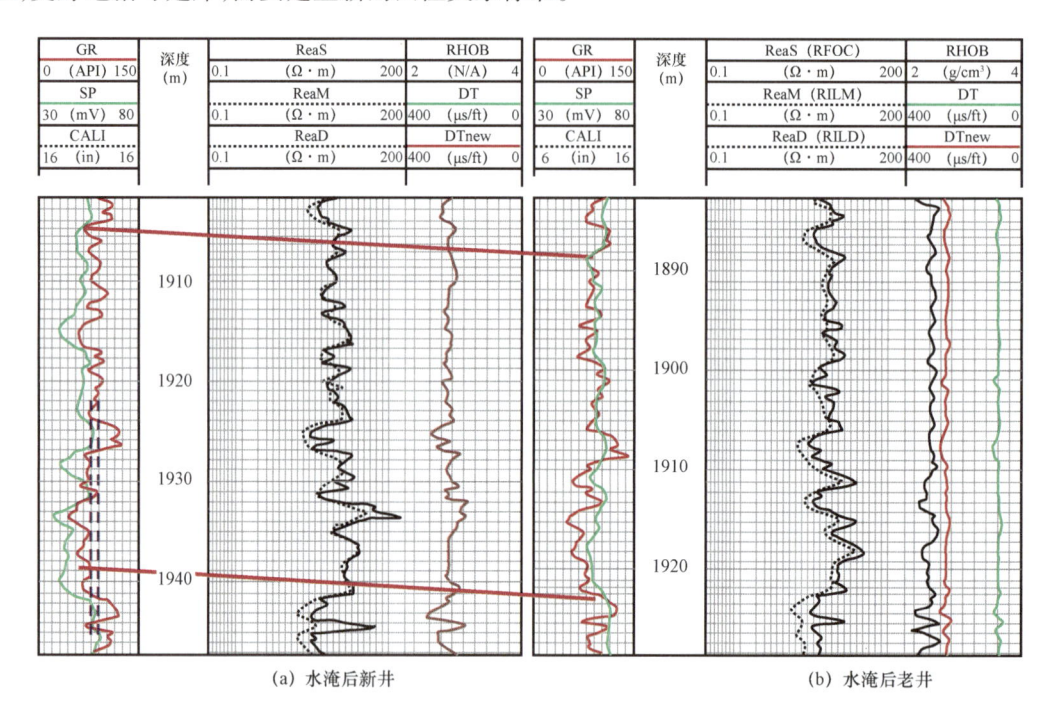

图3-2-25 水淹前后储层性质变化测井曲线对比图

水淹前后相同层段储层性质发生变化,水淹后 SP 曲线基线偏移,GR 曲线变平滑,GR 值降低,显示淡水水淹层特征

测井解释及水淹识别关键技术(图3-2-26)包括:对新井、老井测井曲线进行统一标准化处理;建立新的岩电关系,对储层物性、含油气性进行解释,建立解释模板;对不同曲线的水淹层响应进行识别,建立数据库;选取合理的研究方法,对水淹程度进行定性、定量识别;对识别结果进行检验,明确建库前井点周围流体分布状况。

(六)隔夹层研究

夹层影响流体在砂层规模内垂向和水平方向的流动,需要对夹层的成因、厚度、分布规律等进行分析,提高数值模拟精度。关键技术包括:利用沉积微相研究结果建立夹层图版,识别夹层类型、性质及成因;在电性、物性资料、测井解释成果对比基础上,确定隔夹层划分标准;建立隔夹层分布模式,编制典型隔夹层剖面和各地层单元隔夹层平面分布图;以夹层分布特征分析为基础,结合气藏及储气库数值模拟分析夹层对注采的影响。

综上所述,小层划分对比及沉积微相研究关键是层位的细分,搞清单砂体微相类型、砂体边界范围及砂体之间的接触关系;储层宏观物性及微观结构研究主要是借助测井及分析化验资料,对储层孔隙特征、连通喉道特征、物性特征及流体变化规律进行研究,搞清建库前储层中

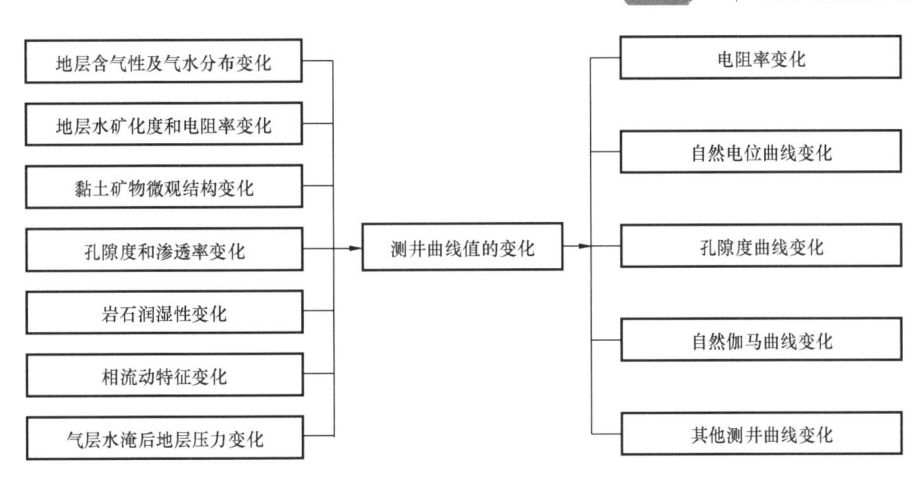

图 3-2-26　测井解释及水淹识别关键技术及流程图

静态流体分布及可利用空间大小;储气库储层综合评价的关键是多参数结合,不仅要参考静态物性参数,还要参考动态参数甚至储气库运行参数。

(七) 储层综合评价

从微观孔隙结构、宏观物性特征、非均质性特征等方面对储层进行综合分类评价,划分不同类型的单砂体流动单元,对储层存储及渗流性能进行表征。关键技术包括:借助分析化验数据,对储层微观孔隙、喉道特征进行研究,确定存储及渗流基本能力;综合岩心分析和测井解释,定量分析储层宏观非均质性;通过敏感性实验,分析储层速敏、水敏、酸敏、碱敏和盐敏对气藏开发的影响;多参数综合对储层进行评价,划分不同渗流单元,评价不同渗流单元的注采潜力[33]。

五、圈闭三维精细地质建模技术

圈闭三维精细地质建模是在精细地质研究基础上,以相控建模思想为指导,建立储气库高精度三维地质模型。对于建模的技术要求,主要从以下几方面进行分析:建模范围、三维地质建模精细程度、储层特殊孔隙网络系统表征,以及储层可利用空间体积计算。

(一) 建模范围

(1) 储气库地质研究要求涉及整个可利用空间,因此建模范围要适当扩大(图3-2-27),扩充方法及遵循的准则如下:

① 平面上断层为边界的,尽量包含边界断层以外 1~2 条主断层。
② 平面上以水体为边界的,要将建模范围扩展到水体边界或水体体积大于 5 倍含气体积。
③ 纵向上,尽量保证储气库注采层位上下有独立的砂体,以及对直接、间接盖层准确描述。

(2) 与常规油气藏建模规格相比(图3-2-28),储气库地质研究要提高平面网格精度,使流体渗流更连续,从而有利于表征过渡带流体变化规律,要求如下:

① 平面网格精度一般小于 10m。
② 相邻注采井之间的网格数为 15~20 个(图3-2-29)。

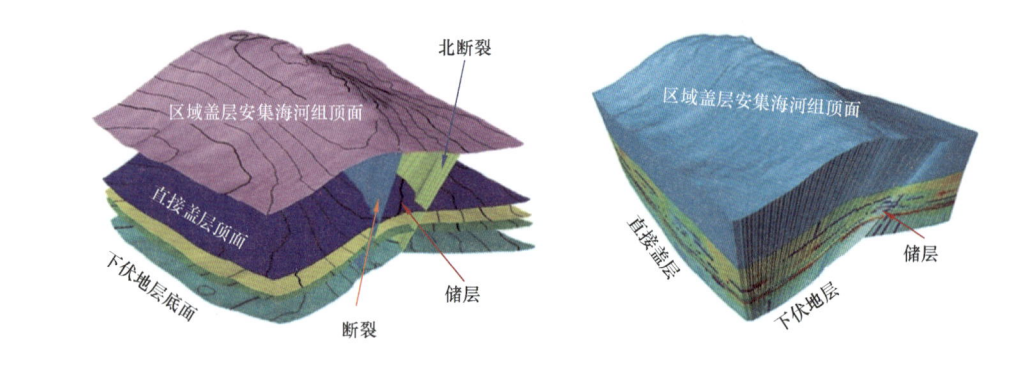

图 3-2-27　大尺度圈闭示意图

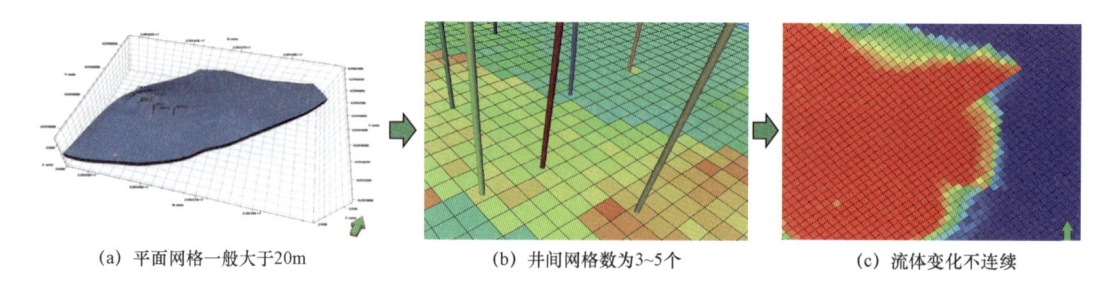

(a) 平面网格一般大于20m　　(b) 井间网格数为3~5个　　(c) 流体变化不连续

图 3-2-28　常规油气藏平面网格精度图

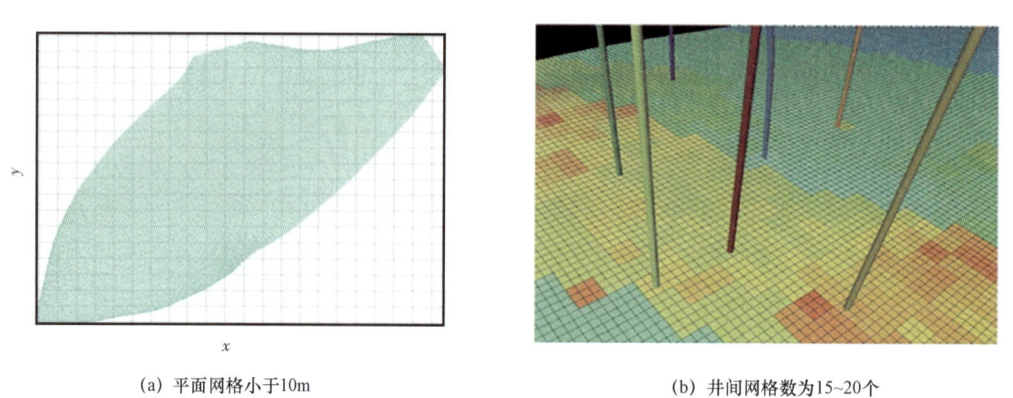

(a) 平面网格小于10m　　(b) 井间网格数为15~20个

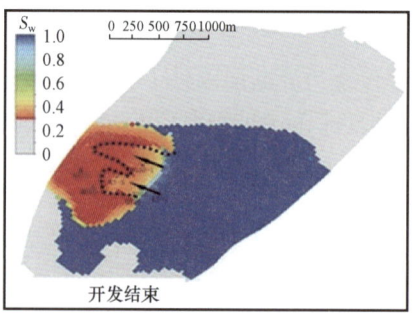

(c) 流体变化连续性增强

图 3-2-29　储气库地质研究平面网格精度图

(二)三维地质建模精细程度

与常规油气藏的纵向网格精度(图3-2-30)相比,储气库地质研究要求纵向建模网格精度增加,更好地体现流体渗流的重力影响,精细表征剖面流体分布,要求如下:

(1)纵向网格要能体现砂体韵律特征。

(2)网格精度要求在单砂体基础上细分到0.2m左右(图3-2-31)。

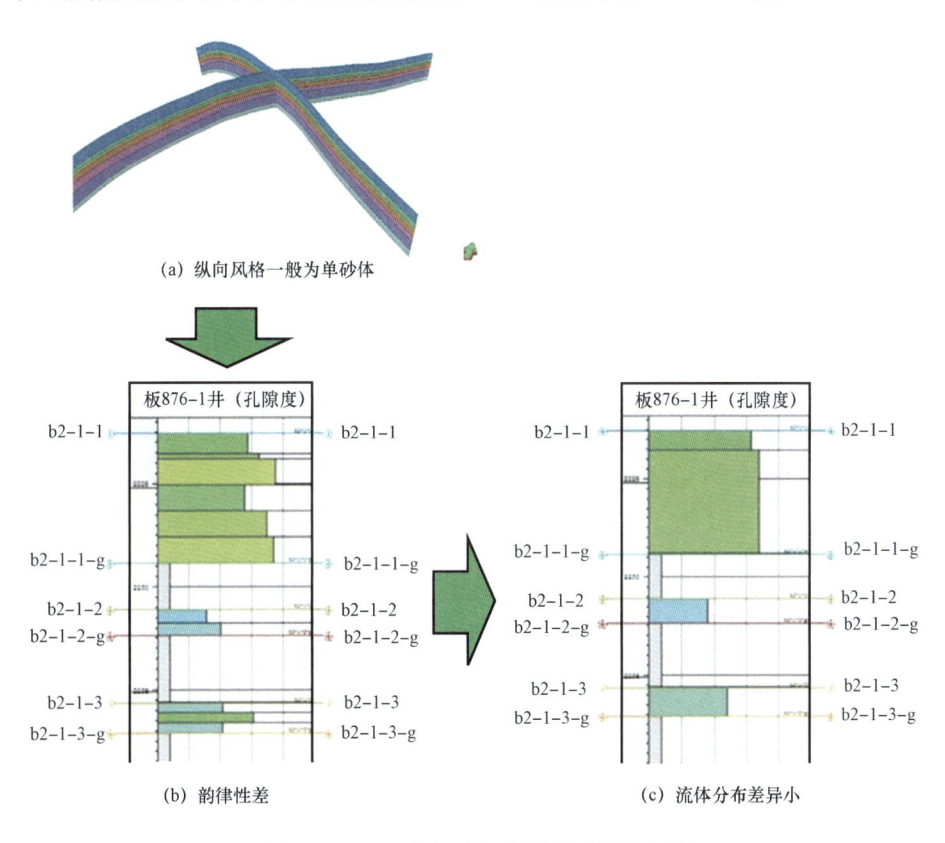

(a)纵向风格一般为单砂体

(b)韵律性差

(c)流体分布差异小

图3-2-30 常规油气藏纵向网格精度图

(a)储气库地质研究要求把单砂体细分

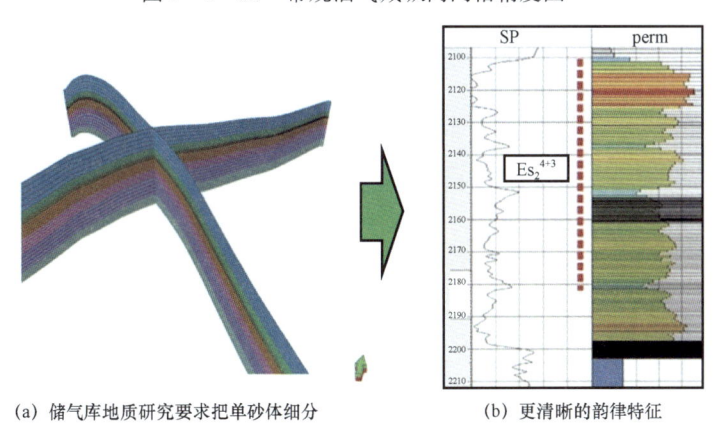

(b)更清晰的韵律特征

图3-2-31 储气库地质研究纵向网格精度图

(三) 储层特殊孔隙网络系统表征

储气库储层中微裂缝系统需要表征,建立裂缝三维模型(图3-2-32),体现裂缝渗流,方法和准则如下[34,35]:

(1)利用岩心、测井、地震及动态资料全方位获取裂缝信息。
(2)对表征裂缝的参数进行统计,如倾角、倾向、方位、长度、高度等。
(3)建立趋势控制下的裂缝系统随机网络模型,三维空间下表征裂缝。

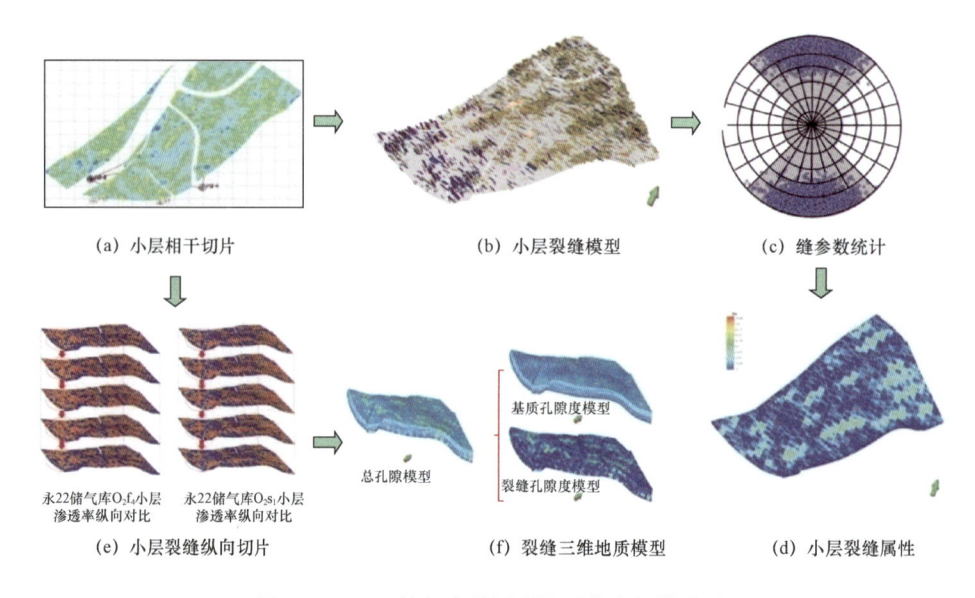

图3-2-32 储气库储层裂缝系统表征模式图

(四) 储层可利用空间体积计算

地质模型建立后,要对储集体体积、孔隙体积、水体体积等参数进行统计计算,如图3-2-33所示,其内容包括:

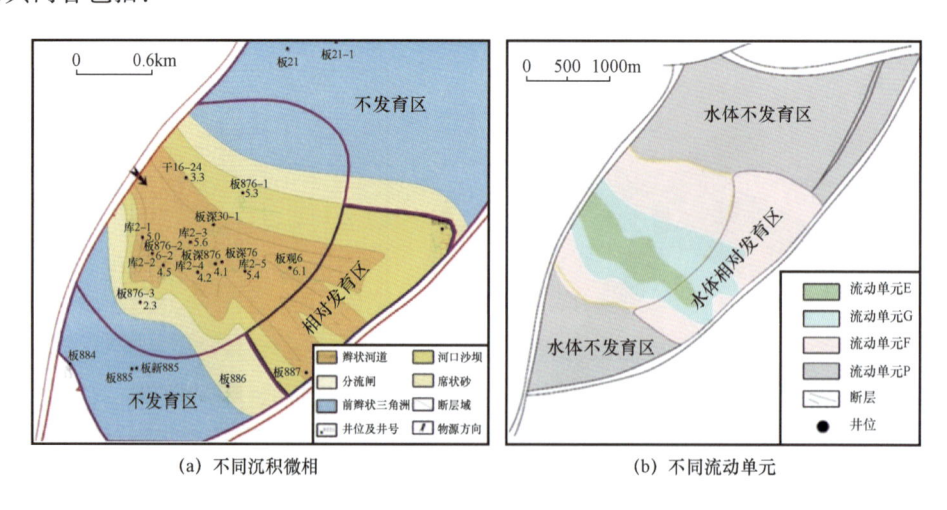

图3-2-33 储气库储层可利用空间体积计算模式图

(1)完善有效厚度模型及流体模型,计算模型原始地质储量。

(2)对水侵储层内可利用砂体体积进行计算(包括水区及过渡带区域)。

参 考 文 献

[1] 霍瑶,黄伟岗,温晓红,等. 北美天然气储气库建设的经验与启示[J]. 天然气工业,2010,30(11): 83-86.

[2] 张金亮,谢俊,等. 油田开发地质学[M]. 北京:石油工业出版社,2011.

[3] 陈建阳,于兴河,张志杰,等. 储层地质建模在油藏描述中的应用[J]. 大庆石油地质与开发,2005,24 (3):17-18.

[4] 孙婧. 马东油田板O-板Ⅲ油组沉积学研究与储层地质建模[D]. 青岛:中国海洋大学,2010.

[5] 贾瀛. 濮城油田西区沙二上亚段2+3砂组沉积特征与储层评价[D]. 青岛:中国海洋大学,2007.

[6] 李少华. 储层随机建模系列技术[M]. 北京:石油工业出版社,2007.

[7] 鲁明辉. 双河油田Ⅶ下单元油藏精细描述与剩余油分布研究[D]. 青岛:山东科技大学,2009.

[8] 张天广. 欢26块兴隆台油层精细油藏描述[D]. 大庆:东北石油大学,2013.

[9] 贾爱林. 精细油藏描述程序方法[M]. 北京:石油工业出版社,2012.

[10] 李毓,杨长青. 储层地质建模策略及其技术方法应用[J]. 石油天然气学报,2009,31(3):30-35.

[11] 孙艳聪. 新北油田三维地质建模[D]. 大庆:东北石油大学,2012.

[12] 宋海渤,黄旭日. 油气储层建模方法综述[J]. 天然气勘探与开发,2008,31(3):53-57.

[13] 刘伟. 新场气田沙溪庙组JS_2气藏储层建模研究[D]. 成都:成都理工大学,2007.

[14] 张明功,任孟坤,郭勇军,等. 储层建模在濮城油田油藏描述中的应用[J]. 断块油气田,2009,16(1): 48-50.

[15] 徐志华. 离散裂缝网络地质建模技术研究[D]. 青岛:中国石油大学(华东),2009.

[16] 崔廷主,马学萍. 三维构造建模在复杂断块油藏中的应用——以东濮凹陷马寨油田卫95块油藏为例 [J]. 石油与天然气地质,2010,31(2):198-205.

[17] 霍春亮,古莉,赵春明,等. 基于地震、测井和地质综合一体化的储层精细建模[J]. 石油学报,2007,28 (6):66-71.

[18] 刘蓓蓓. 郑32断块储层建模[D]. 武汉:长江大学,2012.

[19] 李莎莎. 文明寨油田明一断块储层精细建模研究[D]. 青岛:中国海洋大学,2012.

[20] 陈波,赵海涛. 储层精细表征的研究方法体系与思路探讨[J]. 石油地质与工程,2006,20(1):21-24.

[21] 高翔. 地质建模与油藏数值模拟方法研究[D]. 西安:西安科技大学,2013.

[22] 王军,董臣强,罗霞,等. 裂缝性潜山储层地震描述技术[J]. 石油物探,2003,42(2):179-185.

[23] 孙炜,李玉凤,付建伟,等. 测井及地震裂缝识别研究进展[J]. 地球物理学进展,2014,29(3): 1231-1242.

[24] 任森林,刘琳,徐雷. 断层封闭性研究方法[J]. 岩性油气藏,2011,23(5):101-105.

[25] 肖淑明,王国壮,钟建华,等. 东营凹陷沙一段断层封闭性研究[J]. 地质力学学报,2009,15(3): 296-304.

[26] 景小燕,王洪辉,林家善,等. 新庄油田南三块断裂带保存条件研究[J]. 成都理工大学学报(自然科学版),2008,35(3):238-241.

[27] 李磊,王永敏,王俊伟,等. 相干体技术在情北地区断层解析中的应用[J]. 石油地质与工程,2008,22 (4):36-38.

[28] 王问源. A油田断层封闭性研究[J]. 中国石油和化工标准与质量,2011,31(8):257.

[29] 白新华,罗群.利用异常地层压力参数判断断层封闭性[J].大庆石油地质与开发,2004,23(6):13-15.
[30] 陈立官.油气田地下地质学[M].北京:地质出版社,1983.
[31] 陈恭洋.油气田地下地质学[M].北京:石油工业出版社,2007.
[32] 国景星,王纪祥,强立强,等.油气田开发地质学[M].东营:中国石油大学出版社,2008.
[33] 王惠勇,冯德永,吕大炜.圈闭评价技术研究现状及发展建议[J].科技信息,2010(35):53,64.
[34] 田纳新.塔里木盆地孔雀河地区构造分析及控油气作用研究[D].北京:中国地质大学(北京),2006.
[35] 陈波,赵海涛.储层精细表征的研究方法体系与思路探讨[J].石油地质与工程,2006,20(1):21-24.

第四章 储气库注采机理实验评价技术

气藏型储气库高速往复注采过程中,存在周期交变应力、气水互驱、流体相平衡等现象,储气库多周期高速注采机理具有复杂性和特殊性,因此需要深入评价多周期储层微观储渗特征、流体相渗透率变化、孔隙空间动用效率、流体组分及性质等。室内物理模拟实验是评价储气库注采运行机理的最直接、最有效的手段之一,而针对储气库周期高速往复注采的特点,在关键实验设备、实验流程及评价方法等方面都具有相应的特殊要求。本章从储气库高速注采渗流机理中的关键问题出发,重点阐述了储气库室内模拟的实验技术和配套方法,为气藏型储气库渗流机理评价、数值模拟和库容参数设计提供依据[1-9]。

第一节 物理模拟实验技术流程

气藏型储气库物理模拟实验需要根据地质特点、开发特征和多周期往复注采的特殊性,建立相匹配的物理模拟实验手段及评价技术流程,主要内容包括微观储渗特征实验、流体相渗特征实验、周期注采仿真模拟实验、周期吞吐流体相平衡实验4个方面。分析储层孔隙结构及分布特征、气水交互驱替相渗特征、孔隙空间动用效率、流体相平衡物质交换规律及物性参数等,从而对气藏型储气库注采机理及其影响因素进行综合评价[10-13],如图4-1-1所示。

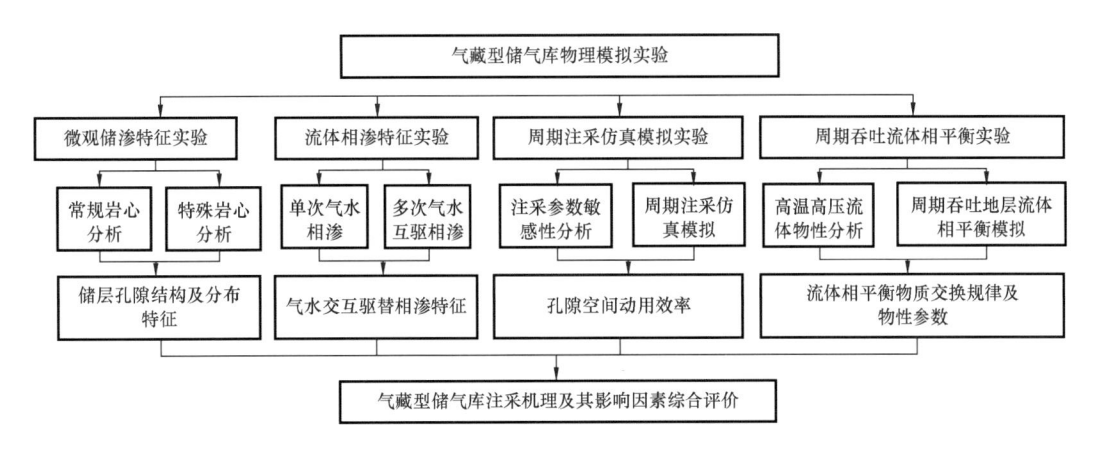

图4-1-1 气藏型储气库物理模拟实验技术流程图

一、微观储渗特征实验

微观储渗特征实验与气藏开发类似,在前期的各类资料收集整理基础上,开展了常规岩心和特殊岩心分析工作,分析岩石基本物性、矿物组成及含量、胶结类型、岩石孔喉结构特征等。由于需要充分考虑储气库注采渗流机理的复杂性及准确反映高速流体条件下的储层动态,储气库微观储渗特征实验具有其特殊要求:

（1）充分利用前期气藏勘探开发各类已有资料和改建储气库新增的岩心分析成果，核实建库前储层物性、微观孔喉结构及流体分布特征等，尽可能建立起与实际地层相匹配的地层物理模型，为下一步储层平面和纵向非均质性模拟奠定基础。

（2）利用测井解释、气藏开发动态等资料，与岩心分析相互结合，准确刻画气藏开发和建库前地层气、水（油）分布特征，为后期储气库注采物理模拟提供依据。

二、流体相渗特征实验

流体相渗特征实验要解决的重点问题之一是如何在复杂的气、水等流体共流条件下，提高气体驱扫宏观和微观波及效率。解决这一重点问题的主要方法是根据气库建库地质条件，利用 PVT 取样或复配地层流体，开展多次循环互驱模拟实验，分析此复杂过程中的流体相渗特征及其内部机制，这也是储气库库容指标优化设计的基本前提和理论基础。

目前，该实验在国内仍处于起步阶段，且流体相渗特征实验的设计和流程都有其特殊性及复杂性。因此有必要进行这一方面的技术攻关，从而为我国气藏型储气库渗流机理研究奠定基础。

三、周期注采仿真模拟实验

国内外多年实践和研究经验指出，气藏开发物理模拟实验可以很好地反映气藏十几年乃至几十年衰竭开发动态特征，但采用该实验直接分析储气库高速注采动态却可能产生很大的误差。究其原因，气藏低速开发很大程度上掩盖了储层平面、纵向非均质性和动用难易程度的差异，以及微观双重介质动态特征。这些特征对储气库短期强注强采和气体高速渗流具有显著影响，气体高速渗流时局部低渗带或低渗层含气孔隙空间很难有效动用，导致宏观表现的储层空间动用、气水界面运移与气藏低速开发显著不同。只有通过更加精细的室内高速注采物理模拟实验模拟储气库实际高速注采动态特征，才能揭示整个过程的内在机制。

四、周期吞吐流体相平衡实验

需要对气藏开发过程不同阶段、建库前地层油气体系化学组成、高温高压流体物性及相态分析成果进行系统整理和补充测试，建立储气库地层流体 PVT 模型，为储气库周期吞吐相平衡模拟奠定基础。

储气库周期注采过程中，注采气与地层流体发生物质交换和相态变化，在传质和相变过程中会出现自由气相、自由油、过渡带等区带，准确描述各区带对储气库物质平衡方程的建立至关重要。通过高温高压流体物性分析，反映储气库周期吞吐过程中孔隙空间流体物质组成、数量、容积和地层压力的关系，并通过周期吞吐地层流体相平衡模拟分析储气库高速注采过程地层中气、油、水等多相流体相平衡及物质交换特征；最终建立符合储气库实际运行特征的动态物质平衡方程，确保储气库全周期注采运行指标预测的科学可靠。

第二节　实验评价关键技术

本节以中国石油油气地下储库重点实验室开发的气藏型储气库物理模拟实验系统平台为例，介绍储气库实验关键技术的设计与研发，并介绍了国内典型气藏型储气库的相应研究实例。

一、储气库物理模拟实验系统简介

气藏型储气库物理模拟实验系统由储气库建设及注采运行智能模拟实验、储气库周期吞吐地层流体相平衡实验两套相对独立的实验装置组成(图4-2-1)。

(a) 储气库建设及注采运行智能模拟实验装置　　(b) 储气库周期吞吐地层流体相平衡实验装置

图4-2-1　气藏型储气库物理模拟实验系统

储气库建设及注采运行智能模拟实验装置可开展多轮次气水互驱相渗测试、储气库多周期注采仿真物理模拟等实验,研究地层条件下储气库运行过程中多相流体分布特征、渗流规律及其作用机理、提高气驱波及效率的方法和作用机理、库容和注采能力变化规律及其主要影响因素,实现地层条件下高仿真、实时核磁扫描、自动化及可视的建库机理室内实验研究。

储气库周期吞吐地层流体相平衡实验装置可针对孔隙型储气库往复注采特点,实现储气库地层温度、压力条件下多周期吞吐地层流体相平衡物理模拟,研究储气库运行过程中地层多相流体注气混相及采气分离的物质交换规律、相态变化特征,以及对储气库注采运行参数的影响。

二、储气库物理模拟实验技术开发

随着气藏型储气库物理模拟实验系统的建立,同时攻关研发了气水互驱相渗测试、周期注采仿真模拟及周期吞吐地层流体相平衡模拟3项实验技术,模拟储层周期注采相渗特征、周期注采运行规律及周期吞吐地层流体相平衡过程中的物质交换规律,综合评价储气库注采机理,反映储气库地质、工艺等多因素对建库及多周期注采运行的影响。

(一)气水互驱相渗测试实验技术

国内大部分储气库由带边水的气藏改建而成,储气库采气阶段随采气量增加储层压力降低,边水逐渐侵入气库;注气阶段,随注入气量增加,储层压力升高,部分侵入水又被气驱出。气水互驱相渗可以表征气水在多孔介质中的相对渗流特性,反映地层流体交互驱替过程中岩石和流体之间的动态相互作用,可揭示储气库注采循环过程孔隙空间流体渗流能力及其影响因素[14-20]。

1. 实验设备流程

储气库气水互驱相渗测试实验设备主要由岩心夹持器、气体流量控制器、湿式流量计、电子天平、压力传感器、液体驱替泵和液体过滤器等组成(图4-2-2)。为了模拟多次气水互驱过程,与常规气藏开发模拟相比,需要增加液体驱替泵和液体过滤器等核心设备,其功能是在岩心某个流体饱和状态下,实现液相流体对气相流体的驱替。湿式流量计、电子天平、压力传感器等用于实时计量实验过程中的流体流量、岩心压力等参数。

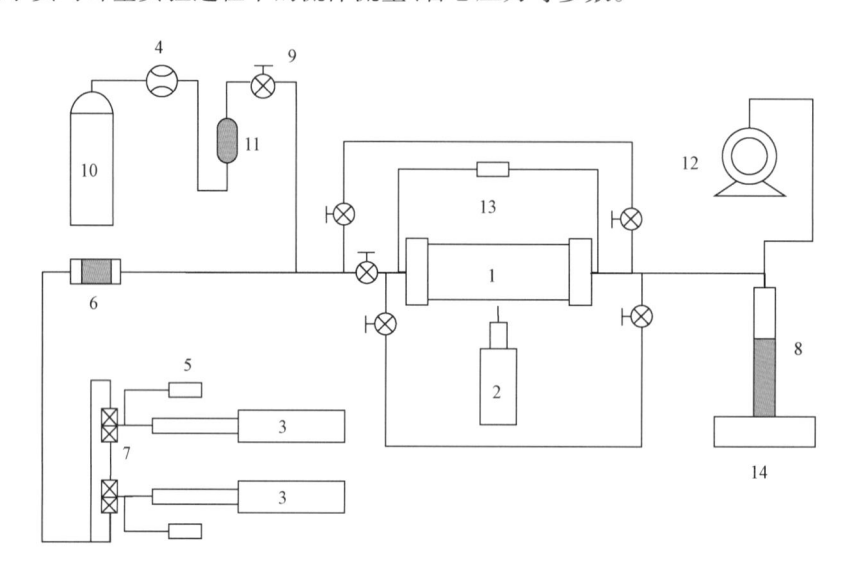

图4-2-2 气水互驱相对渗透率测试实验装置流程图

1—岩心夹持器;2—围压泵;3—液体驱替泵;4—气体流量控制器;5—压力传感器;6—液体过滤器;7—三通阀;8—气水分离器;9—两通阀;10—气瓶;11—气体加湿中间容器;12—湿式流量计;13—压差传感器;14—电子天平

2. 实验方法流程

为反映储气库多周期气水往复驱替,以及气藏成藏及开发对改建储气库的影响,气水互驱相渗测试流程包括4方面:气驱水模拟储气库注气排驱过程、水驱气模拟储气库采气水侵过程、储气库多周期注气驱替次生气顶形成及采气运行过程。模拟过程中实时记录气、水流量及压力数据。

实验采用非稳态相对渗透率测试法,以 Buckley—Leverett 一维两相驱前缘推进理论为基础,忽略毛细管压力和重力作用,假设两相不互溶流体不可压缩,岩样任一横截面内气水饱和度是均匀的。按照具体模拟条件的要求,采用恒压差或恒速度方式对岩样进行气驱水或水驱气,在岩样出口端记录每种流体的产量和岩样两端压力差随时间的变化,气水饱和度在多孔介质中的分布是距离和时间的函数。用 JBN 方法计算得到气、水相对渗透率,并绘制气驱水、水驱气相对渗透率与含水饱和度的关系曲线。在气水互驱相渗测试实验过程中,气驱残余水的判定、互驱次数的界定对于相渗曲线的准确性尤为重要。

1)气驱残余水的判定

常规相渗测试过程中,气驱残余水的判定没有统一明确的量化指标,岩样的端点效应不同程度影响了相渗测试结果,使得气驱残余水饱和度偏低。通过大量实验探索和验证,将气驱至产水流量为 0.1mL/h 时作为残余水的节点,减弱岩样的端点效应,得到的残余水饱和度与矿场实际吻合。

2) 互驱次数的界定

气水互驱应达到气水两相渗流及分布的恒定状态,需满足最后一次测定的气驱残余水下气相相对渗透率的变化率不高于3%。至少互驱3次后两相渗流达到恒定状态。关系式为:

$$\left| \frac{K_{n-1} - K_n}{K_{n-1}} \times 100\% \right| \leqslant 3\% \tag{4-2-1}$$

式中　K_n——第 n 次气驱残余水下气相相对渗透率;

K_{n-1}——第 $n-1$ 次气驱残余水下气相相对渗透率。

3. 实验结果及分析

以国内典型水侵砂岩气藏型储气库为例,模拟分析水侵气藏型储气库多周期注采过程中气水两相互驱过程及相对渗透率变化规律。结果发现,随着气水互驱轮次增加,气水两相共渗点逐步降低、两相共渗区间变窄(图4-2-3)。国内外学者将此现象称为相渗滞后效应。分析其内在形成机制,储层岩石流体渗流主要取决于岩石孔隙特征、润湿性及驱替方式等多种因素。一方面,单一孔隙中气、液、固界面张力由润湿相趋向非润湿相,气驱水过程中毛细管力为阻力,水驱气时毛细管力为动力,因此不同的驱替方式下相对渗透率曲线特征发生改变;另一方面,岩石润湿性存在差异,因此气液两相在孔隙壁面的润湿角及界面张力也不同。目前国内储气库以水侵枯竭气藏改建为主,储层岩石主要表现为亲水而疏气,加之各孔隙介质中孔喉方向随机性、孔喉尺度大小差异性等都会放大相渗滞后效应。随储气库多周期注采运行,气水两相交互驱替,初期相渗滞后效应较为明显,储层部分区域出现残余气和残余水,其余是随互驱轮次增加而升高,两相渗流能力随之发生改变,后期随互驱轮次增加,两相渗流逐步趋于平衡(图4-2-4、图4-2-5)。

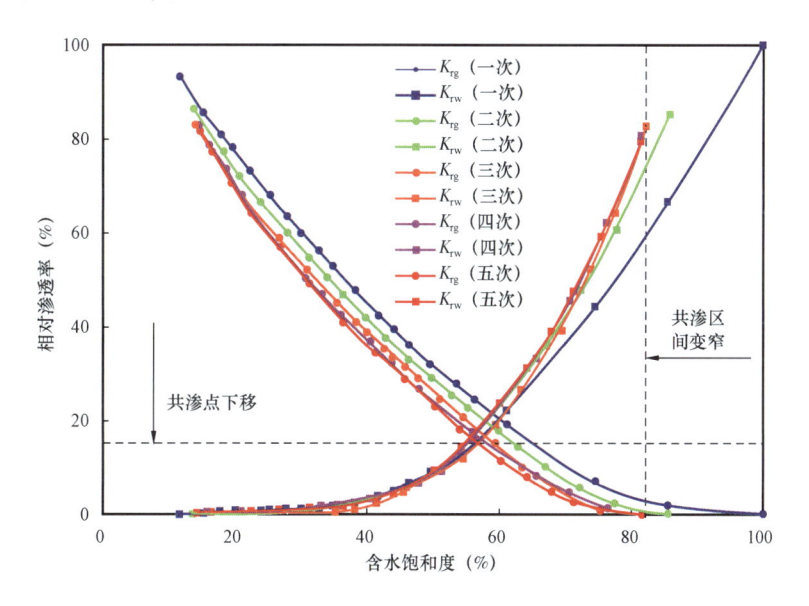

图4-2-3　水侵砂岩气藏型储气库多轮次气水互驱相渗曲线图
K_{rg}—气驱水气相相对渗透率;K_{rw}—气驱水水相相对渗透率

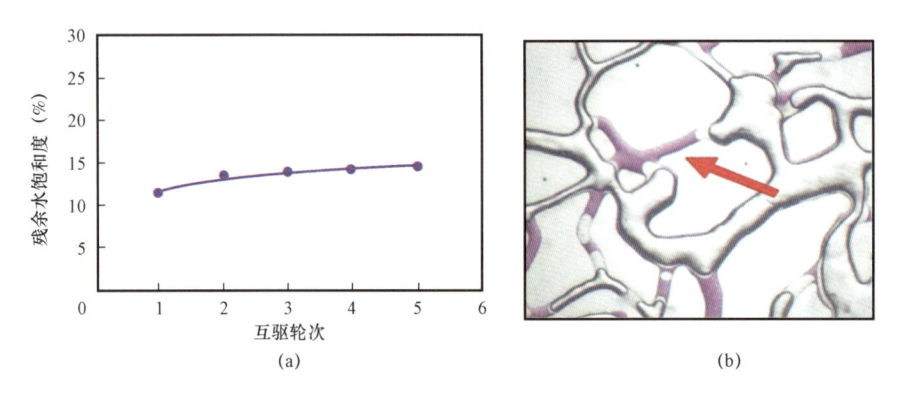

图4-2-4 气驱水残余水饱和度(a)及微观特征(b)图

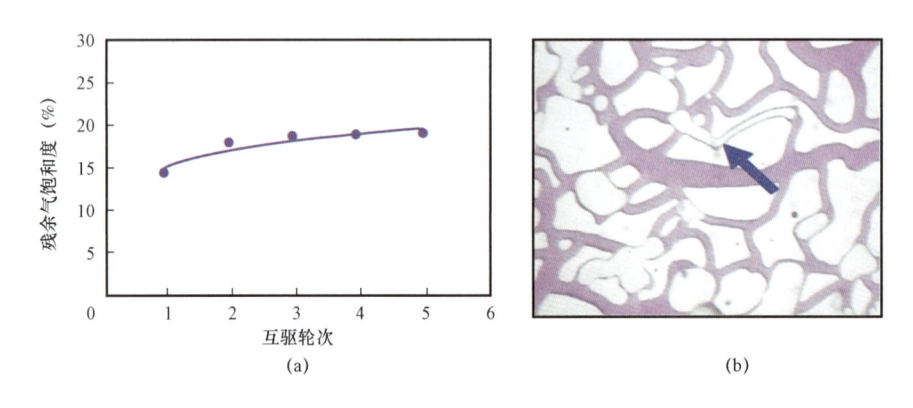

图4-2-5 水驱气残余气饱和度(a)及微观特征(b)图

为了定量描述气水相渗滞后效应对储气库孔隙空间动用效果的影响,用含气空间利用率来表示气水驱替区间孔隙空间的最高可利用程度,储层的孔隙空间中除去残余水和残余气后的空间占比即为含气空间利用率:

$$S_g = 1 - S_{wc} - S_{gc} \quad (4-2-2)$$

$$\eta_g = \frac{1 - S_{wc} - S_{gc}}{1 - S_{wc}} \times 100\% \quad (4-2-3)$$

式中 S_g——可动含气饱和度,%;

S_{wc}——束缚水饱和度,%;

S_{gc}——残余气饱和度,%;

η_g——含气空间利用率,%。

如图4-2-6所示,经过5轮次气水互驱,储层含气空间利用率的变化明显,可动含气饱和度、含气空间利用率随着驱替轮次的增加而降低,并逐渐趋于稳定状态,表明气藏型储气库在建库及长期运行过程中,气水往复运移区带储层孔隙可利用空间逐渐减少,含气空间利用能力有降低的趋势,会导致储气库采气周期中部分注入气体无法回采。

气水互驱相渗曲线是研究储气库地层多相渗流的基础,它在储气库注采计算、动态分析、确定地层中气、水的饱和度分布,以及与气水互驱有关的各类计算中都是必不可少的重要数据。例如,用相渗曲线可完成储气库地层流体区带划分。由相对渗透率曲线可求得可动含气饱和度及其对应的相对渗透率,由毛细管压力曲线可知不同动含气饱和度所对应的自由水面以上的高度;因此,在储层均一的情况下,结合相对渗透率曲线和毛细管压力曲线,就可确定气水在储层中的分布,即地层不同高度下的含气、含水饱和度,进而划分出地层中纯气带、气水过渡带及水淹带。

气水相渗曲线也是储气库注采井产能分析的基础。产能规律就是分析随着地层中含水饱和度变化,注采井注采气能力的变化情况。当气水两相同时流动时,若已知储气库注采周期下的地层含水饱和度,则可在相渗曲线上查出相应流体的相对渗透率,再由已知的岩石渗透率求出气水两相的相对渗透率,根据达西公式计算出气水流量。引用驱替相与被驱替相流度比预测气水驱替介质的波及范围,进而预测储气库注采井注采气效率及其产能,对储气库生产运行具有重要意义[21-23]。

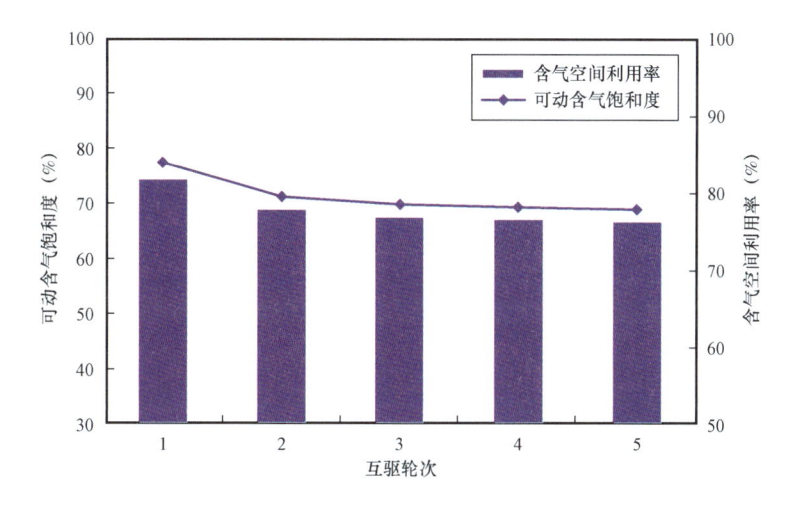

图4-2-6 气水互驱相渗含气空间动用与互驱次数对应关系图

(二)周期注采仿真模拟实验技术

对气藏型储气库建库及注采特征开展系列研究发现,储层孔隙空间、水体侵入及注采速度等与注采效率存在一定的相关性。针对气藏型储气库提出周期注采仿真模拟实验技术,为分析储气库多周期注采特征及规律奠定基础。

1. 实验设备流程

针对气藏型储气库多周期注采特点,从仿真模拟角度出发,模拟采气渗吸、建库排驱形成气顶及多周期注采气过程,分析储气库库容动用状况及扩容影响因素,研发储气库建设及注采运行智能模拟实验装置。该实验设备主要由岩心分析、气液驱替、水体能量调节、采集计量等模块组成。其中岩心分析模块包括核磁共振分析仪、岩心夹持器,研究实验过程中模型饱和度场和孔隙空间可动流体;气液驱替模块由水体能量调节器、水体容器组成,可向岩心夹持器中注入气体、液体;水体能量调节模块由水体能量调节器、水体容器组成,实现储气库运行中的水体运移过程模拟;采集计量模块由液体流量计、气体流量计组成,实验中实时计量压力、温度、流量等参数。该设备最高工作压力可达70MPa,最高工作温度为180℃,可模拟深层建库地层高温、高压的运行环境。储气库建设及注采运行智能模拟实验装置流程如图4-2-7所示。

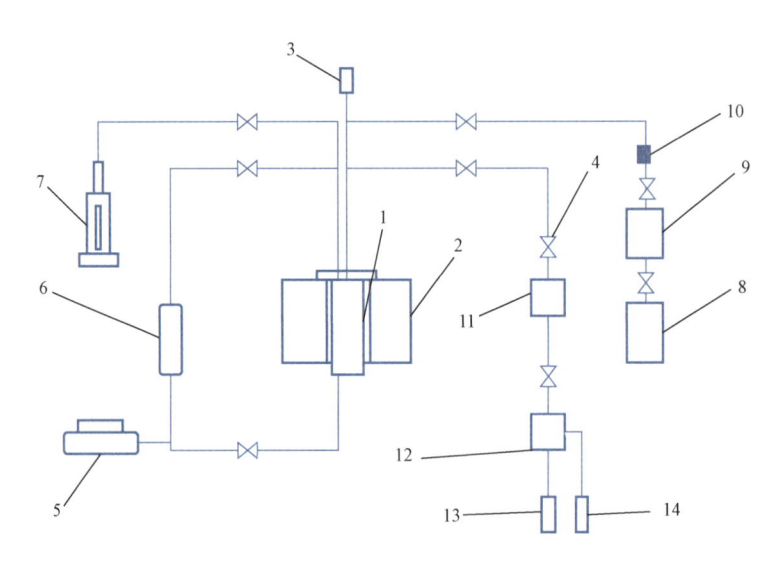

图4-2-7 储气库建设及注采运行智能模拟实验装置流程图

1—岩心夹持器;2—核磁共振分析仪;3—压力传感器;4—气动阀;5—水体能量调节器;6—水体容器;7—液体计量泵;8—气瓶;9—气体增压泵;10—气体流量控制器;11—回压阀;12—气液分离器;13—液体流量计;14—气体流量计

2. 实验流程

储气库注采模拟应与实际运行相匹配,以水侵气藏型储气库为例,储气库改建前经多年衰竭开采存在一定规模的边底水,占据部分孔隙,受储层非均质性等影响储层气水关系复杂,导致可动含气孔隙体积减小,储气库气驱效率降低。实验方案设计中充分考虑储气库实际情况,如储层中含边底水、运行中储层压力波动、注采时间短、属强注强采、运行周期长、多循环注采等。注采模拟实验先后完成饱和、成藏、开发、建库、采气及循环注采6个步骤。

值得注意的是,周期注采仿真模拟实验过程中区带划分、注采流速控制、数据采集等关键步骤的设定直接决定了实验的精确与可靠性。储气库各区带的注采特征各不相同,应根据各区带特点分别设计成藏、衰竭开发、建库及注采模拟实验流程,下面以水侵气藏型储气库为例做具体说明(表4-2-1)。

在周期注采仿真模拟实验中需记录时间、气液流量、压力,并利用核磁共振分析仪进行岩心可动流体在线分析,获得不同注采周期下岩心T_2谱、一维谱曲线,监测多周期注采模拟过程中储气库孔隙空间不同尺度孔隙和不同截面位置流体的动用特征,直观、实时在线展现水侵气藏型储气库不同区带、不同阶段的动用特征。由于实验采用定流速驱替方式,且气体具有强压缩性,进入岩心的气体流速和压力都处于非稳定状态,因此以含气孔隙空间的方式量化分析储气库空间动用效率[24]。

为真实反映原型实验的注采运行动态特征,周期注采仿真模拟实验参数的设计应满足相似条件准则。基本的相似条件包括几何相似、运行相似和动力相似。

表4-2-1 水侵气藏型储气库注采物理模拟实验流程统计表

区带	实验流程
建库前纯气带	特点:气藏建库时无边底水侵入。 实验流程:(1)饱和地层水;(2)低速气驱成藏;(3)低速采气开发;(4)高速注气建库;(5)高速采气且无水侵;(6)循环注采且无水体运移
气驱水纯气带	特点:气藏开发时边底水侵入,建库时边底水被排驱并不再侵入。 实验流程:(1)饱和地层水;(2)低速气驱成藏;(3)低速采气开发水侵;(4)高速注气建库排驱;(5)高速采气且无水侵;(6)高速循环注采且无水体运移
气水过渡带	特点:储气库在上下限地层压力之间运行时气水往复驱替。 实验流程:(1)饱和地层水;(2)低速气驱成藏;(3)低速采气开发水侵;(4)高速注气建库排驱;(5)高速采气且伴随水侵;(6)高速循环注采且伴随水体往复运移
水淹带	水淹带在气藏开发阶段边底水侵入,在注采运行阶段被水体占据,对工作气贡献较低,可忽略不计,因此不做相应模拟

（1）几何相似。基于几何学中相似形的概念,对应于原型和模型的量为特征长度,且特征长度之比相等。原则上圆(柱)形的模型只能模拟圆(柱)形的原型,方形模型只能模拟方形原型,以此类推。

（2）运行相似。运行相似指两个系统间运行变量的相似关系。在渗流力学中,运行相似指流线和等势线组成的流网相似。在非稳态流动中迹线应相似,在非等温渗流中等温线分布也应相似。流动区域的边界会形成流线或等势线,因而运行相似的流动也必定几何相似。运行相似意味着两个系统中所有对应点流速比值相同。

（3）动力相似。动力相似要求两个系统在四维空间对应点上各种力学量和热学量之间符合相似关系。在渗流力学中,动力相似指如压力、重力、黏性力、惯性力、弹性力、毛细管力、表面张力及与之有关的密度、黏度、压缩系数、孔隙度、温度等都有相似的比例关系。

3. 实验结果及分析

以国内典型水侵气藏型储气库为例,开展周期注采仿真物理模拟实验。基于核磁共振在线分析技术研究储气库周期注采运行规律。核磁共振一维谱曲线与纵坐标轴围成的面积代表全部充填水的孔隙空间,不同注采周期下的面积变化可反映岩心模型垂向各截面位置孔隙空间水体的动用状况;T_2谱曲线与横标轴所围成的面积代表全部充填水的孔隙空间,不同注采周期下面积变化可反映岩心模型不同尺度孔隙空间水体的动用状况。以气驱纯气带为例,绘制核磁共振特征谱与注采周期关系曲线图(图4-2-8)。

如图4-2-8(a)所示,随注采周期增加,不同部位含水呈下降趋势。多周期注采过程中模型核磁共振一维谱特征曲线仍呈梯形形态,但代表纵向不同部位空间的核磁共振一维曲线逐步向左侧移动,代表高渗透区的顶部孔隙空间下降幅度较为明显,说明在多周期注采气过程中气体膨胀携液作用下,顶部高渗透孔隙中水首先被携带出,下部低渗透区孔隙中的水被携带出的难度较大,含水下降幅度较小。因此,储气库含气饱和度随注采轮次增加而升高,其中高渗透率区孔喉较为发育、连通性好,可动水更容易被排驱出孔隙空间,含气饱和度增幅较大,而低渗透区刚好相反,建库运行中顶部高渗透区孔隙空间是储气库含气空间增加的主要区域。

如图4-2-8(b)所示,随注采周期增加,不同尺度孔隙空间含水呈下降趋势。虽然多周

期注采过程中模型 T_2 谱特征曲线仍呈双峰形态，但代表不同尺度孔隙空间的 T_2 曲线逐步向下移动，代表大尺度孔隙空间的右峰下降幅度较为明显，说明在多周期注采气过程中气体膨胀携液作用下，大尺度孔隙中毛细管力较低，水首先被携带出，小尺度孔隙中毛细管力相对较高，其中的水被携带出的难度较大，因此左峰下降幅度较小。因此，在储气库注采过程中不同尺度孔隙空间含气饱和度逐步增加，其中大尺度孔隙空间是含气空间增加的主要区域。

(a) 周期注采核磁共振一维谱

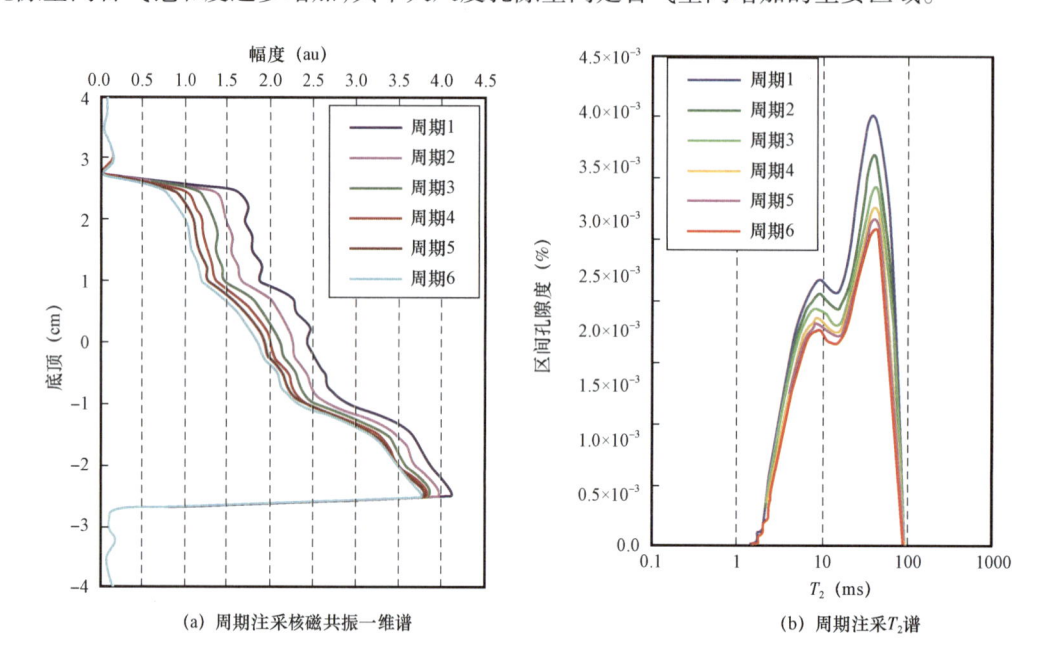

(b) 周期注采 T_2 谱

图 4-2-8　气驱纯气带核磁共振特征谱与注采周期关系曲线图

根据可动含气饱和度、含气空间利用率与注采周期的相应关系，绘制相关性曲线（图 4-2-9）。气驱水纯气带高速注采中的气体干燥作用使残余水饱和度降低，从而使气相渗透率有一定程度的提高，气水过渡带气水往复运移的相渗滞后导致气相渗透率有所降低[25]。鉴于以上实验及分析结果，实际生产运行中应在精细地质研究、开采动态分析及数值模拟研究基础上，合理确定流体分布不同区带及孔隙体积。根据建库注采机理及预测的各区带建库空间动用率，综合考虑注气速度和水侵对纯气带和气水过渡带建库空间动用的影响，科学确定建库有效空间，从而科学评价库容技术指标，为后续气库运行方案优化调整奠定基础。

(三) 周期吞吐地层流体相平衡模拟实验技术

国内凝析气藏、气顶油环等复杂流体气藏建库比例不断升高，建库及运行过程中相平衡机理较为复杂，如储气库注气后，在地层温压条件下会与地层原位流体发生组分传质作用并达到混相，地层流体相态及物性特征也随之改变。在随后的多周期吞吐过程中连续发生多次接触混相，给储气库注采运行带来一系列问题。因此，有必要建立周期吞吐地层流体相平衡模拟实验技术，揭示建库及注采参数与地层流体物性、相态特征之间的关系。

1. 实验设备流程

针对储气库地层流体周期吞吐相平衡过程及特点，从仿真模拟角度出发，模拟储气库注

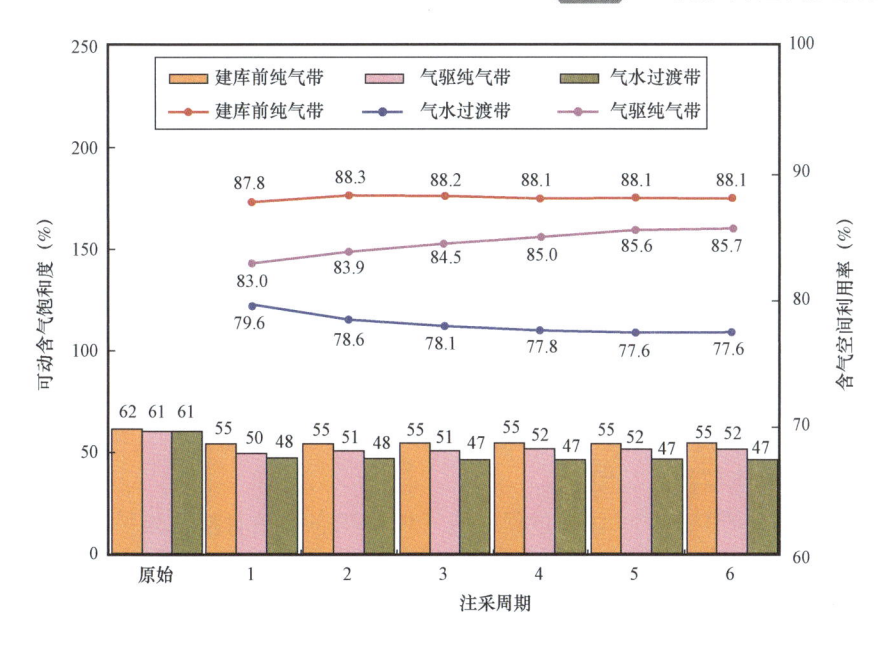

图 4-2-9　周期注采模拟区带孔隙空间动用特征曲线

气、衰竭采气、多周期吞吐过程中地层流体的相平衡过程,研究多相流体物质交换、相态变化等对库容指标的影响,研发储气库周期吞吐相平衡实验系统。该实验设备主要由可视 PVT 釜、色谱仪、气量计、凝析瓶、转样泵、气瓶、增压泵等组成。其中可视 PVT 釜采用高强度全可观察窗,能在储气库高温高压多周期快速吞吐的地层条件下,研究地层流体的混相及油气分离相态特征;转样泵、气样瓶、增压泵共同实现地层温压条件下气液样品的配置,向反应釜进样;色谱仪、气量计、凝析瓶共同完成气液产量及其组分测定;设备控制器用于实验过程中实时图像、温度、压力、组分等关键参数的采集分析。整个系统最高工作压力可达 100MPa,最高工作温度为 200℃。储气库周期吞吐相平衡实验设备流程如图 4-2-10 所示。

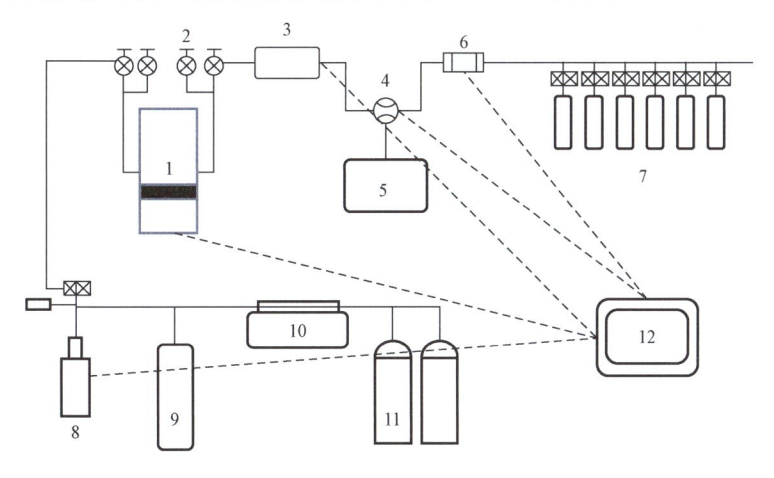

图 4-2-10　储气库周期吞吐相平衡实验系统流程图
1—可视 PVT 釜;2—手动阀门;3—CVD 阀;4—进样阀;5—色谱仪;6—气量计;7—凝析瓶;8—转样泵;
9—气瓶;10—增压泵;11—气样瓶;12—设备控制器

2. 实验流程

周期吞吐地层流体相平衡模拟实验应尽可能反映储气库实际生产运行特征,从而真实呈现地下多相流体相平衡特征。以带油环的气藏型储气库为例,改建前地层存在气液两相流体,考虑储气库实际状况,设计物理模拟实验在地层温度、压力条件下进行。注气阶段用定容注气实验模拟外来干气与原位流体混相过程,随压力升高部分液相向气相转化;采气阶段用定容衰竭采气实验模拟衰竭采气过程,直至达到露点压力气液两相发生差异分离,凝析液产生;周期吞吐阶段模拟循环注采过程,气液两相相态转换交互出现。在该实验过程中,需对反应釜内温度、压力、流体相态及气液体积关系进行实时监测,采集不同阶段采出流体的体积分数、组分图谱、高压物性特征等,分析不同工作制度下地层多相流体物质交换规律及其对储气库库容参数指标的影响。其中,油气体系相态监测和高压物性参数测定尤为重要。

(1)油气体系相态监测。

室内实验观测是研究储气库注采过程中油气体系相态的最直接有效手段。露点、泡点的确定是油气体系相态最关键的参数,需要在带观察窗、视频监测的反应釜中进行观测,露点压力、泡点压力需在实验过程中根据可视化观测、红外监测、PVT 动态关系曲线等手段对极其微量的凝析液滴和气泡进行综合分析来判定,可视化观测图如图 4-2-11 所示。

(a)油气体系分离脱气过程　　　　　(b)油气体系反凝析过程

图 4-2-11　储气库地层流体相态可视化观测图

(2)高压物性参数测定。

储气库油、气、水等多相流体的高压物性参数很多,主要有流体组分、饱和压力、溶解油气比、体积系数、压缩系数、黏度、密度等。分析的关键是在模拟实验过程中,利用气量计、黏度计等在线采集高压物性参数,尽量减小操作误差,以真实反映储气库不同运行阶段地层多相流体物性变化规律。

实验在反应釜中进行,忽略了岩石中多孔介质对相平衡过程的影响,鉴于此,采用孔隙模型开展相平衡模拟实验。可以模拟地层流体实际驱替过程,模型内部结构符合储气库岩石多孔介质的特点。但目前该类实验模型标准化程度低,孔隙结构分布、尺度大小及驱替速度对流体性质均有一定影响,同时油气多次接触耗时长、成本高,有待进一步完善。

3. 实验结果及分析

在储气库高压、高温条件下,天然气、石油和地层水的物理性质与其在地面的性质差别很大,同时储气库多周期往复注采中压力大幅波动,地层流体组分、相态及物性变化快,如何直接反映多相流体动态传质的基本特征是研究复杂流体建库及提高注采效率的重要依据[26-30]。

通常采用相图的形式展现多组分系统不同温压条件下的相态特征。一方面混合物的临界压力高于各组分的临界压力,混合物的临界温度居于各组分的临界温度之间;组分性质差别越大,临界点轨迹所包围的面积越大,随混合物中轻组分比例增加,临界点向左迁移。另一方面,所有混相物的两相区都位于两组分的蒸汽压线之间,组分的分配比例越接近,两相区的面积就越大,两组分中只要有一个组分占绝对优势,两相区的面积就变得很窄;混合物中哪一组分含量占优势,露点线或泡点线就靠近该组分的蒸汽压线,同时两相组分性质差别越大,两相区越大。注气阶段不断向地下注入干气,随压力升高与原位流体混相;采气阶段压力降低,部分原位流体进入气相被采出,地层流体体系中外来干气比例越来越大,地层流体体系的相图随之发生改变,临界点向左迁移(图4-2-12);同时流体组分、黏度等物理化学性质也发生变化,这与储气库库容参数指标密切相关。

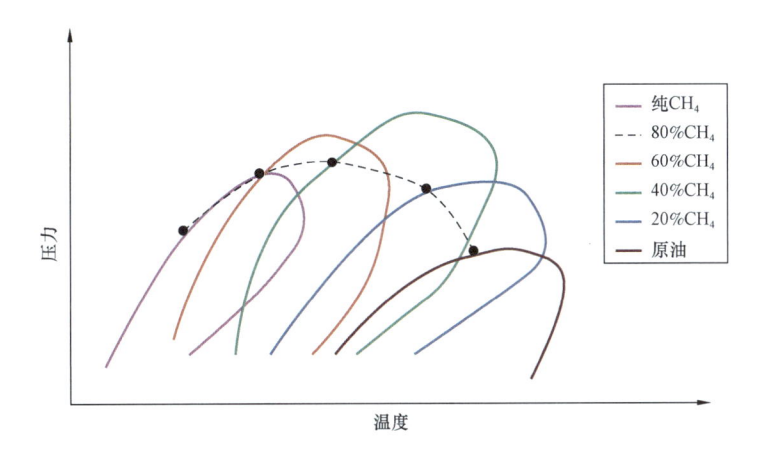

图4-2-12 不同气体注入量下地层混合流体压力—温度相态示意图

储气库实际注采过程中,地层流体相态及高压物性参数用途很广,如在数值模拟及有关气藏工程的计算中,这些参数都是必不可少的基础资料,这对正确认识储气库运行条件下的地层流体相平衡机理、科学评价库容参数及优化注采方案起重要作用。储气库改建前无论是带油环气藏还是带边底水气藏,都遵循物质平衡原则,因此储气库库容指标预测主要采用物质平衡法,其关键参数来自相平衡实验,并可与渗流计算法或容积法进行对比分析。如在储气库设计初期可采用容积法计算库容,用渗流计算部署建库方案,运行过程中用物质平衡法进行动态预测,具体方法参见本书第三章。具体应用中应注意以下几个方面:

(1)不同运行阶段地层压力的确定,尤其是非均质性较强的储层中困难较多。

(2)储气库储层倾角不同引起的压力误差对高压物性参数选择有影响,可能在储量计算时带来误差。

(3)储气库储层不能迅速达到相平衡,经常有滞后现象。

(4)储气库储层流体的脱气过程与室内不完全一致,例如一次或多次脱气的体积系数不同;因计量基础不同,对储量动态计算带来误差。

(5)建库矿场原始统计数据中采油量比较准确,但产气量和产水量常不受重视,计量精度低会带来误差,有时误差可达 10%。

(6)原始气顶容积与油带容积的比值按地质测井资料求出,但油水界面常不明显,存在过渡带,气顶和油带的划分会带来误差。

(7)储气库内部构造、物性和流体性质引起油气水的互相移流,如液体侵入气藏内部也会引起计算误差。

同时,为保证储气库动态分析预测的准确性,以及评价结果能真实反映储气库实际运行的状态,物质平衡方程应用的前提条件为储气库已长期运行、统计资料完备。

参考文献

[1] 丁云宏,张倩,郑得文,等. 微裂缝—孔隙型碳酸盐岩气藏改建地下储气库的渗流规律[J]. 天然气工业,2015,35(1):109-114.

[2] 王皆明,郭平,姜凤光. 含水层储气库气驱多相渗流机理物理模拟研究[J]. 天然气地球科学,2006,17(4):597-600.

[3] 石磊. 水驱气藏型储气库建设渗流机理及应用研究[D]. 北京:中国科学院渗流流体力学研究所,2012.

[4] 石磊,廖广志,熊伟,等. 水驱枯竭气藏型储气库气水二相渗流机理[J]. 天然气工业,2012,32(9):85-87.

[5] 郭平,杜玉洪,杜建芬. 高含水油藏及含水构造改建储气库渗流机理研究[M]. 北京:石油工业出版社,2012.

[6] 王皆明,张昱文. 裂缝性潜山油藏改建储气库机理与评价方法[M]. 北京:石油工业出版社,2013.

[7] Tek M R, Fegley E, Mantia R W. Prediction of hysteresis performance of storage reservoirs[J]. SPE 39992,1998.

[8] 何顺利,门成全,周永胜. 大张坨储气库储层注采渗流特征研究[J]. 天然气工业,2006,26(5):90-92.

[9] 班凡生,高树生,王皆明. 枯竭油藏改建储气库注采运行机理研究[J]. 天然气地球科学,2009,20(6):1005-1008.

[10] 朱华银,于兴河,万玉金. 克拉 2 气田异常高压气藏衰竭开采物理模拟实验研究[J]. 天然气工业,2003,23(4):62-64.

[11] 王家禄. 油藏物理模拟[M]. 北京:石油工业出版社,2010.

[12] Youssef T. H. Experimental study of formation behavior in underground storage[J]. SPE 7164,1978.

[13] Billiotte J., Moegen H. D., OrenP. Experimental micro-modeling and numerical simulation of gas/water injection/withdrawal cycles as applied to underground gas storage[J]. SPE Advanced Technology Series, 1(1), 1993.

[14] 张建国,刘锦华,何磊,等. 水驱砂岩气藏型地下储气库长岩心注采实验研究[J]. 石油钻采工艺,2013,35(6):69-72.

[15] 杜玉洪,李苗,杜建芬,等. 油藏改建储气库注采速度敏感性实验研究[J]. 西南石油大学学报,2007,29(2):27-30.

[16] GRIGG R B, HWANG M K. High velocity gas flow effects in porous gas-water system[C]. Gas Technology Symposium, 15-18 March 1998, Calgary, Alberta, Canada. DOI: http://dx.doi.org/0.2118/39978-MS.

[17] HABERL J,MORI G,OBERNDORFER M,et al. Influence of impact angles on penetration rates of CRAs exposed to a high velocity multiphase flow[C]. NACE International, 16-20 March 2008, New Orleans, Louisiana.

[18] Seo J G, Mamora D D. Experimental and simulation studies of sequestration of supercritical carbon dioxide in

depleted gas reservoirs[J]. SPE 81200,2003.

[19] 生如岩,李相方. 开采速率和水体规模对水驱砂岩气藏动态的影响[J]. 石油勘探与开发,2005,32(2):94-97.

[20] 程开河,江同文,王新裕,等. 和田河气田奥陶系底水气藏水侵机理研究[J]. 天然气工业,2007,27(3):108-110.

[21] 陈元千. 定容地下储气库方案指标的计算方法[J]. 复杂油气田,2006,15(3):14-20.

[22] BEN T, PEI C Y, ZHANG D L, et al. Gas storage in porous aromatic frameworks (PAFs)[J]. Energy and Environmental Science,2011,4(10):3991-3999.

[23] 熊伟,石磊,廖广志,等. 水驱气藏型储气库运行动态产能评价[J]. 石油钻采工艺,2012,34(3):57-60.

[24] 王为民,郭和坤,叶朝辉. 利用核磁共振可动流体评价低渗透油田开发潜力[J]. 石油学报,2001,22(6):40-44.

[25] D. 佳布,E. C. 唐纳森. 油层物理[M]. 沈平平,秦积舜,等译. 北京:石油工业出版社,2007.

[26] Kuncir M, Chang J C, Mansdorfer J, et al. Analysis and optimal design of gas storage reservoirs[J]. SPE 84822,2003.

[27] Azin R, Bushehr, Nasiri A, et al. Investigation of underground gas storage in a partially depleted gas reservoir[J]. SPE 113588,2008.

[28] Soroush M, Alizadeh N. Underground gas storage in a partially depleted gas reservoir[J]. Journal of Canadian Petroleum Technology,2008,47(2).

[29] Li J Z. Research on utilization shallow structure to construct underground natural gas storage[J]. SPE 50935,1998.

[30] Aminian K, Brannon A, Ameri S. Evaluation of a depleted gas-condensate reservoir for gas storage[J]. SPE 91483,2004.

第五章 储气库库容参数设计方法

库容参数是储气库区别于气藏独有的特征指标,是表征储气库调峰规模的关键参数,并为钻完井和地面工程设计提供重要基础资料,直接影响气藏改建储气库的技术经济性,是建库地质方案设计的核心和重要基础。库容参数一般包括库容量、工作气量、垫气量、补充垫气量、运行压力区间等。本节从储气库运行与气藏开发差异出发,分析影响储气库空间动用的主控因素,科学量化建库有效孔隙体积,夯实储气库的物质基础,再建立库容参数预测模型,提出库容参数设计方法与思路,提升建库工程的技术经济性[1-3]。

第一节 孔隙空间动用主控因素

储气库运行在注采强度、生产时率等方面与气藏开发存在较大的差异,使得地层渗流和空间动用效率不同。一般情况下,改建储气库的气藏具有低速衰竭式开发,无限大供流,气井泄流半径大,井控储量多等特征。然而储气库是高速往复注采,有限供流,单井控制半径小,井控储量较气藏少,因此单井对砂体控制程度远低于气藏开发。通过十余年长期跟踪已建储气库运行动态,分析新建储气库运行效果,认为储层物性及非均质性、地层水侵入、应力敏感性、注气后地层流体性质改变是影响储气库空间动用的主控因素。

一、储层物性及非均质性

储气库调峰采气周期短、压降大,年化采气速度和压降速度高达 100% ~ 150%,是气藏开发的 50 倍,甚至更高。由于国内气藏建库目标总体上物性差和非均质性强,在短期高速大压差采气过程中,单井平面泄气半径小,纵向动用程度低,注采周期内大量含气孔隙空间来不及动用即开始转采或转注。因此,储层物性越差,平面及纵向上非均质性越强,建库孔隙空间动用程度越低,是储气库空间动用的根本影响因素。

二、地层水侵入

国内气藏型储气库具有强亲水和弱—中等水驱特征,采气过程毛细管力为动力,加速气水界面向上运移,注气过程毛细管力为阻力,侵入水难以回退到原始气水界面以下,部分原始含气孔隙被净水侵量、束缚水和残余气占据,有效建库孔隙体积减小,是储气库空间动用的主要影响因素。

三、应力敏感性

储层岩石受外应力和内应力共同作用,当内外应力发生变化时,孔隙度和渗透率随之改变。岩石的这种性质称为应力敏感性。目前国内气藏型储气库主要由枯竭低压储层、异常高压储层和裂缝—孔隙储层改建,具有较强的应力敏感性。一是有效应力超过临界应力后产生塑性形变,二是多周期交变应力导致储层应变疲劳,增加塑性形变量,尤其是裂缝性储层,应力敏感使得裂缝开启度减小,大大减小建库有效孔隙体积。

四、注气后流体性质改变

以凝析气藏为例,当储气库经过多周期注采后,相包络曲线向左移动,离开凝析油反蒸发区,在凝析气藏开发过程中反凝析损失的凝析油仍滞留在孔隙中,减小了气藏建库有效孔隙体积。

第二节 建库有效孔隙体积评价

国内气藏绝大多数为陆相碎屑岩沉积,非均质性强,气藏开发中后期边底水侵入,地层油气水关系复杂,加之储气库往复注采的呼吸效应引起气液界面振荡,地层流体重新分布与平衡,直至最后稳定。根据周期运行机理和实际动态,稳定运行状态后储气库纵向流体分区明显,一般存在纯气带、气驱水纯气带、气水过渡带、水淹带,为了科学量化建库有效孔隙体积,建立了区带简化剖面模型,并建立各区带不可动孔隙体积量化评价方法,定量评价气藏建库有效孔隙体积[4]。

一、储气库简化剖面模型

以水驱凝析气藏为典型代表,建库前边底水侵入气藏内部,纵向上地层流体分布一般形成4带4界面,其中4带包括纯气带、气驱水纯气带、气水过渡带和水淹带等,4界面包括建库前流体界面、气库下限压力时流体界面、气库上限压力时流体界面和气藏原始流体界面(表5-2-1、图5-2-1)。

表5-2-1 储气库纵向剖面简化分带表

区带	流体运移及分布特点
纯气带	气藏建库时无边底水或原油侵入的区带,位于气液界面GLC1之上
气驱水纯气带	气库在上下限压力区间运行时水或原油不再侵入的区带,位于下限压力时流体界面GLC2和GLC1之间
气水过渡带	上下限地层压力区间运行时,气液往复运移的区带,位于上限压力时流体界面GLC3和GLC2之间
水淹带	气藏开发和气库运行过程中一直被地层水占据的区带,位于原始气(油)水界面GLC4和GLC3之间

气藏建库前边底水没有侵入的区带,为纯气带,建库气驱效率高,是建库次生气顶形成的主要部分。气藏开发过程中边底水逐步侵入,但在多周期注采运行过程中,当地层压力降至下限压力时边底水不再侵入的区域为气驱水纯气带,建库气驱效率比纯气带稍差,也是建库重要的组成部分。当气库在上下限地层压力之间运行时气水往复驱替的区带为气水过渡带,建库气驱效率明显降低,但可作为气驱排液扩容潜力目标区。气藏开发边底水侵入,同时在气库运行过程中一直被地层水占据的区带为水淹带,大幅度降低建库有效孔隙空间,对形成储气库工作气基本没有贡献。

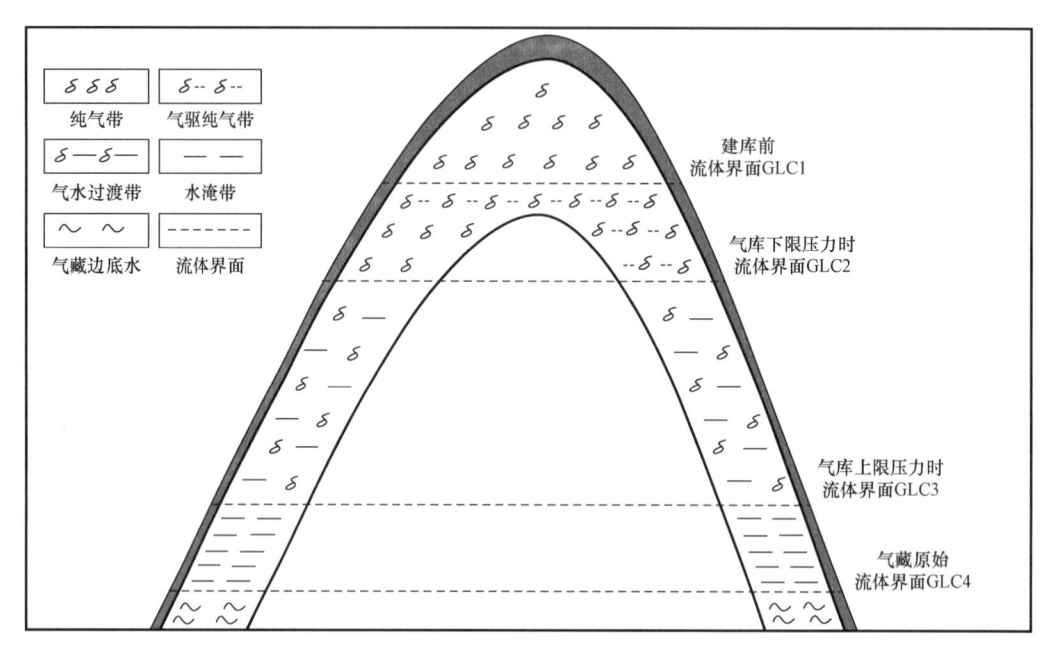

图 5-2-1 储气库简化剖面模型示意图

二、不可动孔隙体积评价方法

气藏建库不可动含气孔隙体积是建库有效孔隙体积量化评价的重要物质基础,从地质、动态和建库机理出发,建立不可动孔隙体积预测数学模型。

(一)建库不可动孔隙体积

气藏改建储气库不可动孔隙体积为各区带不可动孔隙体积之和:

$$V_{\mathrm{gmr}} = \Delta V_1 + \Delta V_2 + \Delta V_3 + \Delta V_4 + \Delta V_5 \qquad (5-2-1)$$

式中 V_{gmr}——建库不可动孔隙体积,$10^4 \mathrm{m}^3$;

ΔV_1——水淹带不可动含气孔隙体积,$10^4 \mathrm{m}^3$;

ΔV_2——气水过渡带不可动含气孔隙体积,$10^4 \mathrm{m}^3$;

ΔV_3——气驱水纯气带不可动含气孔隙体积,$10^4 \mathrm{m}^3$;

ΔV_4——储层应力敏感减小的孔隙体积,$10^4 \mathrm{m}^3$;

ΔV_5——凝析油反凝析减小的孔隙体积,$10^4 \mathrm{m}^3$。

(二)气驱水纯气带不可动含气孔隙体积

建库前边底水侵入储层,原始含气孔隙空间由天然气、地层水和残余气占据,在多周期注采运行过程中,边底水不再侵入该部分空间,同时随着注采周期增加,赋存的地层水被驱替而腾出储气空间,该部分储层为气驱水纯气带。相应的不可动含气孔隙体积由残余气饱和度和束缚水饱和度变化引起。综合考虑流体分布及非均质性影响,通过分区网格化得到不同的建库区带,有针对性地开展不同区带岩样多轮次气水相渗曲线测定,并利用气藏工程方法和数值模拟方法预测侵入水分布及不同区带的相对体积量,在此基础上建立气驱水纯气带不可动含气孔隙体积预测数学模型。

室内物理模拟实验结果显示(图 5-2-2、图 5-2-3,其中 K_r 为相对渗透率,S_w 为含水饱和度,K_{rg} 为气相相对渗透率,K_{rw} 为水相相对渗透率,$S_{gr(lmt)}$、$S_{wc(lmt)}$ 分别为多周期运行后稳定残余气饱和度和束缚水饱和度,$S_{wc(1)}$ 为建库前储层束缚水饱和度,$S_{gr(1)}$ 为建库前储层残余气饱和度),随着多轮次气驱水实验次数增加,束缚水饱和度降低,残余气饱和度增加。为了准确描述储气库多周期运行稳定后气驱水纯气带的不可动含气孔隙体积,利用多轮次气水相相对渗透率曲线测得束缚水饱和度和残余气饱和度进行拟合预测,得到气库稳定运行时束缚水饱和度和残余气饱和度极限值。

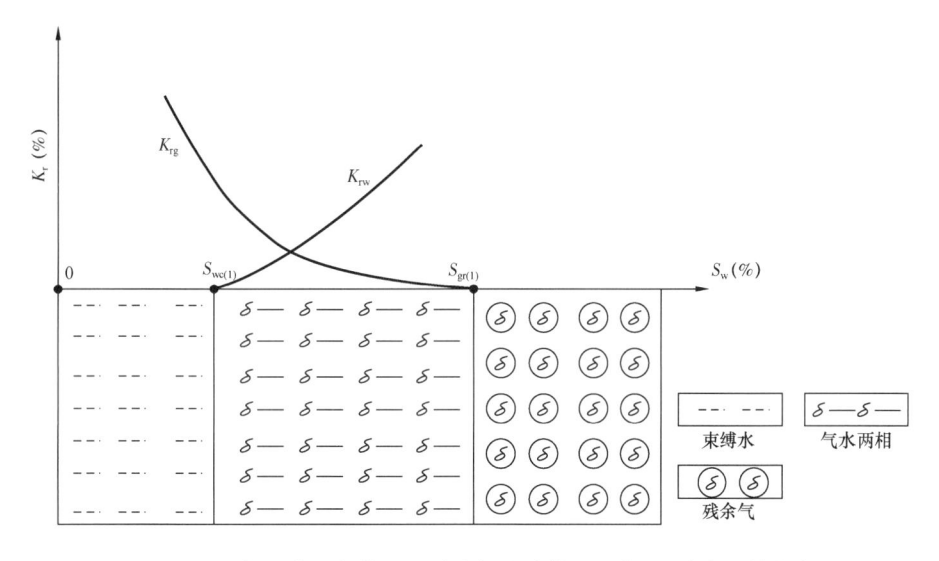

图 5-2-2 气驱水纯气带不可动含气孔隙体积示意图(建库初始状态)

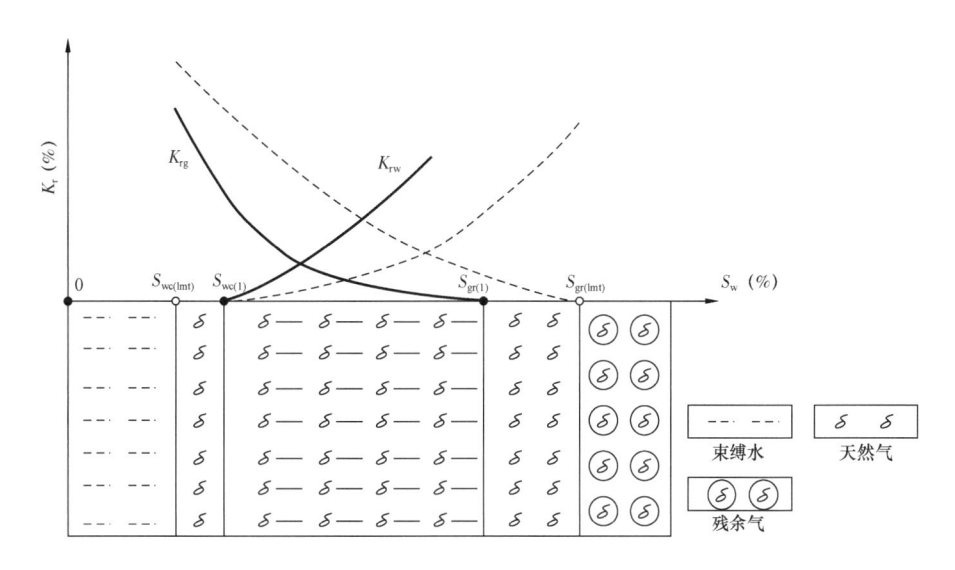

图 5-2-3 气驱水纯气带不可动含气孔隙体积示意图(稳定运行状态)

气驱水纯气带不可动用孔隙体积 = 气驱水纯气带不同区带净水侵量 ×（稳定运行后的残余气饱和度 – 束缚水饱和度减小量）/（1 – 原始束缚水饱和度 – 建库前残余气饱和度），计算公式为：

$$\Delta V_3 = \sum_{j=1}^{N_{gas}} \left\{ \varepsilon_j \left[\frac{S_{gr(lmt)} - (S_{wc(1)} - S_{wc(lmt)})}{1 - S_{wc(1)} - S_{gr(1)}} \right]_j \times \left[(W_{weu0} - W_{wpu0} B_{wu0}) - (W_{wemin} - W_{wpmin} B_{wmin}) \right]_j \right\}$$

(5 – 2 – 2)

式中　N_{gas}——气驱水纯气带不同渗透率级别储层的分区总数；
　　　ε_j——气驱水纯气带不同渗透率级别储层占总储层的百分比；
　　　$S_{gr(lmt)}$——多周期运行后稳定残余气饱和度；
　　　$S_{wc(1)}$——建库前储层束缚水饱和度；
　　　$S_{wc(lmt)}$——多周期运行后稳定束缚水饱和度；
　　　$S_{gr(1)}$——建库前储层残余气饱和度；
　　　W_{weu0}——建库前气藏开发的水侵量，$10^4 m^3$；
　　　W_{wpu0}——建库前气藏开发的累计产水量，$10^4 m^3$；
　　　B_{wu0}——建库时地层水体积系数，m^3/m^3；
　　　W_{wemin}——下限压力时气藏开发的水侵量，$10^4 m^3$；
　　　W_{wpmin}——下限压力时气藏开发的产水量，$10^4 m^3$；
　　　B_{wmin}——下限压力时地层水体积系数，m^3/m^3。

（三）气水过渡带不可动含气孔隙体积

建库前边底水逐步侵入储层，原始含气孔隙空间由地层水和残余气占据，在多周期注采运行过程中一直保持气水互驱状态，新增束缚水饱和度和残余气饱和度趋于稳定，最终残余气饱和度、含水饱和度和含气饱和度基本保持不变，并形成一定规模工作气量，该部分储层为气水过渡带。相应的不可动含气孔隙体积由新增束缚水饱和度和残余气饱和度引起。综合考虑流体分布及非均质性影响，通过分区网格化得到不同的建库区带，有针对性地开展不同区带岩样多轮次气水互驱相渗曲线测定，并利用气藏工程方法和数值模拟方法预测侵入水分布及不同区带量，在此基础上建立过渡带不可动含气孔隙体积预测数学模型。

室内物理模拟实验结果显示（图 5 – 2 – 4、图 5 – 2 – 5），随着多轮次气水互驱实验次数增加，束缚水饱和度和残余气饱和度都有增加的趋势，为了准确描述储气库多周期运行稳定后气水过渡带的不可动体积，利用多轮次气水互驱相渗测得束缚水饱和度和残余气饱和度进行拟合预测，得到气库稳定运行时束缚水饱和度和残余气饱和度极限值。

气水过渡带不可动用含气孔隙体积 = 气水过渡不同区带净水侵量 ×（稳定运行后的束缚水饱和度和残余气饱和度 – 原始束缚水饱和度）/（1 – 原始束缚水饱和度 – 建库前残余气饱和度），计算公式为：

$$\Delta V_{gw} = \sum_{j=1}^{N_{gw}} \left\{ \varepsilon_j \left[\frac{S_{wc(lmt)} - S_{wc(1)} + S_{gr(lmt)}}{1 - S_{wc(1)} - S_{gr(1)}} \right]_j \times \left[(W_{wemin} - W_{wpmin} B_{wmin}) - (W_{wemax} - W_{wpmax} B_{wmax}) \right]_j \right\}$$

(5 – 2 – 3)

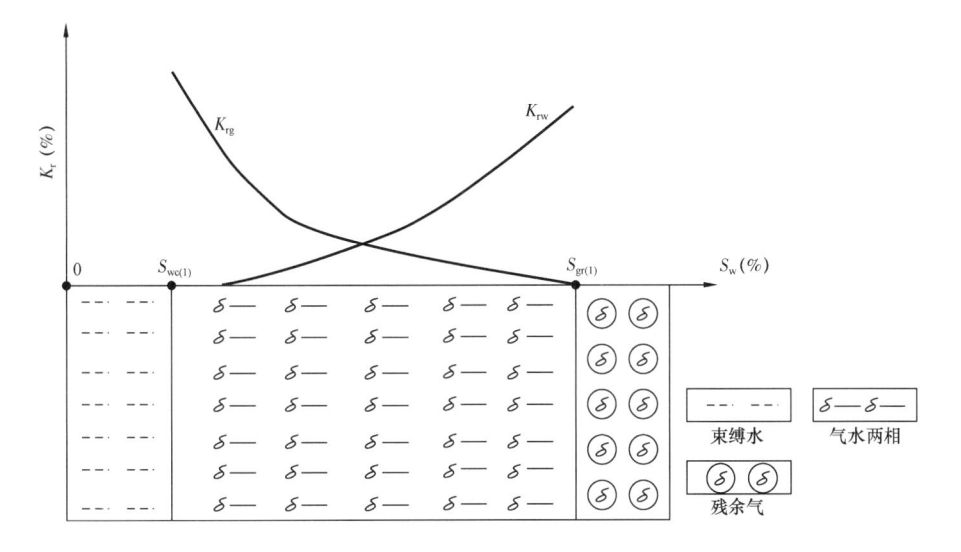

图 5-2-4 气水过渡带不可动含气孔隙体积示意图(建库初始状态)

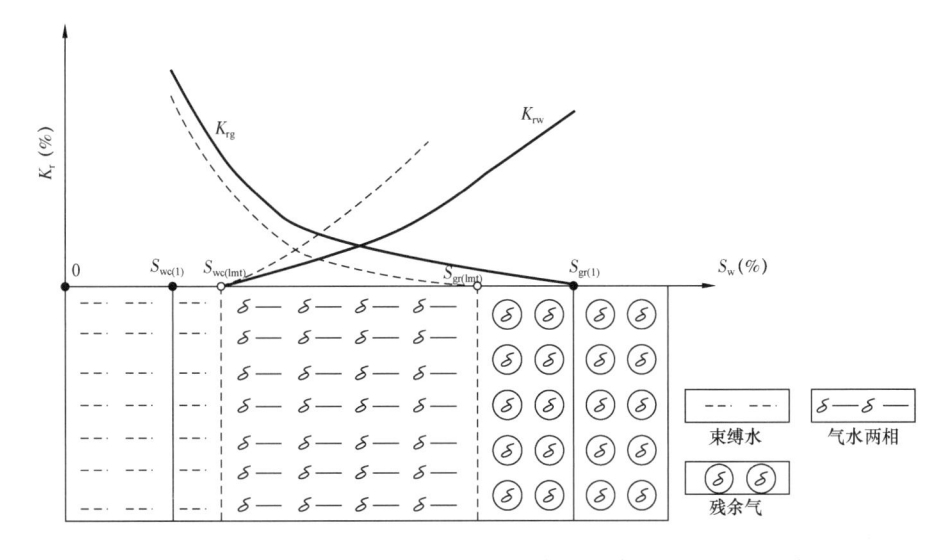

图 5-2-5 气水过渡带不可动含气孔隙体积示意图(稳定运行状态)

式中 N_{gw}——气水过渡带不同渗透率级别储层的分区总数;

ε——气水过渡带不同渗透率级别储层占总储层的百分比;

W_{wemin}——下限压力时气藏开发的水侵量,$10^4 m^3$;

W_{wpmin}——下限压力时气藏开发的产水量,$10^4 m^3$;

B_{wmin}——下限压力时地层水体积系数,m^3/m^3;

W_{wemax}——上限压力时气藏开发的水侵量,$10^4 m^3$;

W_{wpmax}——上限压力时气藏开发的产水量,$10^4 m^3$;

B_{wmax}——上限压力时地层水体积系数,m^3/m^3。

(四)水淹带不可动含气孔隙体积

建库前边底水完全侵入储层,原始含气孔隙空间由地层水和残余气占据,在多周期注采运行过程中一直保持水淹状态,残余含气饱和度和含水饱和度基本不发生变化,该部分储层即为水淹带,相应的不可动孔隙体积主要是由气藏开发过程中净水侵量及残余气造成(图5-2-6)。综合考虑流体分布及非均质性影响,通过分区网格化得到不同的建库区带,有针对性地开展不同区带岩样气水相相对渗透率曲线测定,并利用气藏工程方法和数值模拟方法预测侵入水分布及不同区带相对体积量,在此基础上建立水淹带不可动含气孔隙体积预测数学模型。

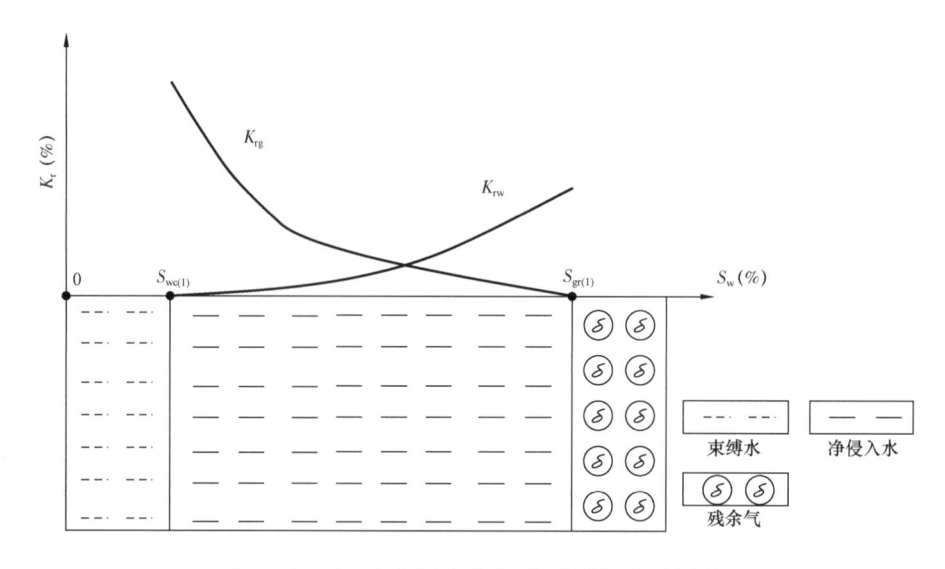

图5-2-6 水淹带不可动含气孔隙体积示意图

水淹带不可动含气孔隙体积=水淹区不同区带净水侵量×(1-原始束缚水饱和度)/(1-原始束缚水饱和度-建库前残余气饱和度),计算公式为:

$$\Delta V_1 = \sum_{j=1}^{N_w} \left\{ \varepsilon_j \left[\frac{1 - S_{wc(1)}}{1 - S_{wc(1)} - S_{gr(1)}} \right]_j (W_{wemax} - W_{wpmax} B_{wmax})_j \right\} \quad (5-2-4)$$

式中 N_w——水淹带不同渗透率级别储层的分区总数。

(五)应力敏感塑性形变量

在气藏开发及气库多周期注采过程中,含油气层上覆压力由孔隙压力(地层压力)和岩石骨架压力平衡。对于采气过程,地层孔隙压力逐步下降,岩石骨架承受的有效应力增加,岩石骨架压缩变形;对于注气过程,地层孔隙压力逐步升高,岩石骨架承受的有效应力降低,岩石骨架膨胀变形。总之气藏降压开发和气库多周期往复注采运行加深应力敏感储层塑性变形量,减少了建库储气可动空间,因此有必要开展相关室内模拟实验,建立量化评价方法,进而预测气库稳定运行后有效孔隙空间。

当有效应力小于弹性极限应力时,岩石骨架变形在压力加载或卸载后完全恢复,即岩石发生弹性变形;当有效应力继续增加并接近破裂极限应力时,岩石骨架变形在压力加载或卸载后不能完全恢复,即岩石骨架在弹性变形同时产生了塑性变形;一旦有效应力超过破裂极限应力,那么岩石骨架破坏,彻底不能恢复(图5-2-7)。

对于气藏降压开采和建库后气库多周期注采往复运行应力敏感塑性变形程度可用不同应力条件下孔隙度损失率变化曲线描述(图5-2-8),通过建立两者之间的函数关系量化孔隙度损失程度,为应力敏感储层建库新增不可动空间量化奠定基础:

$$\Delta V_4 = \sum_{j=1}^{N_\sigma} \left(10000 G_i B_{gi} \frac{\phi_i - \phi_{\text{lmt}}}{\phi_i}\right)_j \qquad (5-2-5)$$

式中 N_σ——含气区内不同应力敏感性储层分区数量;

G_i——气藏原始地质储量,10^8m^3;

B_{gi}——原始气藏条件下天然气体积系数,m^3/m^3;

ϕ_i——储层原始孔隙度;

ϕ_{lmt}——周期往复注采后储层稳定的孔隙度。

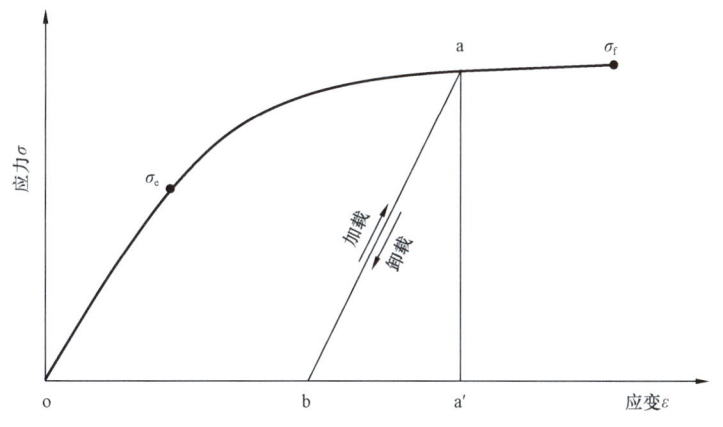

图5-2-7 岩石应力—应变曲线

σ_e—弹性极限应力;σ_f—破裂极限应力;ob—塑性应变量;ba′—弹性应变量

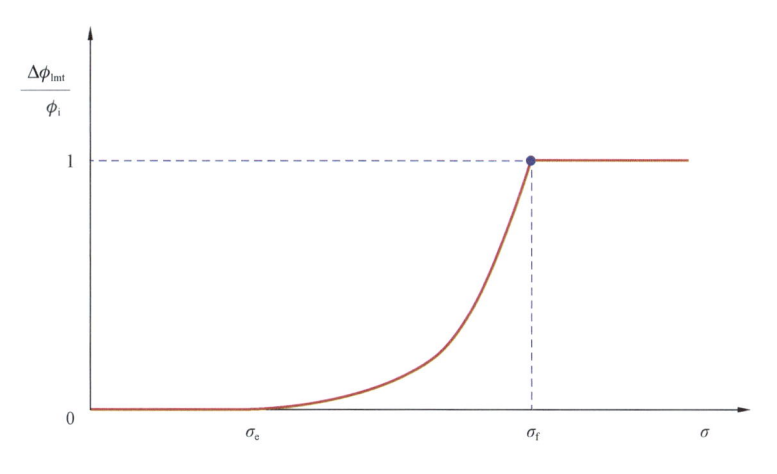

图5-2-8 储层岩石塑性变形孔隙度损失率变化曲线

(六)凝析油反凝析损失量

当储气库经过多周期注采后,相包络曲线向左移动,离开凝析油反蒸发区,在凝析气藏开发过程中反凝析损失的凝析油仍滞留在孔隙中(图5-2-9),减小了建库有效孔隙体积。目前主要应用气藏工程方法对建库前凝析油反凝析引起孔隙空间减小量进行分析和预测:

$$\Delta V_5 = N_c - N_{cp} - 10000 G_{gcr} \delta_c \quad (5-2-6)$$

式中　N_c——凝析油原始地质储量,$10^4 m^3$;
　　　N_{cp}——凝析油累计产量,$10^4 m^3$;
　　　G_{gcr}——剩余凝析气地质储量,$10^8 m^3$;
　　　δ_c——剩余凝析气凝析油含量,m^3/m^3。

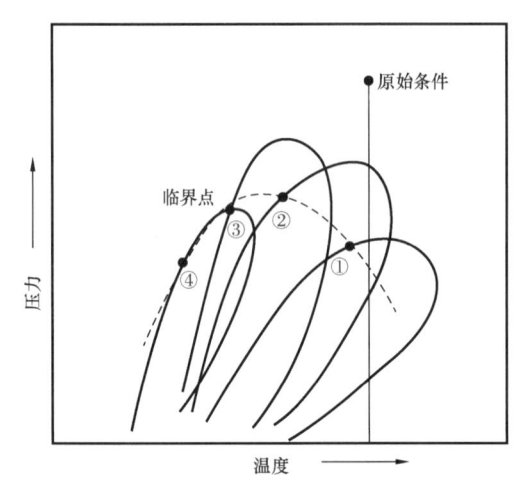

图5-2-9　多周期注采运行后凝析气相态变化示意图

三、有效孔隙体积预测模型

根据以上对气藏型储气库不可动含气孔隙体积综合分析,认为储气库在经过多周期注采运行稳定后,可形成有效库容的可动含气孔隙体积应扣除水淹带、气水过渡带及气驱水纯气带等不可动含气孔隙体积,同时考虑储层应力敏感塑性变形量和凝析油反凝析后占据含气孔隙空间的影响。

建库时有效孔隙体积=气藏原始含气孔隙体积−建库不可动孔隙体积=气藏原始含气孔隙体积−(水淹带+气水过渡带+气驱水纯气带)×不可动含气孔隙体积+储层应力敏感塑性变形量+凝析油反凝析孔隙体积变化量,计算公式为:

$$V_{gm} = V_i - V_{gmr} \quad (5-2-7)$$

式中　V_{gm}——建库时有效孔隙体积,$10^4 m^3$;
　　　V_i——气藏原始含气孔隙体积,$10^4 m^3$。

第三节　运行压力区间设计

运行压力区间包括上限压力和下限压力,上限压力决定库容规模大小,同时影响气库的安全性,下限压力决定垫气量,并影响储气库运行效果,是气藏建库方案优化设计的关键技术参数。

一、上限压力设计方法

上限压力设计遵循不破坏气藏原始密封性,确保储气圈闭完整性的原则。设计时应考虑盖层、断层、溢出点和边界地层密封有效性等因素,综合确定合理的上限压力。目前我国储气库上限压力设计一般不超过气藏原始地层压力,考虑上述因素并经论证具备提压潜力条件,可以适当提高上限压力;对于超高压气藏建库,同时需兼顾地面注气系统的承压能力。

(一)盖层

利用地质综合分析和室内实验方法,对盖层的宏观封闭能力和微观有效性进行评价,储气库运行过程中储层剩余压力不应超过最小盖层突破压力,以确保盖层垂向密封有效性,其临界地层压力:

$$p_{CR1} = p_H + \min(p_{AC}) \qquad (5-3-1)$$

式中 p_{CR1}——盖层垂向密封临界地层压力,MPa;
p_H——气藏静水柱压力,MPa;
p_{AC}——突破压力,MPa。

当储气库运行上限压力超过盖层岩石侧向压力时,盖层破裂导致密封性失效,其临界地层压力:

$$p_{CR2} = 0.00980665 \rho_r H_0 \alpha \delta \qquad (5-3-2)$$

式中 p_{CR2}——盖层侧向密封临界地层压力,MPa;
H_0——埋深,m;
ρ_r——上覆地层岩石密度,g/cm³;
α——岩石内摩擦系数,泥岩盖层一般取0.6~0.8;
δ——储气库安全系数,一般取0.5~0.7。

(二)断层

根据断裂充填物性质、是否存在孔隙流体超压、断层两盘岩性配置、两侧井的含油气性及压力系统等定性分析断层封闭性。利用泥岩涂抹系数、断移地层砂泥比值、断面正压力、断层横向封闭系数、断层面物质涂抹等分析方法定量评价断层封闭性。当储气库运行压力超过断层正压力时,断层面开启,断层密封性失效。断层正压力:

$$p = Z(\rho_r - \rho_w)\cos\alpha + \sigma_1 \sin\alpha \sin\beta \qquad (5-3-3)$$

式中 p——断面所受的正压力,MPa;
Z——断面埋深,m;
ρ_r——上覆地层的平均密度,g/cm³;
ρ_w——地层水密度,g/cm³;
α——断面倾角,(°);
σ_1——区域主压应力,MPa;
β——区域主压应力方向与断层走向之间夹角,(°)。

(三)溢出点

利用地质综合研究方法,确定储气圈闭溢出点构造位置、埋深、幅度等。储气库运行压力

超过圈闭溢出点压力后,天然气逸出。溢出点有效阻挡流体运移的临界地层压力:

$$p_{SP} = p_i + 0.00980665\rho_w \Delta H \tag{5-3-4}$$

式中 p_{SP}——溢出点气体逸散临界压力,MPa;

p_i——气藏原始地层压力,MPa;

ρ_w——水的密度,g/cm³;

ΔH——圈闭闭合幅度,m。

(四)边界地层密封性

对于岩性气藏建库,利用地质综合分析方法和室内实验评价边界地层的致密性。当储层剩余压力超过边界地层的最小突破压力时,密封性失效,其临界地层压力:

$$p_{BL} = p_H + \min(p_{AC}) \tag{5-3-5}$$

式中 p_{BL}——边界地层密封临界压力,MPa。

在考虑盖层、断层、溢出点和边界地层的密封有效性基础上,结合气藏原始地层压力,优选储气库上限压力:

$$p_{max} = \min[p_i, \min(p_{CR1}, p_{CR2}, p_f, p_{FZ}, p_{SP}, p_{BL})] \tag{5-3-6}$$

式中 p_{max}——上限压力,MPa。

二、下限压力设计方法

储气库下限压力的确定,可以保证气库运行具有较高工作气规模,同时采气末期具备最低调峰能力和维持单井最低生产能力;对于有水气藏要控制边水和注入水对储气库运行的影响。故对于气藏型储气库下限压力设计时,综合气藏开发动态、气井试气试井、稳定渗流理论和气水互驱相渗研究成果,评价单井的合理注采气能力;在上限压力确定基础上,设定多个下限压力,编制不同下限压力运行方案并进行技术指标预测,并考虑技术经济、采末产量、临界出砂流量、井口外输压力等限制,优选运行合理下限压力[5]。

(一)基本原则

(1)保证储气库采气末期最低调峰能力和维持单井最低生产能力。

(2)有效降低采气末期边底水对储气库运行效率的影响。

(3)采气末期产量低于临界出砂流量。

(4)采气末期井口压力满足地面系统压力要求。

(5)具有一定工作气规模,确保储气库经济效益。

(二)主要方法

(1)利用试气试井和生产动态资料,建立不同井型气井的产能方程。在此基础上,结合多轮次气液互驱气相相对渗透率变化规律,修正气井产能方程。

(2)利用节点压力综合分析方法,以储层不出砂、井底不积液、管柱不冲蚀、采出气能进站为约束条件,评价不同地层压力下单井最大合理产量。

(3)以有效库存量曲线为基础,针对不同下限压力设计多套对比方案,利用气藏工程或数值模拟方法预测运行技术指标,分析单井及气库注采流量、地层压力、气液界面变化及总体运行效果。

(4)以满足工作气比例、调峰需求、注采井网合理、气液界面平稳,实现储气库技术经济最优化为目标,优选下限压力。

第四节 库容参数设计

一、有效库存量预测数学模型

(一)建库有效孔隙体积

对于弱—中等水侵气藏建库,以原始含气孔隙体积为基准,扣除建库储层不同区带储层物性及非均质性、边底水侵入、储层应力敏感性和混气后地层流体性质改变等因素对建库有效孔隙体积的影响,同时引入束缚水和岩石弹性形变,得到某运行压力 p_u 下建库的有效孔隙体积。储气库由建库前地层压力 p_{u0} 增加到 p_u 时,地层内储存的天然气量等于建库前剩余可动天然气量和累计注气量,即建库前有效库存量 G_{r0} 和天然气注入量 G_{inj} 之和(图5-4-1)。根据地下孔隙体积平衡原理可知,注气地层压力增加 Δp 后,有效库存量在压力 p_u 下的地下体积应等于该压力下有效孔隙体积,建立有效库存量预测数学模型[6]。

p_u 对应的建库有效孔隙体积=(建库前有效库存量+累计注气量)的地下体积,计算式为:

$$V_{gm} + \Delta V_6 = 10^4 (G_{r0} + G_{inj(p_u)}) B_{gm(p_u)} \qquad (5-4-1)$$

式中 V_{gm}——建库时有效孔隙体积,$10^8 m^3$;

ΔV_6——束缚水和岩石弹性形变量,$10^4 m^3$;

G_{r0}——建库前有效库存量,$10^8 m^3$;

$G_{inj(p_u)}$——p_u 对应的累计注气量,$10^8 m^3$;

$B_{gm(p_u)}$——p_u 对应的气体体积系数,m^3/m^3;

p_u——储气库建库运行压力,MPa。

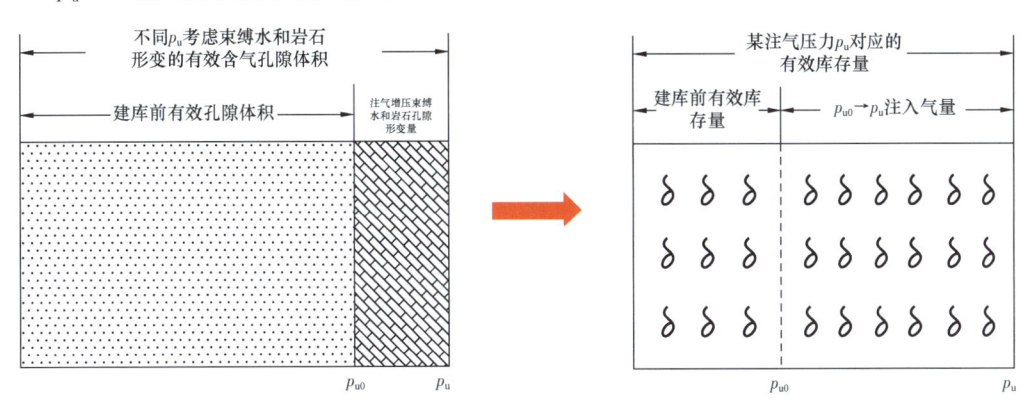

图5-4-1 多周期运行过程中建库有效孔隙体积与有效库存量关系图

（二）束缚水和岩石骨架形变量

在储气库多周期注采气过程中，随着压力增加，束缚水和岩石骨架压缩，储气空间增大，另外随着压力降低，束缚水和岩石骨架膨胀，储气库空间减小。为了科学合理确定气藏建库及注采运行过程中视地层压力与可动库存量的函数关系，有必要建立储气库运行过程中不同压力下束缚水和岩石骨架变形量预测数学模型：

$$\Delta V_6 = V_{gm} \sum_{j=1}^{N_{wr}} \varepsilon_j \left(\frac{C_w S_{wc(lmt)} + C_p}{1 - S_{wc(lmt)}} \right) (p_u - p_{u0}) \quad (5-4-2)$$

式中　N_{wr}——受储层条件影响分区数，整数；

　　　ε_j——储层非均质系数；

　　　j——第 j 个分区数，整数；

　　　C_w——束缚水压缩系数，MPa^{-1}；

　　　$S_{wc(lmt)}$——多周期运行稳定后束缚水饱和度；

　　　C_p——岩石有效压缩系数，MPa^{-1}；

　　　p_{u0}——储气库建库前地层压力，MPa。

（三）建库前有效库存量

在气藏开发动态法计算的地质储量基础上，扣除建库储层不同区带储层物性及非均质性、边底水侵入、储层应力敏感性和混气后地层流体性质改变等因素的影响，得到建库前有效库存量：

$$G_{r0} = \frac{V_i - (\Delta V_1 + \Delta V_2 + \Delta V_3 + \Delta V_4 + \Delta V_5)}{10^4 B_{g(p_{u0})}} \quad (5-4-3)$$

式中　V_i——气藏原始含气孔隙体积，$10^4 m^3$；

　　　$B_{g(p_{u0})}$——建库前地层压力 p_{u0} 下的气体体积系数，m^3/m^3；

　　　ΔV_1——水淹带不可动含气孔隙体积，$10^4 m^3$；

　　　ΔV_2——气水过渡带不可动含气孔隙体积，$10^4 m^3$；

　　　ΔV_3——气驱水纯气带不可动含气孔隙体积，$10^4 m^3$；

　　　ΔV_4——储层应力敏感减小的孔隙体积，$10^4 m^3$；

　　　ΔV_5——凝析油反凝析减小的孔隙体积，$10^4 m^3$。

（四）有效库存量

储气库有效库存量等于建库前有效库存量与建库过程的累计注气量之和：

$$G_r = G_{r0} + G_{inj(p_u)} \quad (5-4-4)$$

式中　G_r——储气库有效库存量，$10^8 m^3$。

二、库容参数预测数学模型

在建库有效库存量预测模型建立基础上，根据储气库上下限运行压力，得到库容量、垫气量和工作气量等库容技术指标。

(一) 库容量

以有效库存量预测模型为基础，取 p_u 等于设计的上限压力 p_{max}，得到的有效库存量即为库容量：

$$G_{max} = G_{r0} + G_{inj(p_{max})} \qquad (5-4-5)$$

式中 G_{max}——库容量，$10^8 m^3$；

p_{max}——储气库上限压力，MPa；

$G_{inj(p_{max})}$——上限压力时的累计注气量，$10^8 m^3$。

(二) 垫气量

以有效库存量预测数学模型为基础，取 p_u 等于设计的下限压力 p_{min} 时，得到的有效库存量即为垫气量：

$$G_{min} = G_{r0} + G_{inj(p_{min})} \qquad (5-4-6)$$

式中 G_{min}——垫气量，$10^8 m^3$；

p_{min}——储气库下限压力，MPa；

$G_{inj(p_{min})}$——下限压力 p_{min} 时的累计注气量，$10^8 m^3$。

(三) 工作气量

工作气量等于库容量与垫气量之差[7,8]：

$$G_{wg} = G_{max} - G_{min} \qquad (5-4-7)$$

式中 G_{wg}——工作气量，$10^8 m^3$。

(四) 补充垫气量

补充垫气量等于垫气量与建库前有效库存量之差：

$$G_{add} = G_{min} - G_{r0} \qquad (5-4-8)$$

式中 G_{add}——补充垫气量，$10^8 m^3$。

第五节 库容参数设计模式

一、主控因素评价模式

(一) 储层物性及非均质性评价模式

以单砂体为研究单元，开展流动单元分类及储层评价工作，进而建立三维精细地质模型，刻画各类单砂体孔隙体积及其比例，为建库储层分区分类量化评价建库有效孔隙体积提供地质依据(图5-5-1)。

(二)地层水侵入评价模式

针对水淹带和气水过渡带,首先开展地层水活动规律研究,通过分析气井产水特点,精细描述水砂体展布特征,确定水侵机理、特征及方向,得到不同区带储层地层水活动规律,预测建库前累计净水侵量;然后建立各类储层岩心模型,开展微观可视化、多轮次气水互驱及多周期注采仿真模拟实验,研究气水微观和宏观渗流及分布特征,确定其建库空间利用率及无量纲产能变化规律,指导不同区带建库有效孔隙体积科学预测(图5-5-2)。

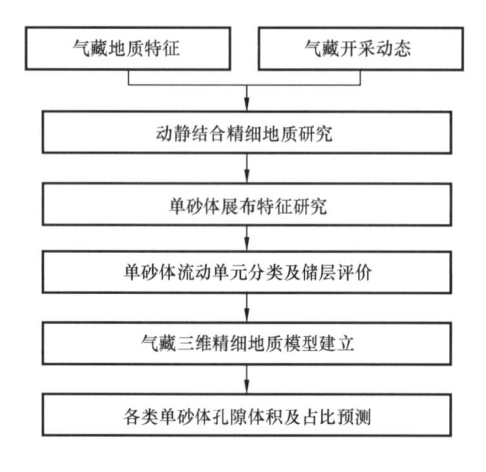

图5-5-1 储层物性及非均质性评价模式图

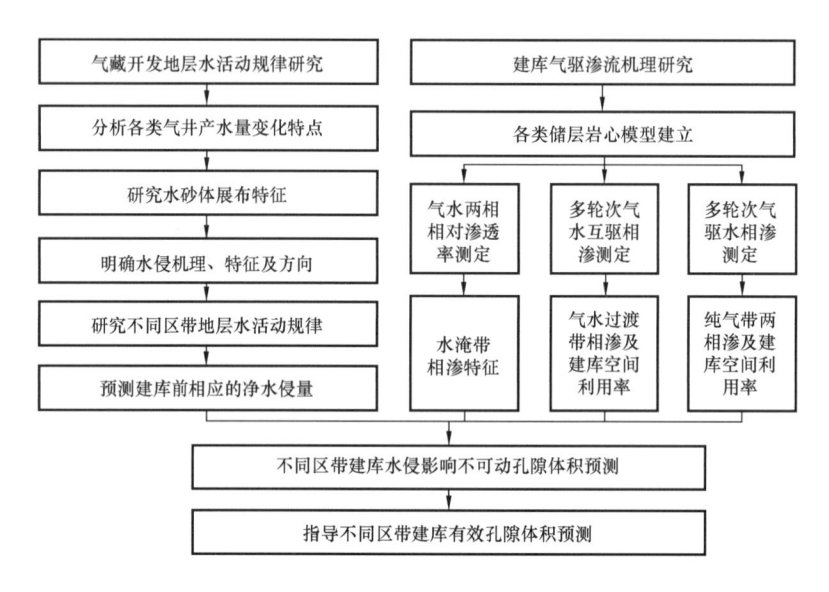

图5-5-2 地层水侵入评价模式图

(三)储层应力敏感性评价模式

对于枯竭低压储层、异常高压储层、裂缝—孔隙型储层建库,首先通过铸体薄片、恒速压汞研究微观孔隙结构特征,了解气藏开发和气库多周期注采运行过程中储层微观孔隙结构特征的变化,分析注采交变应力对其影响。然后建立多轮次覆压孔渗实验或利用地球物理测井等方法研究气库多周期注采运行过程中储集空间及渗流能力变化规律,以确定储层应力敏感曲线趋于稳定后孔隙度和渗透率与原始条件下孔隙度和渗透率比值,进而指导不同应力敏感储层建库有效孔隙体积预测,同时可进一步修正单井的注采气能力[9-11](图5-5-3)。

(四)混气后地层流体性质变化评价模式

通过开展等组分膨胀实验、等容衰竭实验、水溶气能力测试,确定气库多周期注采运行过程中地层流体的相态特征变化规律。再利用油气藏工程方法和三维三相数值模拟,对气库多周期注采运行过程中地层混合流体的宏观分布及相态特征进行预测,量化评价地层流体性质改变对孔隙空间的影响,以指导建库有效孔隙体积科学合理预测(图5-5-4)。

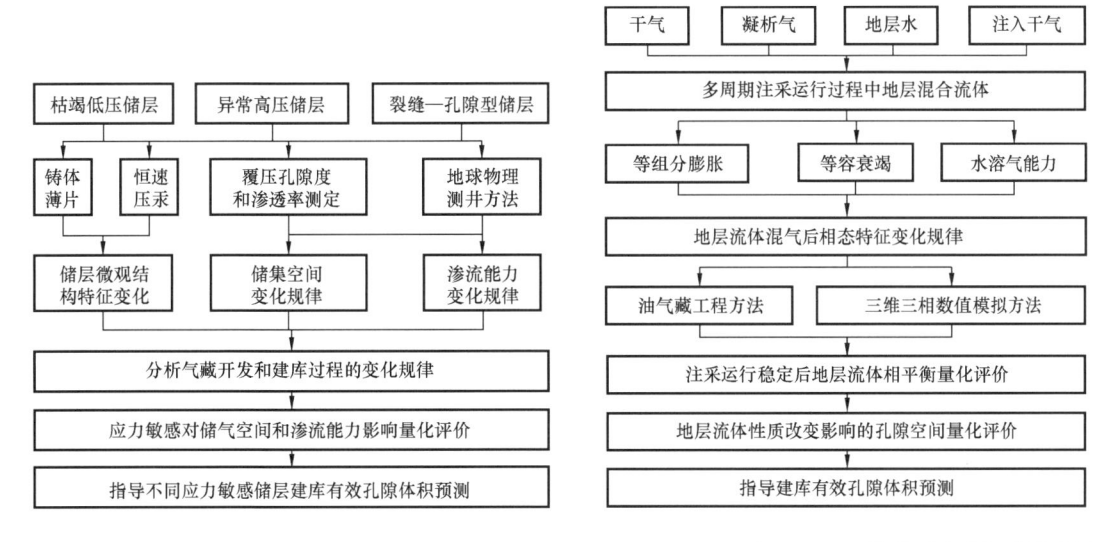

图5-5-3 储层应力敏感性评价模式图

图5-5-4 混气后地层流体性质变化评价模式图

二、库容参数设计流程

在库容参数预测数学模型建立基础上,提出了气藏型储气库库容参数设计模式。其主要包括建库有效库存量预测、运行压力优化设计及库容参数设计三部分(图5-5-5)。

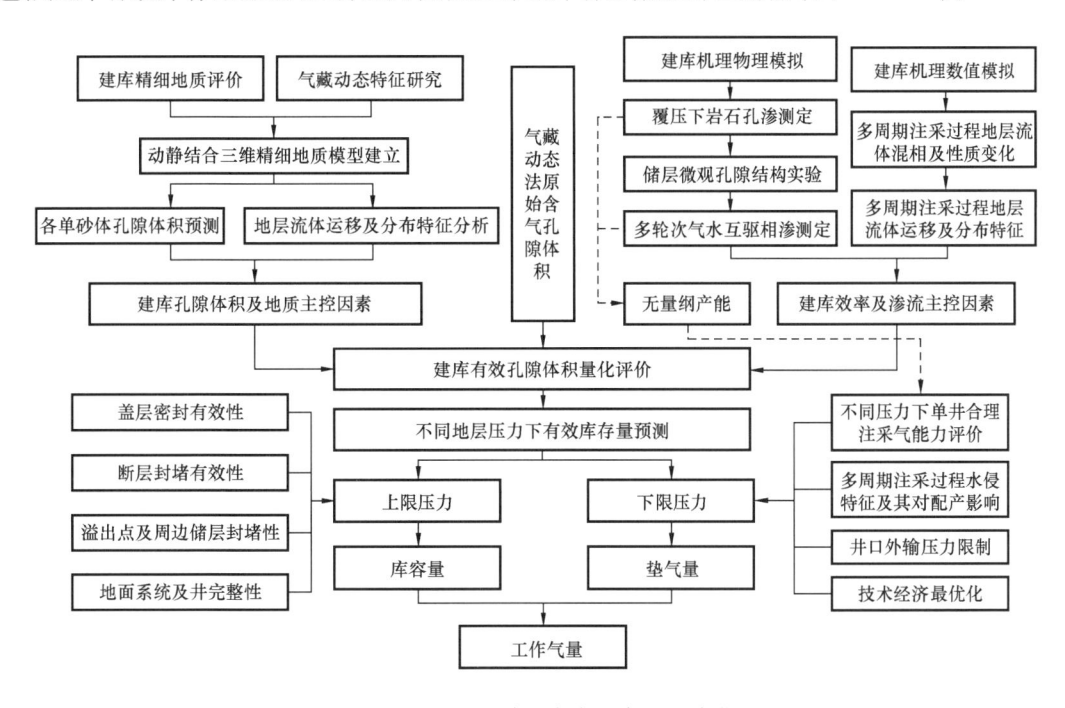

图5-5-5 气藏型储气库库容参数设计模式图

(一)建库有效库存量预测

从气藏动态法原始含气孔隙体积出发,通过建库精细地质评价和气藏动态特征研究,动静结合建立三维精细地质模型,预测各单砂体孔隙体积,分析地层流体运移及分布特征,进而确定建库孔隙体积及地质主控因素。再利用建库机理物理模拟和数值模拟等手段,评价不同储层建库效率及其渗流主控因素。进而综合地质、动态及机理研究成果,为建库有效孔隙体积量化评价提供重要的基础参数,实现不同地层压力下建库有效库存量科学合理预测,为库容参数设计奠定重要基础。

(二)运行压力优化设计

首先是考虑盖层、断层、溢出点及周边储层封堵性,地面系统及井完整性等方面,确定合理的上限压力。然后利用建库机理物理模拟结果,进一步修正产能方程,评价不同地层压力下单井合理注采气能力,并结合多周期注采过程水侵特征及其对配产影响、井口外输压力限制、技术经济最优化等诸多方面,优化设计下限压力。气库合理运行压力区间确定,为建库规模设计提供科学依据。

(三)库容参数设计

在储气库不同地层压力下有效库存量预测基础上,根据上下限运行地层压力,最终确定了库容量、垫气量、工作气量、补充垫气量等。

参 考 文 献

[1] 胥洪成,王皆明,屈平,等. 复杂地质条件气藏储气库库容参数的预测方法[J]. 天然气工业,2015,35(1):103-108.

[2] 王皆明,姜凤光. 砂岩气顶油藏改建储气库库容计算方法[J]. 天然气工业,2007,27(11):97-99.

[3] 王皆明,姜凤光. 裂缝性潜山含水构造改建地下储气库库容计算方法[J]. 天然气地球科学,2007,18(5):771-773.

[4] 胥洪成,王皆明,李春,等. 水淹枯竭气藏型地下储气库盘库方法研究[J]. 天然气工业,2010,30(8):79-82.

[5] 姜凤光,王皆明,胡永乐,等. 有水气藏改建地下储气库运行下限压力的确定[J]. 天然气工业,2011,33(4):100-103.

[6] 唐立根,王皆明,白凤娟,等. 基于修正后的物质平衡方程预测储气库库存量[J]. 石油勘探与开发,2014,41(4):480-484.

[7] 王皆明,朱亚东. 确定地下储气库工作气量的优化方法[J]. 天然气工业,2005,25(12):103-104.

[8] 王皆明,朱亚东,姜凤光,等. 裂缝性底水油藏储气库最大工作气量的预测方法[J]. 储运与集输工程,2006,26(9):125-127.

[9] 丁云宏,张倩,郑得文,等. 微裂缝—孔隙型碳酸盐岩气藏改建地下储气库的渗流规律[J]. 天然气工业,2015,35(1):109-114.

[10] 郑得文,胥洪成,王皆明,等. 气藏型储气库建库评价关键技术[J]. 石油勘探与开发,2017,44(5):794-801.

[11] 王皆明,张昱文,等. 裂缝性潜山油藏改建储气库机理与评价方法[M]. 北京:石油工业出版社,2013.

第六章　储气库建库地质方案设计

建库地质方案科学设计与实施部署是保障储气库"注得进、采得出"极为重要的一环,如何高效利用气藏含气孔隙空间,实现科学快速扩容达产,具备最大调峰能力,是方案设计关心的重点内容。目前,国内经过近 20 年的建设与发展,储气库建库地质方案设计技术基本形成体系,积累了一定经验。一般以精细地质评价和库容参数设计指标为基础,着重对注采层位、单井注采气能力、注采井网及运行方案优化设计,考虑建库经济性,综合优选推荐方案并付诸现场实施[1]。

第一节　建库地质方案设计原则

一、基本原则

建库地质方案设计的基本原则主要从市场需求与功能定位、技术经济性、安全环保等方面入手,针对具体储气库制定相应的原则。

(一)市场需求与功能定位

地下储气库调峰规模设计要依据地质条件尽可能满足市场季节调峰和应急用气量需求。以新疆呼图壁储气库为例,处于天然气进口与消费复合区,既要满足北疆地区用气需求,同时还要防止国际地缘政治影响,进口气中断后供气紧张的局面,因此需要一定规模的战略储备气量。

(二)技术经济性

储气库主要满足季节调峰总量需求和月度平均高峰用气量,而日调峰则由城市燃气终端供应商负责。因此储气库注采井数、注采井网优化需满足既定注采周期内具备气库的工作气量和最大平均日调峰能力。同时,利用现有老井、注采集输与处理设施,节省投资,实现经济效益最大化。

(三)安全环保

储气库与气藏开发方式差异较大,长达 30~50 年高强度往复交变注采特点,使得安全风险陡增,如断层激活、盖层张裂、溢出点漏失、套管错断等将引发严重的人员生命财产安全和次生环境破坏。因此,将储气库建设与环境保护、安全生产紧密结合起来,注重生态环境、实现安全开发。

二、设计内容

注采运行方案设计是以气藏地质、库容参数研究成果为基础,针对储气库高速往复注采工况,在科学评价单井注采气能力、注采层系和注采井网优化的基础上,提出多套建库设计方案,采用气藏工程和数值模拟方法,对比分析建库方案指标,最终提出建库地质方案部署与实施建议。设计内容重点包括注采层系设计、单井注采气能力设计、注采井网设计。

(一)注采层系设计

注采层系是多层系非均质储层建库设计的关键内容,合理的注采层系既可高效动用储气层,又为注采井网优化设计打下基础。主要考虑以下四个因素:(1)纵向上的储层发育程度,分布状况和非均质性;(2)储层内部隔夹层厚度、分布状况及纵向分隔的有效性和完整性;(3)纵向流体性质、温压系统的显著差异;(4)气藏水驱特点及纵向水侵程度。

(二)单井注采气能力设计

储气库气井注采能力主要受储层渗流能力和井筒性质的影响,最大限度地发挥气井的能力、用最少的井数满足要求,确定单井合理注采气量。主要考虑以下三个因素:(1)最大限度地发挥单井注采能力,满足调峰需求;(2)气井地层流动能力分析,既要考虑储层渗流条件,同时也要考虑地层可能出砂、水锥等的因素的影响;(3)综合运用地层流动、井筒动气柱、气体冲蚀、临界携液等方法,确定储气库气井注采气能力。

(三)注采井网设计

注采井网是在注采层系和单井注采气能力设计的基础上,针对储气库高速短期注采工况,确定合理的注采井数。主要考虑以下四个因素:(1)注采井网应能满足库容参数设计要求的最低井数;(2)注采井网布置应突出体现短期强采强注,保证较高运行效率的技术要求;(3)平面上井网布置,在既要考虑储层发育区,同时也要兼顾储层发育程度较差区域,以扩大气体波及效果,提高库容动用程度;(4)对边、底水能量弱,水淹过渡区具有扩容潜力的气库,应进一步提高井网对水淹过渡区的平面控制程度,以有利于排水扩容效率的提高。

第二节 注采层系设计

针对储气库高速大压差往复注采运行特点,注采层系设计需考虑纵向储层性质、隔夹层特点、温压系统差异及水侵特征等因素。首先是纵向上储层的发育程度,分布状况和非均质性;其次是储层内部隔夹层厚度、分布状况及纵向分隔的有效性和完整性,纵向流体性质、温压系统的差异性,如果不是一套温压系统需要分层注采;最后是气藏水驱特点以及纵向水侵程度,应有效避开水体侵入对建库空间和运行效率的影响。但是,对于储层纵向发育相对集中,层间矛盾并不十分突出的气藏,可以采取一套注采层系以减少井数,降低投资[2]。

某砂岩断块气顶油藏,断块砂层发育,纵向分布集中(图6-2-1)。含油气井段长,油气藏的总厚度达180m,其中气柱高度110m,油柱高度达70m。J58断块纵向地层流体性质差异大,气顶主要分布在上部Ⅰ—Ⅱ砂组,下部Ⅲ—Ⅳ砂组则以油层为主。

由于内部小断层及隔层细小裂缝(图6-2-2、图6-2-3)的存在,使内部隔层的局部分隔作用减弱,断块局部不可避免地存在流体纵向窜流的通道,因此Ⅰ—Ⅱ砂组气顶和Ⅲ—Ⅳ砂组油层在气库注采过程中难以有效阻隔。

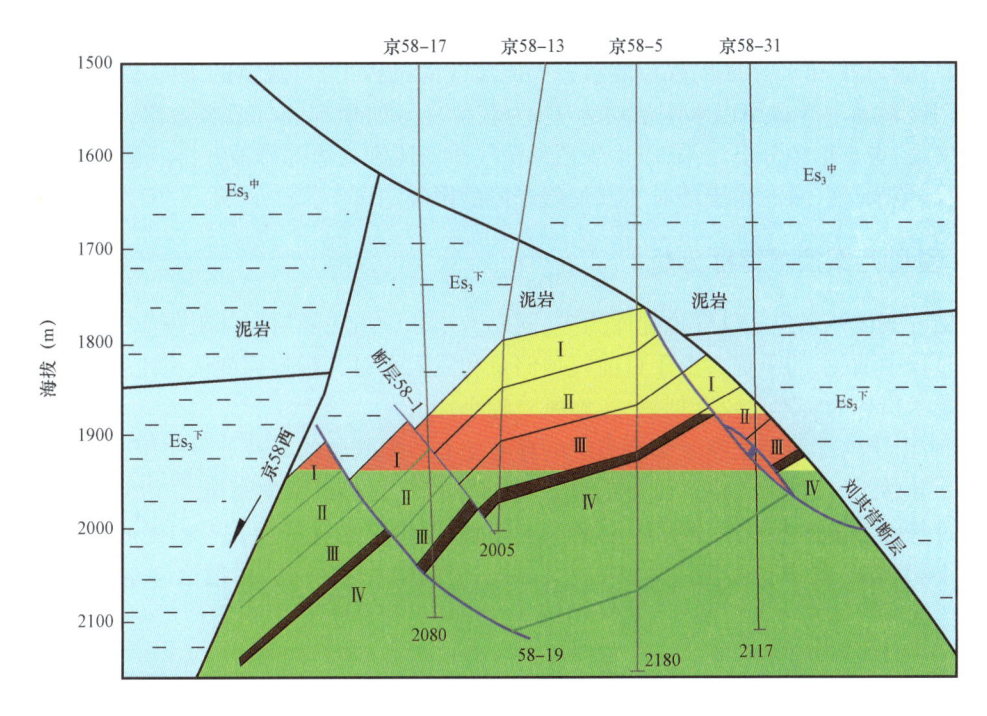

图 6-2-1 过井气藏剖面图

图 6-2-2 Ⅱ、Ⅲ砂组间隔层岩心图

图 6-2-3 Ⅲ、Ⅳ砂组间隔层岩心

对注采层系部署考虑了三种可能的对比方案,分别是仅考虑气顶建库的基础方案,Ⅰ—Ⅳ砂组合注合采一套井网,Ⅰ—Ⅳ砂组分层注采两套井网。

(1)基础方案:气库注采层系为Ⅰ—Ⅱ砂组气顶,仅考虑气顶建库。

(2)方案一:一套注采井网,Ⅰ—Ⅳ砂组合注合采方式。基于Ⅰ—Ⅱ砂组气顶注采井网,注采井同时射开Ⅰ—Ⅳ砂组合注合采,并在边部布置排液井,逐年排液扩容,增加调峰能力。

(3)方案二:二套注采井网分注分采方式。基于Ⅰ—Ⅱ砂组气顶注采井网,补打第二套Ⅲ—Ⅳ砂组油层注采井网,将Ⅰ—Ⅱ砂组气顶和Ⅲ—Ⅳ砂组油层分开成二套层系注采,并在边部布置排液井,逐年排液扩容,增加调峰能力。

方案二注采井网布置主要考虑以下两个方面因素：(1) Ⅰ—Ⅱ砂组注采层系，以气顶为主，注采气能力强，Ⅱ砂组底的隔层能够在大流量注采过程中，对流体的垂向渗流起到一定的控制作用；(2) Ⅲ—Ⅳ砂组以水淹油层为主，为获得良好的顶部注气驱替效果，形成相对稳定的次生气顶，考虑单独分层注采，以达到顶部注气渗滤速度与边部排液井排液量协调统一。同时，可以避免油、气、水三相流动对上部气层产能的影响。

一、基础方案技术指标分析

基础方案设计思想是以气顶建库为主，同时利用Ⅱ砂组底隔层局部阻隔作用，以减缓气井在强采过程中油、水的干扰。由于目前气顶储量和注入水对其影响程度认识比较清楚，因此基础方案技术指标的实现比较有把握，实施风险较小。

然而，由于内部断层及隔层细小裂缝的存在使Ⅱ砂组隔层的局部分隔作用减弱，采取单独注采Ⅰ—Ⅱ砂组气顶建库，将不可避免地造成气体向Ⅲ、Ⅳ砂组垂向窜流。建库后库容利用率低。通过基础方案技术指标预测表明，建库4年Ⅲ、Ⅳ砂组总气量约 $2.7 \times 10^8 m^3$，比建库前约增加 $1.4 \times 10^8 m^3$，其中自由气约增加 $0.7 \times 10^8 m^3$，气体向剩余油的扩散溶解量增加约 $0.7 \times 10^8 m^3$，这部分气体在上部层的注采过程中变化很小，可以认为是上部层注采过程向下部层的补充垫气量，因此导致Ⅰ—Ⅱ砂组气顶建库后气库运行效率低（图6-2-4）。

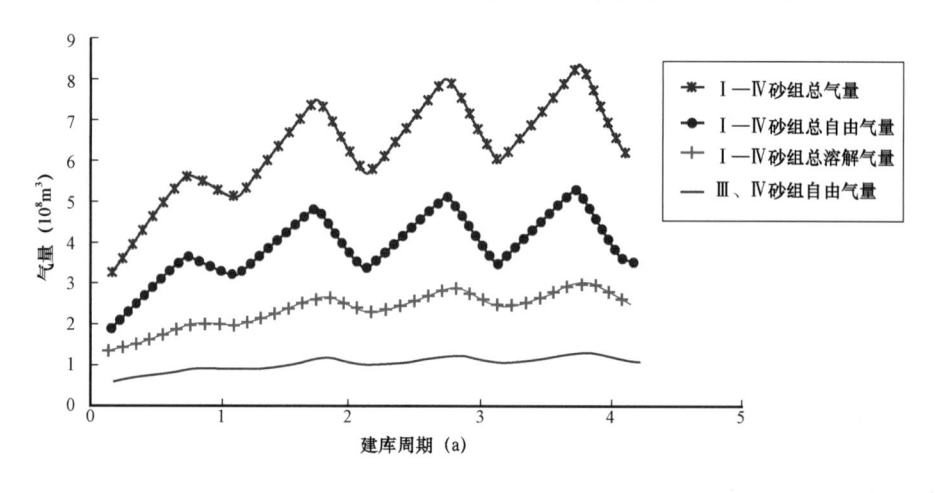

图6-2-4 Ⅰ—Ⅱ砂组气顶建库过程中总气量变化

因此，该砂岩断块改建储气库最终目标应是Ⅰ—Ⅳ砂组统一建库，并将下部水淹油层逐年排液扩容，进一步增加库容，并提高库容利用率。该方案应是在建库过程中的过渡方案，不能作为最终的优选方案。

二、方案二（合注合采）技术指标分析

方案二是在Ⅰ—Ⅱ砂组气顶注采井网部署基础上，将注采气井射开Ⅰ—Ⅳ砂组合注合采，同时在边部布置排液井，逐年排液扩容，增加调峰能力。

通过数值模拟预测，该方案在建库8年能够达到目标库容和设计工作气量，表明在原Ⅰ—Ⅱ砂组气顶设计注采井网条件下，通过补射Ⅲ—Ⅳ砂组油层，注采气井能够逐步提高注采气能

力。对比方案一和方案二Ⅲ—Ⅳ砂组油层在建库过程中库容和采气能力的变化可以清楚看出（图6-2-5、图6-2-6）：在建库过渡循环周期中，方案一和方案二Ⅲ—Ⅳ砂组采气能力都非常接近，因此达到目标库容和设计工作气量建库周期也非常接近。

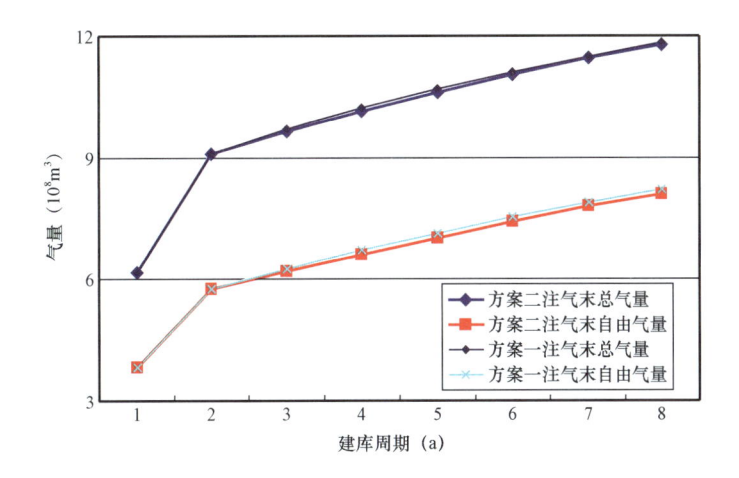

图6-2-5 层系对比方案注气末总气量与自由气量变化

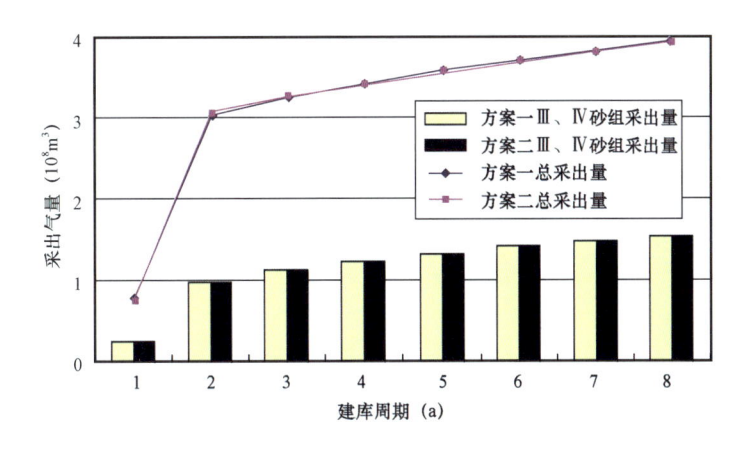

图6-2-6 层系对比方案总采出量与Ⅲ—Ⅳ砂组采出量变化

模拟对比分析认为，虽然Ⅲ—Ⅳ砂组以水淹油层为主，但是由于储层物性条件与Ⅰ—Ⅱ砂组气顶接近，并且通过多周期注采驱替后，井底附近储层含气饱和度显著增加，从而导致在合注合采条件下，Ⅰ—Ⅱ砂组对Ⅲ—Ⅳ砂组层间抑制作用较弱，Ⅲ—Ⅳ砂组在注采过程中总的动用、采出程度较高。建库第8年，在保证气库运行压力上、下限条件下，Ⅲ—Ⅳ砂组采出气量达$1.5 \times 10^8 m^3$，占总采出气量38.5%。

三、方案三（分注分采）技术指标分析

方案三在Ⅰ—Ⅱ砂组气顶注采井网基础上，补打第二套Ⅲ—Ⅳ砂组油层注采井网，将Ⅰ—Ⅱ砂组气顶和Ⅲ—Ⅳ砂组油层分开成二套层系注采，同时在边部布置排液井，逐年排液扩容，增加调峰能力。

由于采取分层注采后,注采井数显著提高,总的注采气能力和对油、气砂体的控制程度得到一定程度提高,更有利于库容的恢复和对水淹油层形成有效驱替。方案二的技术优势在于,库容的恢复和形成过程及气井注采气能力的实现更加有把握,相对于方案一风险较小。

四、对比方案技术指标优选

通过方案一和方案二技术指标对比,主要技术指标差别较小,由于方案二需补打第二套井网,增加近一倍的井数,因此在技术指标差别不大的条件下,方案二气库运行效益显著劣化。

经综合对比分析,确定方案一为推荐注采层系方案,注采井同时射开Ⅰ—Ⅳ砂组合注合采,同时在边部布置排液井,逐年排液扩容,增加调峰能力。方案一具有新钻注采井数少,调峰能力强的优势。

第三节 单井注采气能力设计

确定气井井型和井径,合理注采气能力是本节的主要内容。一般需要根据不稳定试井等矿场测试资料建立气井产能方程,利用节点压力综合评价方法,充分考虑储层特征、地层渗流、井筒动气柱、气体冲蚀、临界携液等,优选气井井型和井径,确定合理注采气能力。由于气库需具备短期大吞大吐能力以满足市场用气需求,因此气井尽量采用大管径、长水平段水平井等。参照国外经验,在前期评价时现场要进行注采气先导试验,据此科学评价储气库井注采气能力。但国内起步较晚,这方面工作开展较少,一般可以借用气藏开发井产能测试资料,评价建库后气井平均注采产能[3]。

一、气井产能方程

(一)直井产能方程

气井产能测试方法主要包括回压试井法、等时试井法、修正等时试井法和简化的单点试井法,其中修正等时试井法和单点试井法在矿场应用最为普遍。通过建立压力平方的生产压差与产气量函数关系,得到井底流压为大气压时气井的绝对无阻流量,进而开展气井产能分析。目前,常用的产能方程包括指数式、二项式和一点法方程。

气井的注采气能力分析采用二项式产能方程,又称为 LIT 分析(Laminar – inertial – turbulentFlowAnalysis),即层流、惯性—紊流分析。这是由 Forchheimer 和 Houpeurt 提出来的,是一种根据流动方程的解,经过较为严格的理论推导而得出的产能方程:

$$p_r^2 - p_{wf}^2 = \frac{42.42 \times 10^3 \bar{\mu}_g \bar{Z} \bar{T} p_{sc}}{Kh T_{sc}} q_g \left(\lg \frac{8.091 \times 10^{-3} Kt}{\phi \bar{\mu}_g C_t r_w^2} + 0.8686 S_a \right) \quad (6-3-1)$$

式中 p_r——地层原始静压,MPa;
p_{wf}——井底流动压力,MPa;
q_g——气井井口产量,$10^4 m^3/d$;
K——地层有效渗透率,mD;

h——地层有效厚度,m;

$\bar{\mu}_g$——气层平均状态下的参考黏度,mPa·s;

p_{sc},T_{sc}——分别为气体标准状态下的压力和温度,$p_{sc}=0.1013\text{MPa}$,$T_{sc}=273.15\text{K}$;

ϕ——气层孔隙度;

C_t——地层综合压缩系数,MPa^{-1};

t——时间,h;

S_a——视表皮系数;

S——表皮系数;

D——非达西流系数,d/m^3;

r_w——井的折算半径,m。

令:
$$A = \frac{42.42 \times 10^3 \bar{\mu}_g \bar{Z} \bar{T} p_{sc}}{Kh T_{sc}} \left(\lg \frac{8.091 \times 10^{-3} Kt}{\phi \bar{\mu}_g C_t r_w^2} + 0.8686S \right)$$

$$B = \frac{36.85 \times 10^3 \bar{\mu}_g \bar{Z} \bar{T} p_{sc}}{Kh T_{sc}} D \tag{6-3-2}$$

则式(6-3-1)简化为:

$$p_r^2 - p_{wf}^2 = Aq_g + Bq_g^2 \tag{6-3-3}$$

式中 A,B——分别为储层中层流和湍流流动部分的系数。

通过分析,可以看出影响气井产能的主要因素归纳起来有三个:一是井附近的地层系数(Kh),二是地层压力(p_r)和生产压差(Δp),三是以表皮系数表示的完井质量。

(二)水平井产能方程

如果缺乏水平井产能测试资料,可采用理论计算方法对比分析得到该气藏建库后水平井的产能方程。利用理论公式得到水平井与直井的理论产能比,代入直井二项式产能方程即可得到水平井的产能方程。

1. 水平井理论公式

不考虑地层损害及非达西流动效应时,水平气井的产量公式为:

$$q_h = \frac{787.4 K_h h (p_e^2 - p_{wf}^2)}{\bar{\mu} \bar{Z} T \ln(r_{eh}/r_w')} \tag{6-3-4}$$

式中 T——地层温度,K;

r_w',r_{eh}——分别为水平气井的有效井半径和泄气半径,m;

h——气层有效厚度,m;

K_h——水平渗透率,mD;

$\bar{Z}$——平均压力下的天然气偏差系数;

p_e——原始地层压力,MPa;

p_{wf}——井底流压,MPa;

q_h——水平气井产量，$10^4 \mathrm{m}^3/\mathrm{d}$；

若考虑水平气井地层损害及非达西流动效应时，则产气量公式为：

$$q_h = \frac{787.4 K_h h(p_e^2 - p_{wf}^2)}{\bar{\mu} \bar{Z} T[\ln(r_{eh}/r'_w) + S_h + Dq_h]} \tag{6-3-5}$$

式中 S_h——水平井表面系数。

水平气井二项式产能方程为：

$$p_e^2 - p_{wf}^2 = aq_h + bq_h^2 \tag{6-3-6}$$

式中 a, b——水平井的二项式产能方程系数。

水平气井产量为式：

$$q_h = \frac{[a^2 + 4b(p_e^2 - p_{wf}^2)]^{0.5} - a}{2b} \tag{6-3-7}$$

$$a = \frac{\bar{\mu} \bar{Z} T[\ln(r_{eh}/r'_w) + S_h]}{787.4 K_h h} \tag{6-3-8}$$

$$b = \frac{\bar{\mu} \bar{Z} TD}{787.4 K_h h} \tag{6-3-9}$$

$$D_h = 2.191 \times 10^{-18} \frac{\beta \gamma_g h \sqrt{K_h K_v}}{\mu L^2 r_w} \tag{6-3-10}$$

$$\beta = \frac{7.664 \times 10^{10}}{K_h^{1.5}} \tag{6-3-11}$$

$$\bar{\mu} = \mu \left(p = \frac{p_e + p_{wf}}{2} \right) \tag{6-3-12}$$

$$\bar{Z} = Z \left(p = \frac{p_e + p_{wf}}{2} \right) \tag{6-3-13}$$

式中 μ——平均压力下的黏度，$\mathrm{mPa \cdot s}$；

r_w——垂直气井的井眼半径，m；

β——描述孔隙介质紊流影响的系数，即速度系数，m^{-1}；

K_v——垂向渗透率，mD。

水平气井泄气半径计算公式为：

$$r_{eh} = \frac{L}{2} + r_e \tag{6-3-14}$$

式中 L——水平井井眼长度，m；

r_e——垂直气井的泄气半径，m。

水平井的有效井半径计算公式为：

$$r'_w = \frac{r_{eh}L}{2a_2(1+a_3)a_4^{a_5}} \quad (6-3-15)$$

式中 a_2——泄气椭圆半长轴长度,m;
a_3, a_4, a_5——中间变量。

单井控制面积计算公式为:

$$A = F/\text{井数} \quad (6-3-16)$$

式中 F——气区面积,m^2;
A——单井控制面积,m^2。

垂直气井泄气半径计算公式为:

$$r_e = \sqrt{A/\pi} \quad (6-3-17)$$

$$a_1 = \sqrt{0.25 + (2r_{eh}/L)^4} \quad (6-3-18)$$

$$a_2 = (L/2)(0.5 + a_1)^{0.5} \quad (6-3-19)$$

$$a_3 = \sqrt{1 - \left(\frac{L}{2a_2}\right)^2} \quad (6-3-20)$$

$$a_4 = \beta'h/(2\pi r_w) \quad (6-3-21)$$

$$a_5 = \beta'h/L \quad (6-3-22)$$

式中 β'——各向异性比。

各向异性比计算公式为:

$$\beta' = \sqrt{K_h/K_v} \quad (6-3-23)$$

2. 直井产能理论公式

直井产气量计算公式为:

$$q_v = \frac{\sqrt{a^2 + 4b(p_e^2 - p_{wf}^2)} - a}{2b} \quad (6-3-24)$$

$$a = \frac{\bar{\mu}\bar{Z}T[\ln(r_e/r_w) + S_c]}{787.4K_h h} \quad (6-3-25)$$

$$b = \frac{\bar{\mu}\bar{Z}TD}{787.4K_h h} \quad (6-3-26)$$

$$D = 2.191 \times 10^{-18} \frac{\beta\gamma_g K_h}{\mu h r_w} \quad (6-3-27)$$

式中 a——中间变量;
$\bar{\mu}$——平均压力下的气体黏度,mPa·s;
S_c——直井表皮系数;

γ_g——天然气相对密度。

3. 水平井与直井理论产能比

根据水平井和直井的理论产能公式,不考虑地层损害及非达西流动效应,得到水平井与直井的产能比,即理论增产倍数:

$$\frac{q_h}{q_v} = \frac{\ln(r_e/r_w)}{\ln(r_{eh}/r'_w)} \qquad (6-3-28)$$

4. 水平井产能方程

联立得到水平井的二项式产能方程:

$$p_r^2 - p_{wf}^2 = \left(A\frac{q_h}{q_v}\right)q_h + \left(B\sqrt{\frac{q_h}{q_v}}\right)q_h^2 \qquad (6-3-29)$$

二、节点压力综合分析

(一) 采气井流入流出动态方程

单井的日采气能力取决于注采管柱尺寸及结构、地层压力及井口压力、气井携液临界流量、冲蚀产量等。气井携液临界流量指在采气过程中,为使流入井底的水或凝析油及时被采气气流携带到地面,避免井底积液,需要确定出连续排液的极限产量;冲蚀指气体携带的 CO_2、H_2S 等酸性物质及固体颗粒对管体的磨损、破坏,气体流动速度越高对管柱冲蚀越严重,应控制气体流动速度以避免冲蚀的发生,因此合理的采气流量应限制在气井携液临界流量和冲蚀流量之间。

1. 地层流入方程

$$p_e^2 - p_{wf}^2 = Aq_g + Bq_g^2 \qquad (6-3-30)$$

式中　q_g——天然气产量,$10^4 m^3/d$;

p_e——地层压力,MPa;

p_{wf}——井底压力,MPa。

2. 垂直管流方程

$$p_{wf}^2 = p_{wh}^2 e^{2S} + 1.3243\lambda q_g^2 T_{av}^2 Z_{av}^2 (e^{2S}-1)/d^5 \qquad (6-3-31)$$

$$S = 0.03415 r_g D/(T_{av} Z_{av})$$

式中　p_{wh}——油管井口压力,MPa;

T_{av}——井筒内动气柱平均温度,K;

Z_{av}——井筒内动气柱平均偏差系数;

d——油管内直径,cm;

r_g——天然气相对密度;

D——气层中部深度,m;

λ——油管阻力系数。

在式(6-3-31)中,由于 z_{av} 是 T_{av} 和 p_{av} 的函数,而 p_{av} 又取决于 p_{wh} 及 p_{wf},因此计算时需要反复迭代。

3. 管内冲蚀流量

冲蚀流量计算采用 Beggs 公式:

$$q_e = 40538.17 d^2 \left(\frac{p_{wh}}{ZT\gamma_g}\right)^{0.5} \quad (6-3-32)$$

式中　q_e——冲蚀流量,$10^4 \mathrm{m}^3/\mathrm{d}$;
　　　d——油管内直径,m;
　　　p_{wh}——井口压力,MPa;
　　　T——绝对温度,K;
　　　Z——天然气偏差系数。

4. 最小携液产气量

最小携液产气量采用 Turner 公式:

$$q_{sc} = 2.5 \times 10^4 \frac{p_{wf} V_g A}{ZT} \quad (6-3-33)$$

$$V_g = 1.25 \times \left[\frac{\sigma g(\rho_L - \rho_g)}{\rho_g^2}\right]^{0.25} \quad (6-3-34)$$

$$\rho_g = 3.4844 \times 10^3 r_g p_{wf}/(ZT) \quad (6-3-35)$$

式中　q_{sc}——最小携液产气量,$10^4 \mathrm{m}^3/\mathrm{d}$;
　　　A——油管内截面积,m^2,$A = \pi d^2/4$;
　　　p_{wf}——井底流动压力,MPa;
　　　V_g——气流携液临界速度,m/s;
　　　ρ_L——液体密度,$\mathrm{kg/m}^3$,对水取 $\rho_w = 1074 \mathrm{kg/m}^3$,对凝析油取 $\rho_o = 721 \mathrm{kg/m}^3$;
　　　σ——界面张力,mN/m,对水取 60mN/m,对凝析油取 20mN/m;
　　　g——重力加速度;
　　　Z——天然气偏差系数;
　　　T——气流温度,K。

(二) 注气井流入流出动态方程

注气能力的计算方法与采气能力类似,大小取决于注采管柱尺寸及结构、地层压力和井口注气压力、井口冲蚀产量。注气时,流量也应限制在冲蚀流量以下,防止发生冲蚀破坏。

单井的注气能力由地层流入方程、垂直管流方程和冲蚀流量计算公式共同确定。若没有矿场注气先导性试验数据,可以假设地层注气能力和采气能力相等,根据采气井流入流出动态方程,可得到注气时单井的地层流入方程。

1. 地层流入方程

$$p_{wf}^2 - p_e^2 = A q_g + B q_g^2 \quad (6-3-36)$$

2. 垂直管流方程

$$p_{wf}^2 = p_{wh}^2 e^{2S} - 1.3243\lambda q_g^2 T_{av}^2 Z_{av}^2 (e^{2S} - 1)/d^5 \qquad (6-3-37)$$

与采气计算相同，p_{wf} 需反复迭代求出。

3. 冲蚀流量方程

计算公式同式(6-3-32)。

(三) 注采气节点压力综合分析

气井注采气节点压力综合分析是运用系统工程理论，优化分析气井生产系统的一种综合分析方法。注采气节点压力综合分析将气井生产的全过程作为一个整体来研究，包括气体在气藏中向气井的渗流过程、气体通过射孔井段的流动过程、气体沿油管垂直举升过程、气井生产流体通过井口节流装置的流动过程和气井生产流体地面水平管流过程等，每个流动过程既相对独立，又相互联系。

本部分内容选择井底为协调点，这时气井生产系统被划分为两部分，即流入和流出部分。对于采气过程，气体从储层流向井底为流入部分，气体从井底流向井口为流出部分，在分析过程中，流入部分采用产能方程计算，流出部分采用气井管流方程计算，然后用图解形式分析流入和流出的动态关系，当气井生产能力正好等于外输管线的生产能力时，它们的交点称为协调点，对应产量称为气井的协调采气量(图6-3-1)。对于注气过程，气体从井口流向井底为流入部分，从井底流向储层为流出部分，在分析过程中，流入部分采用垂直管流方程计算，流出部分采用储层注气产能方程计算，然后用图解形式分析流入和流出的动态关系，当气井注入能力正好等于地层吸气能力时，它们的交点称为协调点，对应产量称为气井的协调注气量(图6-3-2)。再以储层临界出砂、气体冲蚀、最小携液流量等为约束，则可以得到气井合理注采气能力。

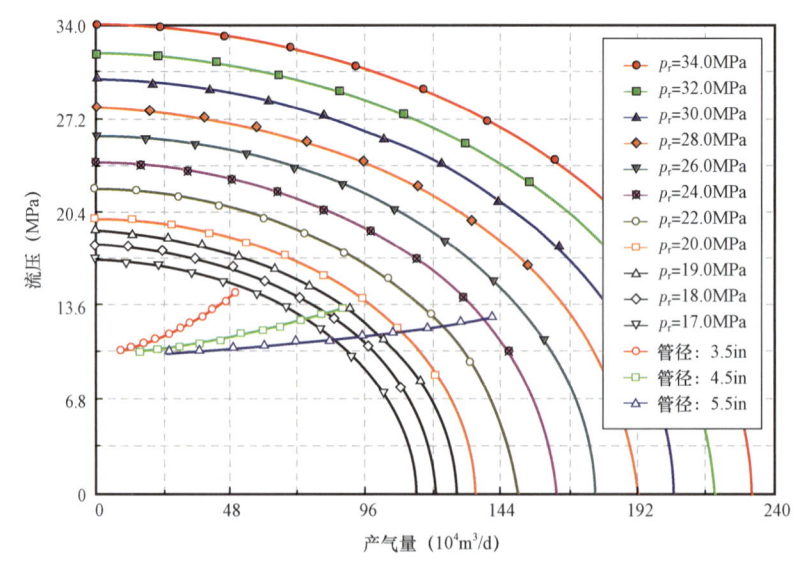

图6-3-1 给定井口外输压力下不同管径油管的采气井流入流出曲线

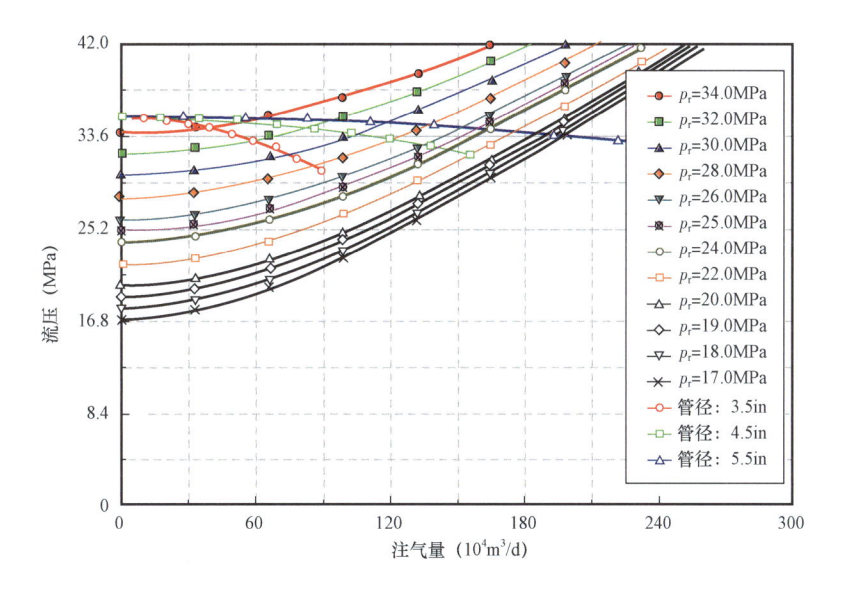

图 6-3-2　给定井口注气压力下不同管径油管的注气井流入流出曲线

第四节　注采井网设计

与气藏低速衰竭式开发相比,储气库注采井网还需要考虑短期采气有限供流、市场需求波动等综合影响,设计合理井网密度,科学部署注采井网。

根据已建储气库注采运行动态,有限生产时率下井控半径大幅度减小。气藏开发长达 20~30 年,远井地带流体具有足够时间流入井底,而储气库仅有 3 个月采气时间,远井地带流体尚未流到井底,已经停止采气开始转注。目前投运的 H 储气库井控半径约 500m,而气藏开发泄气半径高达 1.5~2.0km。另外,冬季调峰采气具有明显不均衡性,尤其是 12 月和 1 月是用气高峰,不均衡系数可能是初期和末期的 1.6~1.8 倍,要求有更多的井束满足市场用气需求[4]。

一、主要考虑因素

通过以上分析,结合气藏开发井网部署经验,储气库注采井网设计需要考虑库容规模、调峰不均衡性、储层性质、气水过渡带潜力等四方面因素。

(1)注采井网应能满足库容参数设计要求的最低井数;

(2)注采井网布置应体现短期强采强注,保证较高效运行的技术要求;

(3)平面上井网布置,既要考虑储层发育区,同时也要兼顾储层发育程度较差区域,以扩大气体波及效果,提高库容动用程度;

(4)对边、底水能量弱,水淹过渡带具有扩容潜力的气库,应进一步提高井网对水淹过渡带的平面控制程度,以利于排水扩容效率的提高。

二、合理井网密度设计

储气库合理井网密度设计的核心就是确定满足库容参数设计能力的最低井数。从储气库注采运行经验来看,单井注气能力比采气能力大,同时注气时率比采气长。因此,采气能力是决定所需井数的瓶颈。本部分从不稳定渗流井控、单井协调产量及月度不均衡调峰采气需求三方面确定合理注采井数。

(一)高速不稳定渗流有限井控统计法

板桥库群是国内第一批商业储气库,建设投运已有 17 个周期,拥有非常丰富的多周期注采运行动态资料。利用现代产量不稳定分析试井软件 RTA 诊断和评价 71 口井多周期采气动态,建立了单井井控半径与储层有效渗透率关系图版(图 6-4-1),相关系数达到 0.8492,具有较好的相关性和指导作用。

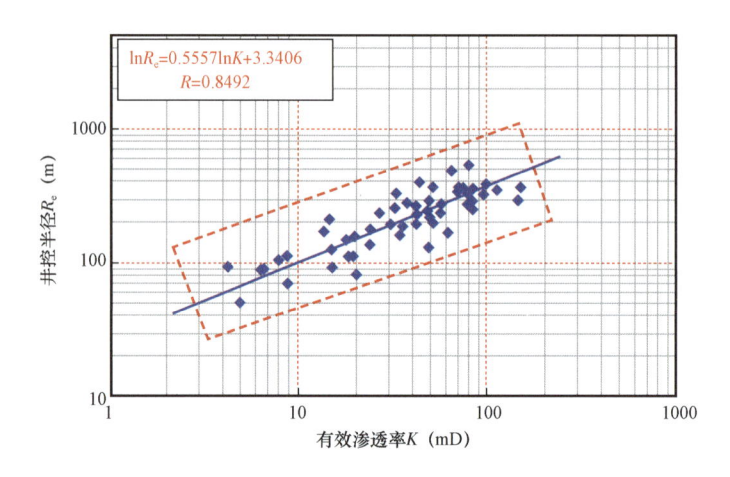

图 6-4-1　大港板桥库群井控半径图版

若给定某气藏有效渗透率,采用类比法即可确定单井井控半径。利用储气库库容量除以单井平均库容量,得到满足库容量有效控制的最少井数,其数学模型描述为:

$$n_1 = \frac{G_{\max}}{G_{wk}} \tag{6-4-1}$$

式中　n_1——满足库容量有效控制的最少井数;
　　　$G_{\max}$——储气库库容量,$10^8 m^3$;
　　　G_{wk}——平均单井库容量,$10^8 m^3$。

考虑储层有效厚度、含气饱和度、孔隙度等参数,式(6-4-1)可简化为:

$$n_1 = \frac{S}{\pi R_e^2} \tag{6-4-2}$$

式中　S——储气库建库含气面积,m^2;
　　　R_e——单井井控半径,m。

(二)地层—井筒—井口多节点协调产量法

利用储气库井产量多节点协调优化结果,根据采气天数、单井采气末期合理产量及设计的工作气量,得到储气库注采井井数,其数学模型可以描述为:

$$n_2 = 10^{-4} \frac{G_{wg}}{tq_g} \qquad (6-4-3)$$

式中 n_2——考虑单井采末合理产量及工作气量的最大注采井数;

G_{wg}——储气库工作气量,$10^8 m^3$;

q_g——单井采气末期合理产量,$10^4 m^3/d$;

t——调峰生产时间,d。

(三)月度不均衡采气需求估算法

利用储气库工作气量、市场月度不均衡系数得到每月日均采气量,通过阶段累计采气量、地层压力及该压力下气井合理产量耦合建立数学模型,取调峰高月和采气末期两个临界运行工况下所需井数的最大值:

$$n_3 = \max[(10^{-4} G_p / \sum m_j)(m_{j\_max}/q_{gj\_max}), (10^{-4} G_p / \sum m_j)(m_{j\_end}/q_{gj\_end})] \qquad (6-4-4)$$

式中 n_3——月度不均衡采气需求估算法的注采井数;

G_p——阶段累计采气量,$10^8 m^3$;

m_j——市场月度不均匀系数;

m_{j_max}——市场最大月度不均匀系数;

q_{gj_max}——单井最大合理产量,$10^4 m^3/d$;

m_{j_end}——采气最末月月度不均匀系数;

q_{gj_max}——单井采气最末月合理产量,$10^4 m^3/d$。

(四)储气库合理注采井数优选

由于储气库运行需同时满足井控物质平衡、单井产能及市场不均衡用气需求。因此,储气库所需注采井井数取以上三种方法结果的最大值:

$$n = \max(n_1, n_2, n_3) \qquad (6-4-5)$$

第五节 注采运行方案及指标优化

本节重点介绍建库注采运行方案设计流程、指标预测及对比方案优选方法,梳理方案设计关心的核心元素,有助于更好地掌握方案编制与指标优化技术,提升建库地质方案设计水平。

一、方案设计流程

方案设计包括两大部分:一是满足库容参数目标的对比方案设计;二是开展注采运行指标预测分析,优选最佳建库地质与气藏工程方案(图6-5-1)[5]。

首先以气藏精细地质和宏观开发特征研究成果为基础,确定基础的注采层系和井网。针对多层气藏,研究合注合采或分层注采。块状底水气藏,井型(直井、定向井、水平井)优选,采用复合井型部署,有效抑制底水锥进,并提高库存控制程度。带油环气顶,首先应充分利用油环形成的隔水屏障,抑制边底水侵入,立足于气顶改建储气库,达标后再改扩建油层增容。因此,气顶—油环井网部署具有层次和梯队,第一排井网应部署在气顶构造高部位,第二排在气顶构造腰部位,第三排在气油过渡带或油环中部,针对井控程度和单井吞吐能力,排数可以适当增加或减少。再结合功能定位和市场调峰需求,考虑注采层系变化、井型、井数、井位等参数组合,设计多套建库注采运行对比方案,开展运行效果分析和方案优选。

最后利用气藏工程和数值模拟手段预测不同建库注采运行方案指标,科学评价库容指标技术经济性,优选推荐建库方案。气藏工程方法主要采用稳定注采周期内平均流量和调峰波形图两种方法预测注气阶段、采气阶段技术指标;数值模拟主要从气液宏观运移规律层面预测注气前缘扩展和气液界面周期变化特征,进而优化注采层系和井网部署,调整气井工作制度,确保气液前缘和界面平稳均匀运移,促进有效库容最大化。同时预测储气库全生命周期复杂的注采运行指标,为钻完井及地面工程方案设计与优化提供科学依据。

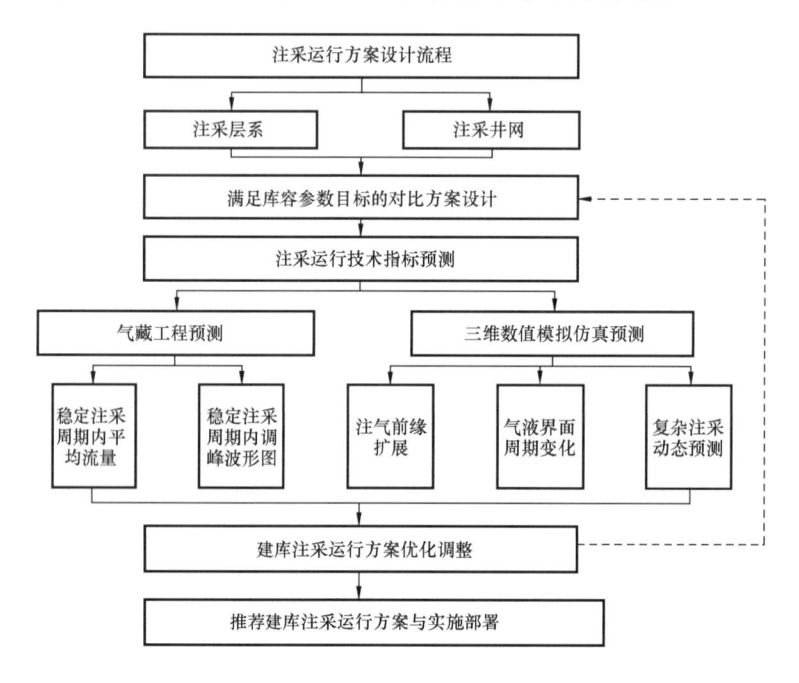

图 6-5-1 建库注采运行方案设计流程

二、运行方式及周期设计

（一）运行方式设计

运行方式即是先注后采还是先采后注,与储气库投产后逐步扩容达产运行方式不同。

先注或先采主要取决于气藏转库始点地层压力水平与气库的下限压力关系。如果建库初始地层压力低于下限压力,则需要先注气补充垫气,将地层压力恢复到下限压力,再注采工作气,进入扩容达产循环过渡阶段。参照国外经验至少 5~8 年。通过多注少采,地层压力逐步恢复到上限压力,库容和工作气量趋于平稳,如新疆呼图壁、西南相国寺、辽河双 6 等储气库,建库时气藏开发至中后期甚至枯竭,采用了先注后采模式。如果建库初始地层压力高于下限压力,则可以直接采气调峰,再循环注采运行;如大港板桥库群的大张坨储气库,建库前采用循环注气保持地层压力,以采凝析油为主,转库始点天然气采出程度仅12%,地层压力水平较高。因此,1999年大张坨储气库投产后直接采气调峰,然后进入循环注采运行。

(二)运行周期设计

运行周期包括采气周期、注气周期、平衡期,主要取决于储气库所在地区供暖季和天然气管网发达程度。

早期由于天然气管网不配套,未实现全国互联互通,采气周期长短一般根据当地供暖周期设计。如北方寒冷,冬季采暖长达5个月;而南方相对暖和,冬季采暖时间较短,一般为4个月。近年来随着国家天然气管网基本配套,通过优化不同节点下载和上载气量,可以实现全国管网互相调配,确保用气安全。如相国寺储气库,采出气通过铜相线进入中贵线向北京反输,为缓解北京地区用气紧张局面发挥了重要作用。因此,具备互联互通条件后,全国储气库采气周期趋于一致,基本为4个月。

注气周期一般在天然气市场需求淡季,每年的4月到10月,大约7个月左右,将富余的天然气注入储气库,确保冬季具有一定的调峰能力。

受不同地区天气寒冷程度,注入气与井筒、储层及流体等热交换速度,采出气温度高低对设备启停影响等,目前平衡期长短仍需进一步研究,国内储气库一般取30~40天。

三、注采指标预测方法

注采指标主要包括流量和压力两类,其中流量数据由注气量、采气量、产油量、产水量构成,压力数据涉及平均地层压力、井底流压、井口压力等。注采指标可以采用气藏工程和数值模拟两种方法预测。

(一)气藏工程方法

气藏工程方法以气井地层渗流和垂直管流能力、库存与视地层压力关系曲线为基础,以井控物质平衡为约束,针对稳定注采周期分别采用平均流量法或月度调峰波形图预测运行指标,快捷方便,非常实用。

1. 平均流量法

储气库进入稳定注采运行阶段,假设注(采)周期月度注(采)气量相同,根据注采初始压力、库存等基础条件,可以预测注(采)初始和末期气井流量与压力等参数,进而得到周期内储气库的注气量、采气量、地层压力;单井平均注气量、采气量、井底流压及井口压力等(表6-5-1、表6-5-2)。

表6-5-1 某库稳定运行周期注气阶段指标预测表

井别	初期					末期					注气天数(d)	日均注气($10^4 m^3$)	阶段注气($10^8 m^3$)
	注气井(口)	气库压力(MPa)	单井日注($10^4 m^3$)	井底压力(MPa)	井口压力(MPa)	总日注气($10^4 m^3$)	注气井(口)	气库压力(MPa)	单井日注($10^4 m^3$)	井底压力(MPa)	井口压力(MPa)	总日注气($10^4 m^3$)			
新井															

表6-5-2 某库稳定运行周期采气阶段指标预测表

井别	初期						末期						采气天数(d)	日均采气(10^4m^3)	阶段采气(10^8m^3)
	采气井(口)	气库压力(MPa)	单井日采(10^4m^3)	井底压力(MPa)	井口压力(MPa)	总日采气(10^4m^3)	采气井(口)	气库压力(MPa)	单井日采(10^4m^3)	井底压力(MPa)	井口压力(MPa)	总日采气(10^4m^3)			
新井															
老井															
合计															

2. 月度调峰波形图法

从目前国内天然气用气市场来看,总体呈现多元化利用发展趋势,主要以城市燃气、发电、化工、工业燃料为主。近些年随着天然气利用市场逐步成熟,限煤禁煤一系列措施和蓝天工程的实施,天然气需求量日益增大,冬夏峰谷差快速增加,尤其是环渤海湾、长三角等发达地区,日峰谷差超过10倍。因此注采指标应该根据实际月度调峰需求量变化(图6-5-2、图6-5-3),有针对性预测不同阶段的注采指标(图6-5-4)。

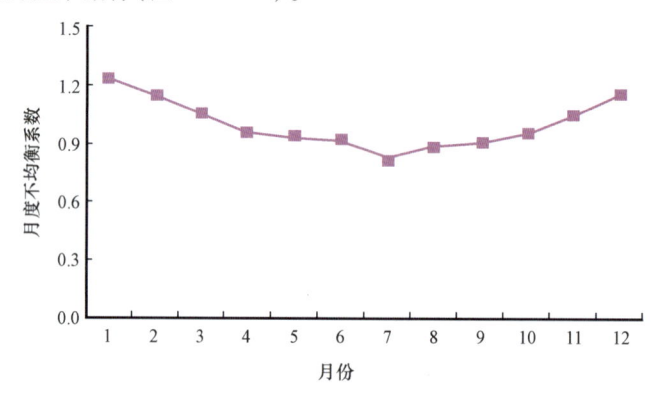

图6-5-2 天然气用气市场月度不均衡系数图

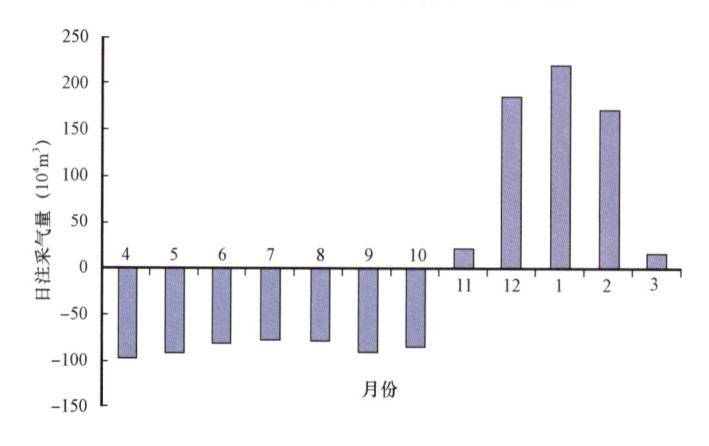

图6-5-3 储气库年度分月注采气量

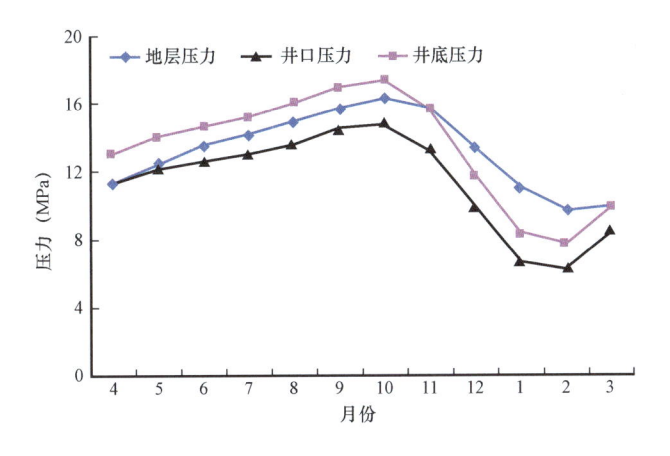

图 6-5-4　库年度分月压力变化预测图

具体预测方法与平均流量法基本相同,唯一差别在于根据不均衡系数计算月度注采气量,以储层不出砂、井底不积液、管柱不冲蚀、采出气井管网为约束条件,以满足库容参数为目标函数,分月预测地层压力、井底压力和井口压力变化。

(二)数值模拟方法

数值模拟可以准确模拟储气库多周期注采过程储层压力、流量等宏观动态特征,精细刻画储层内部气、水(油)等流体分布状态,反映气驱前缘和气液界面往复运移规律,采用多方案对比优化注采井网、注采方式、配产配注量,确保形成的有效库容和工作气量最大化,最后得到建库注采运行推荐方案。

1. 气库数值模拟技术流程

与气藏开发常规数值模拟技术流程基本相同,储气库数值模拟主要包括气藏精细三维地质建模、三维地质模型粗化、气藏开发动态数值模拟模型建立、气藏开发历史拟合、储气库多周期注采指标数值模拟预测等(图 6-5-5)[6-10]。

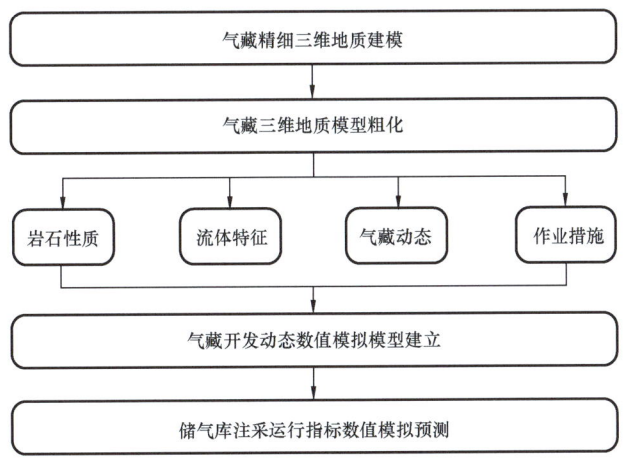

图 6-5-5　气藏型储气库注采仿真数值模拟技术流程图

精细三维地质建模包括从前期的各类基础资料收集整理、三维构造建模、相建模、属性建模直至模型粗化与建模数值模拟动态模型对接。但是，由于需要充分考虑储气库注采渗流机理的复杂性及准确反映高速流条件下的储层动态，精细地质建模具有以下三点特殊要求：

（1）充分利用前期气藏勘探开发各类已有资料和改建储气库新增的地质、地震、钻完井、测井及岩心分析等解释成果，重新核实构造、属性和建库前流体分布特征[11]，尽可能建立网格细分的高精度三维地质模型，以精细描述储层平面和纵向非均质性。

（2）利用测井解释、气藏开发动态等各类资料，与三维精细地质模型相互结合，准确刻画气藏开发建库前地层气、水（油）分布特征，为后期储气库注采数值模拟提供坚实依据。

（3）为准确反映储气库往复注采储层周期应力敏感特征，储气库精细三维地质建模需要结合矿场和室内地应力、岩石力学等测试解释成果，以精细三维地质模型为基础，通过地质力学数值模拟反演，建立储气库三维地质力学模型，为开展注采渗流—地应力耦合数值模拟奠定基础。

与气藏开发相比，储气库数值模拟整体技术流程、输入参数要求、历史拟合与模拟预测等与气藏开发数值模拟基本一致，但在渗流机理、井筒和地面管网流动模拟等方面具有其特殊性和复杂性。

（1）三维地质模型粗化。

根据储层地质特征、气藏开发动态特别是水侵特征以及考虑改建储气库新钻井、注采运行方式等多因素，开展精细地质模型粗化，兼顾地质构造、属性和数值模拟网格数量，尤其是处于过渡带区域网格需要进行合理粗化，为后期储气库高速注采数值模拟反映气水（油）交互驱替奠定基础。

（2）气藏开发动态数值模拟模型建立。

在模型粗化基础上，通过导入岩石系数、毛细管力曲线、相对渗透率曲线等岩石物理和流体压缩系数、密度、黏度（或其与压力的关系）等流体资料和气藏开发过程产气、水、油等动态资料，以及气藏开发过程各种工程作业措施如压裂、部分层段封堵等，初步建立气藏开发数值模拟动态模型，该模型预测结果可能与实际气藏开发存在一定差异。

按照"先压力，后产水"原则，通过调整局部净毛比、渗透率、水体能量等不确定性参数，依次拟合储量、产量（气藏拟合产气量、油藏拟合产油量）、地层压力、单井静压、流压、井口压力和产水、气油比等。在有生产测井资料或气藏开发改建储气库前测试的产气（液）剖面，需要对这些特殊测试资料进行拟合，以准确刻画建库前地层流体三维分布特征，特别是地层非均质性对流体微观和宏观分布的影响。

气藏开发末数值模拟历史拟合地层流体分布需要与精细地质建模刻画的建库前地层流体分布对比核实，为后续储气库数值模拟提供良好基础。

（3）储气库注采运行指标数值模拟预测。

在开展储气库注采数值模拟历史拟合与预测之前，需要根据模拟研究气藏地质和开发特征，针对前述4项主要复杂渗流机理，结合室内物理模拟实验，研究建立数值模拟方法，为储气库数值模拟历史拟合与预测奠定基础。

储气库主要运行指标包括运行压力区间优化、有效库容、工作气量、注采井数、日注采气能力等。同时，通过数值模拟技术也可优化注采层系、注采井型、井网等，优化原则与气藏开发基本相同。

目前国内气藏型储气库运行上限压力一般均选定为气藏原始地层压力,下限压力的确定需要综合考虑工作气量、井调峰采气进站压力、地层水侵及注采井数等因素。通过反映地层非均质性和各向异性特征的三维可视化数值模拟技术,模拟分析不同下限压力下工作气量、地层水侵流体分布、储层平面和纵向有效动用等多因素,优化取得运行下限压力。

在运行压力区间确定基础上,通过与室内物理模拟相结合,分区分带计算含气孔隙空间和动用效率,最终确定储气库高速注采条件下有效库容。在此基础上,结合井注采气能力、注采井型和井数,数值模拟优化确定工作气量。

特别需要指出的是,储气库作为调峰、应急采气和储备设施,其注采运行受市场用气需求、管网安全和应急事故等多种不确定因素影响,注采作业转换频繁,运行工况非常复杂。井筒流动能力、井口压力干扰、单井与地面管网连接和压缩机工况等均对储气库注采气能力和潜在能力的发挥具有非常重要的影响,如注气过程中井口压力的限制将导致有限时间内注气量减少,由于注采气能力的差异导致注采气过程中连接至同一地面管道的多口井井口压力严重干扰,降低单井实际注采气量。因此,在储气库注采运行指标数值模拟预测中需要开展地下地面一体化仿真模拟,充分考虑地面约束对储气库注采调峰采气和储备能力的影响。

2. 储气库数值模拟研究重点

储气库数值模拟可以实现三维可视化仿真模拟,直观反应不同注采井网、注采方式等诸多复合条件下储气库建库扩容达产直至稳定运行过程中,地层压力、气驱前缘、气液界面及动用库存逐年变化规律,以及最终建成的库容量、工作气量,科学指导推荐方案比选,提高建库技术经济性和方案设计水平。

1)三维仿真模拟多周期注采气液前缘变化规律

数值模拟从可视化的角度,清晰地给出了不同注采阶段气液界面呼吸效应,重点优化下限压力,临界采气工作制度等。本部分以 S4 下限压力优选为例,顶部射开层位 FFZ3 – 5 小层和 SMJGZ1 小层,对于不同下限压力的压降采气阶段,可视化展示不同射开层位含气饱和度平面分布图,真实地反映储层不同部位在采气过程的水侵状况,进而为下限压力设计提供依据。

当地层压力保持在 29.9MPa 时,顶部 FFZ3 小层没有出现明显的水侵现象,同时 FFZ6 – 5 小层中高部位和 SMJGZ1 小层高部位也没出现明显的水侵现象,从过 S4 – 14 井气藏短轴含气饱和度剖面(图 6 – 5 – 6)也可以清晰看出,裂缝系统气水前缘位置已经上移至 4730m 左右。

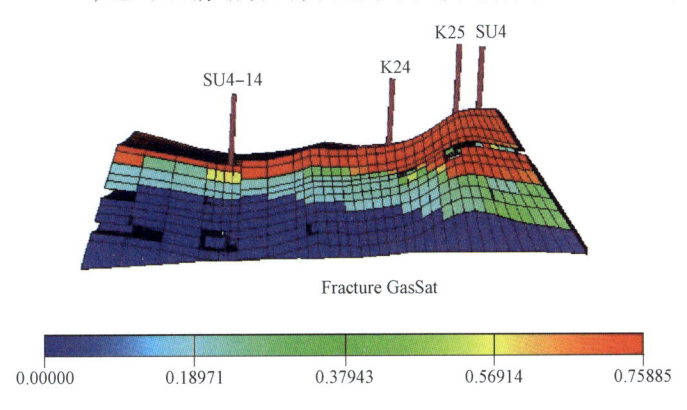

图 6 – 5 – 6 地层压力 29.9MPa 气藏含气饱和度剖面图

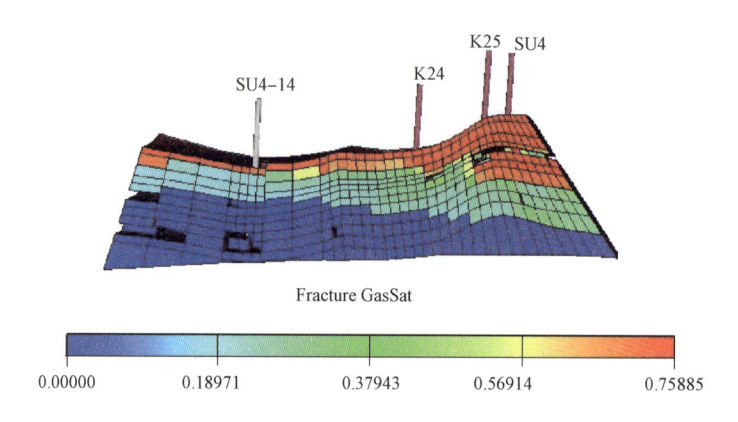

图 6-5-7　地层压力 28.0MPa 气藏含气饱和度剖面图

当地层压力降至 28MPa 时,顶部 FFZ3 小层没有出现明显的水侵现象,但其下的 FFZ4 小层、FFZ5 小层构造中部均已出现较大面积的水侵现象,同时 SMJGZ1 小层高部位也出现了局部明显的水侵现象,从过 S4-14 井气藏短轴含气饱和度剖面(图 6-5-7)也可以清晰看出,裂缝系统气水前缘位置已经上移至 4700m 左右。

当地层压力降至 26MPa 时,顶部 FFZ3 小层中高部位已经出现了明显的局部水侵现象,而其下各小层均已出现较大面积的水侵现象,其中 FFZ5 小层和 SMJGZ1 小层裂缝系统已经基本水淹,从过 S4-14 井气藏短轴含气饱和度剖面(图 6-5-8)也可以清晰看出,裂缝系统气水前缘位置已经上移至 4640m 左右。

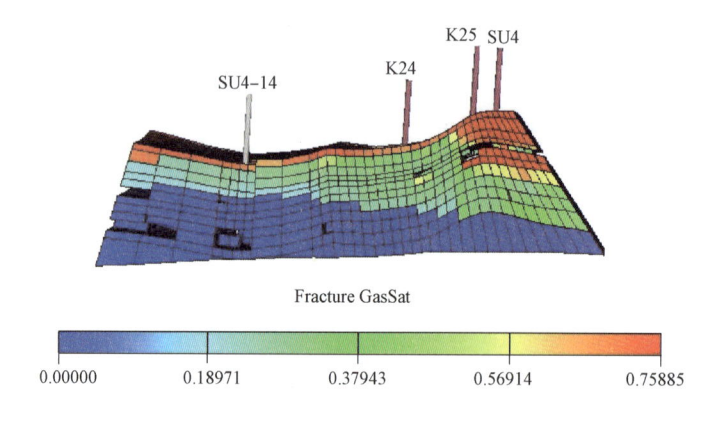

图 6-5-8　地层压力为 26.0MPa 气藏含气饱和度剖面图

从数值模拟采气指标预测结果和顶部各小层含气饱和度变化综合分析,气库运行下限压力保持在 29.9MPa 时较为稳妥,气井采气末期受水侵的影响较小,部分位置稍低一些的气井即使带水生产,水量也较小,不会对气井产能造成大的影响;当气库运行下限压力保持在 28MPa 时,已经存在较大风险,由于 FFZ4 小层、FFZ5 小层构造中部均已出现较大面积的水侵现象,致使构造中部采气带水产量较高,将对气井生产能力造成较大的影响;当气库运行下限压力保持在 26MPa 时,由于顶部 FFZ3 小层已经出现了局部水侵现象,气井将大面积带水生产,且产水量较高,气井生产普遍恶化,产气能力难以得到保证。

2）多周期注采运行指标变化预测

与气藏工程方法相比，数值模拟可以预测扩容达产循环过渡周期和稳定注采运行阶段更加全面翔实的注采指标，包括注采不同阶段压力、流量数据，尤其是采气阶段采气量、产油量、产水量。采用数值模拟手段，模拟了 S4 对比方案建库 10 个注采周期主要技术指标，多周期仿真注采运行动态模拟表明：

在多周期注气阶段的日注气目标量能够实现，从库容量和注气末地层压力变化曲线分析（图 6-5-9），由于气库在多周期采气阶段的日采气目标量均无法实现，从而造成多周期运行以后，库容量和注气末地层压力有一定程度上升。

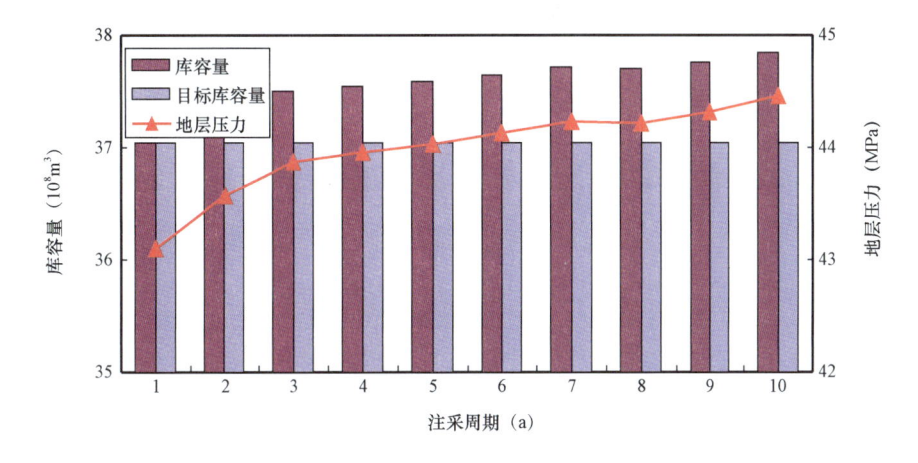

图 6-5-9 周期库容量与注气末地层压力变化曲线

在多周期采气阶段的日采气目标量均不能实现，但差距不大，从多周期工作气量与采气末地层压力变化曲线分析（图 6-5-10），运行初期反映到压力下限（29.9MPa）时达到的工作气量与目标值有一定差距，但差距不大，表明 300~400m 井距注采井网，由于受储层非均质性强、物性差及中部气井水侵的影响完成目标工作气量存在一定的风险。中期以后，由于采气末地层压力逐步上升，工作气量与目标值差距已经接近。

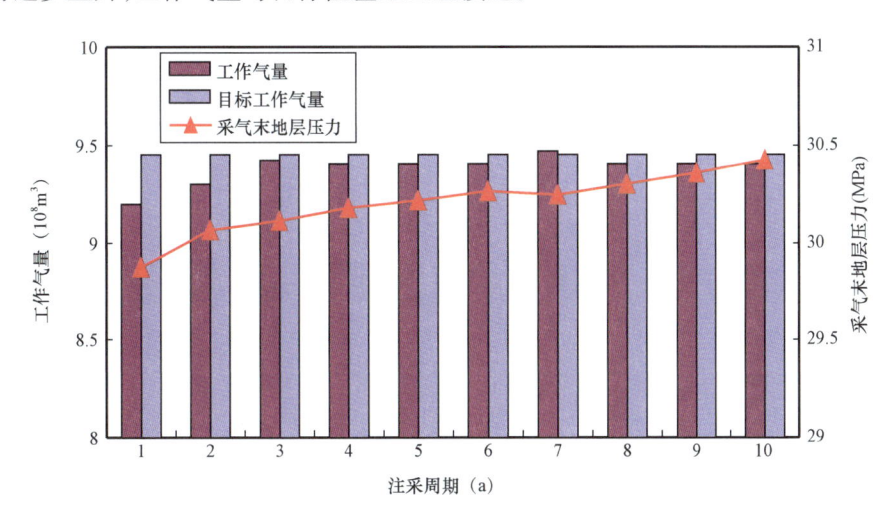

图 6-5-10 多周期工作气量与采气末地层压力变化曲线

从多周期采气阶段采液量变化曲线分析(图6-5-11),周期累计产水量总体变化趋势是逐步下降,初期下降幅度很快,后期递减逐步趋缓;随着干气注入量的不断增加,周期累计产油量总体变化趋势较为稳定。

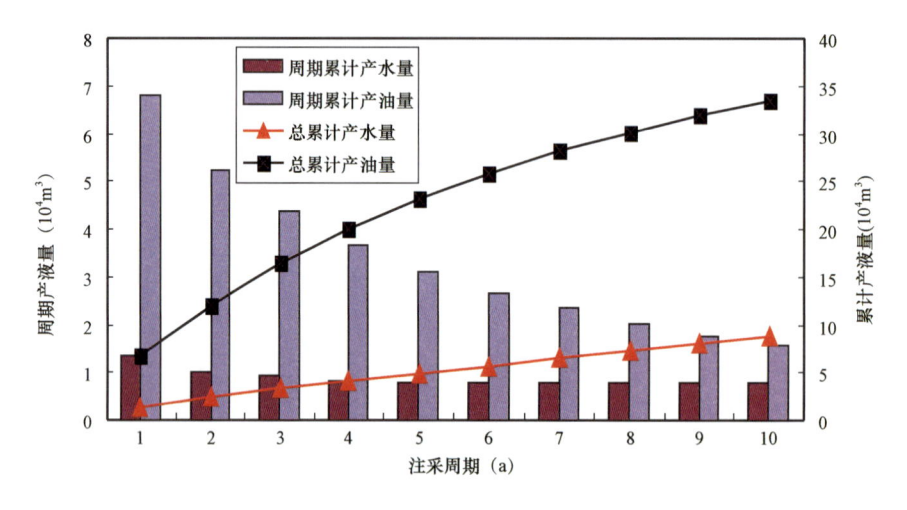

图6-5-11 多周期累计采液量变化曲线

对于特殊流体气藏改建储气库,可以利用三维三相组分模型研究地层H_2S浓度变化(图6-5-12),科学确定注采井网和运行方式,快速置换H_2S,为优化地面处理系统提供科学依据。

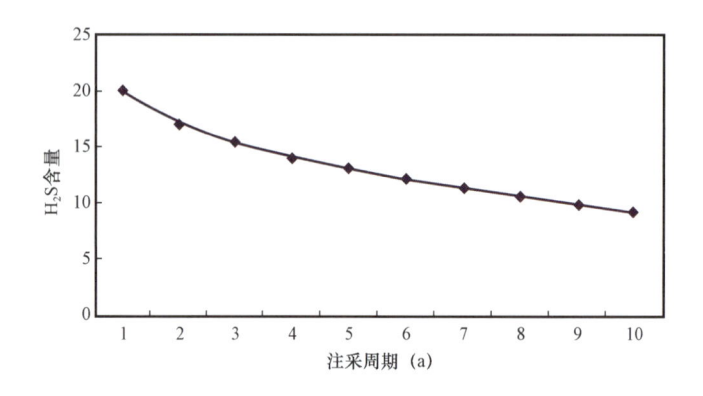

图6-5-12 多周期注采过程井流物H_2S含量变化预测曲线

第六节 建库地质方案部署与实施建议

一、地质方案部署

方案部署主要包括注采层系、注采(排液、监测)井网布置、注采(排液井、监测井)射孔方式、储气库设计库容参数(库容量、工作气量、垫气量、补充垫气量)、单井日均注气量、气库日均注气量、单井日均(高峰)采气量、气库日均(调峰)采气量、注采始末地层(井口、井底)压力等。

二、井部署

主要针对地质特点、方案设计要求,分期分批部署实施钻井工程,排定井号、井别、井数,为钻完井工程设计提供依据。以 H 储气库为例,整体部署,分两期实施。2010 年开始钻井,到 2012 年 6 月完钻Ⅰ期建设所需的 25 口注采井、2 口监测井及 2 口污水回注井;在 2012 年注入附加垫气,将地层压力恢复到设计的下限压力,2013 年到 2014 年完钻Ⅱ期建设新增的 9 口井及相应的注采配套工程。

三、实施要求

根据方案设计时对资料的掌握程度和建库技术先进性,需提示可能存在的地质和工程风险,明确储气库建设实施总体要求,确保井工程实施的安全性和可靠性。储气库建设现场实施要求主要包括 5 个方面:

(1)对影响储气库运行安全的老井需按照储气库老井封堵处理要求进行封井。
(2)建库时压力系数低、注采井数多的情形,应考虑分期分批实施。
(3)根据储气库已完钻井资料及地质认识,对后续待钻井位进行优化调整。
(4)根据储气库地层压力及储层情况,提出储层保护及防塌防漏等地质要求。
(5)严格遵守国家、地方及石油行业 HSE 相关的规定和要求。

参 考 文 献

[1] 马新华,郑得文,申瑞臣,等. 中国复杂地质条件气藏型储气库建库关键技术与实践[J]. 石油勘探与开发,2018,45(3):489-499.
[2] 阳小平,王起京,张雄君,等. 大张坨气藏改建地下储气库配套技术研究[J]. 天然气工业,2008,2(2):45-47.
[3] 姜凤光,王皆明. 碳酸盐岩裂缝性油藏建储气库气井产能评价[J]. 储运与集输工程,2009,29(9):103-105.
[4] 王皆明,朱亚东,王莉,等. 北京地区地下储气库方案研究[J]. 石油学报,2000,21(3):100-104.
[5] 胥洪成,董宏,吕建,等. 水侵枯竭气藏型储气库运行初期合理配注方法[J]. 天然气工业,2017,37(2):92-96.
[6] 王皆明,张昱文,丁国生,等. 任 11 井潜山油藏改建地下储气库关键技术研究[J]. 天然气地球科学,2004,15(4):406-411.
[7] 王皆明,姜凤光. 砂岩油藏改建地下储气库注气能力预测方法[J]. 天然气地球科学,2008,19(5):727-729.
[8] 马小明,余贝贝,马东博,等. 砂岩枯竭型气藏改建地下储气库方案设计配套技术[J]. 集输工程,2010,30(8):67-71.
[9] 王彬,陈超,李道清,等. 新疆 H 型储气库注采气能力评价方法[J]. 特种油气藏,2015,22(5):78-81.
[10] 钱根葆,王延杰,王彬,等. 中渗透砂岩气藏地下储气库改建技术[M]. 北京:石油工业出版社,2016.

第七章 储气库动态监测方法

储气库运行方式与气藏开发存在显著差异,气藏开发过程中地层压力缓慢递减,风险持续降低,仅需关注含气范围内流体和压力变化,动态监测要求较低。然而,储气库多周期快速注采,交变应力下盖层及断层变形,诱发密封失效风险增大,以及高速注气过程中流体运移的有效控制均要求开展更大范围的全方位动态监测。储气库作为一项系统工程,为了及时掌握运行动态,保障全生命周期安全有效运行,必须建立系统化、永久化、动态化的监测体系。通过科学、合理、有效地布置储气库监测井系统,重点监测储气库的密封性、运行动态参数、流体运移及气液界面变化等,为储气库安全、科学、高效运行提供第一手资料[1,2]。

第一节 动态监测体系及监测内容

动态监测是储气库运行过程中的一项重要工作,贯穿于储气库运行始终。动态监测是运用各种仪器、仪表,采用不同的测试手段和测量方法,获取储气库注采过程中储层参数、气井注采能力、流体运移及分布、圈闭密封性等动态资料,为储气库运行管理、安全评价及动态分析等提供科学依据。

目前国外储气库注采过程中的动态监测技术相对成熟,监测系统完善,监测功能多样,监测仪器及方法配套齐全;我国储气库建设起步较晚,动态监测技术落后,但长期的油气田开发实践和国外成熟的动态监测技术为我国开展储气库动态监测工作提供了可以借鉴的经验和技术。

一、动态监测体系

储气库动态监测体系主要包括井工程监测、圈闭密封性监测、内部运行动态监测三大方面,涵盖储气库建设运行全过程监测(图7-1-1)。

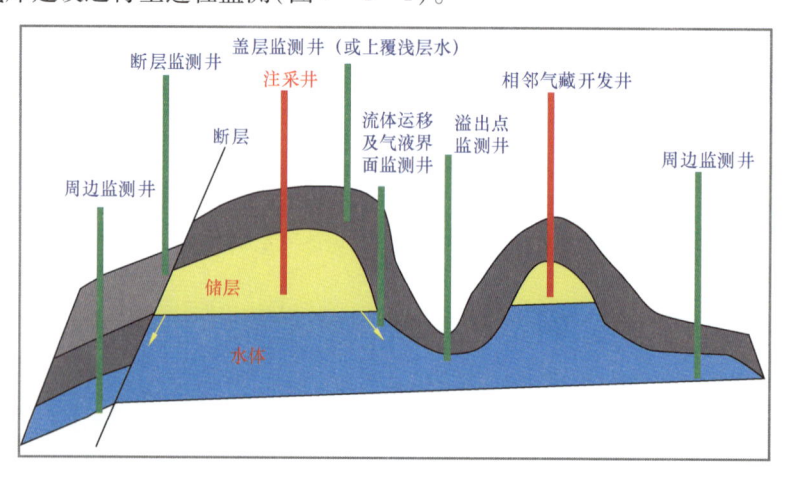

图7-1-1 储气库动态监测体系布置示意图

(一)井工程监测

针对建库前气藏可利用老井井身质量检测,新井钻完井及试油试气、井下技术状况监测,确保气井完整性。

(二)圈闭密封性监测

对含气区域内盖层、断裂系统、溢出点、周边储层及上覆渗透层和浅层水域监测天然气泄漏,确保注入储气库的天然气能存得住。

(三)内部运行动态监测

内部运行动态监测内容包括注采动态数据、内部温压、流体性质、气液界面与流体运移、注采井产能等,了解单井注采气能力、储层性质、流体物性及变化等,指导储气库扩容达产、优化配产配注及井工作制度调整。

二、动态监测主要内容

储气库的动态监测工作主要通过气井完成,完善系统的监测井网是实现动态监测的首要条件。除了利用注采井开展必要的动态监测外,一般还需要在储气库中部署大量的监测井,这些监测井具有不同的监测功能和要求。对于开发历史长的气藏型储气库,为了节约投资、降低成本,在保证安全运行的前提下,废弃老井也可作为注采井和监测井。新钻井和可利用老井共同构成储气库监测井网系统,实现动态监测与资料录取功能。储气库动态监测内容及目的见表7-1-1。

表7-1-1 储气库动态监测主要内容和目的

序号	内容		监测对象	监测目的
1	注采井动态测试		注采井(新钻井和老井)	获取注采井注采能力方程、产吸剖面、储层参数、井间连通情况等,为储气库动态分析、效果评价及方案调整提供依据
2	圈闭密封性运行监测	盖层气体密封性监测	监测井(新钻井和老井)	监测盖层可能存在的天然气漏失
3		断裂气体密封性监测		监测断裂系统可能存在的天然气漏失
4		上覆浅层水监测		监测可能产生的工程漏失,避免污染上覆浅层水源,保护地下水源环境
5		流体运移及气液界面监测		监测储气库运行过程中流体运移及气液界面变化情况
6		周边及溢出点监测		监测储气库运行过程中通过周边及圈闭溢出点可能存在的气体漏失
7	井筒完整性检测		注采井、监测井及老井	定期监测套管、接箍损伤、腐蚀、内径变化、射孔质量和管柱结构等井下技术状况

(一)注采井(新钻井和老井)

储气库注气井和采气井大部分合用,一般部署在构造顶部、物性较好的区域,注采井是储气库注采系统的主要组成部分,同时也是储气库动态监测体系的重要组成部分。通过开展注采井动态测试工作,如注采气能力系统试井、产吸剖面测试、单井及多井不稳定试井等,评价注采气井地层注采能力、层间动用状态、储层参数及井间连通情况,为储气库动态分析、效果评价及方案调整提供依据。

(二)监测井(新钻井和老井)

依据不同的监测功能和要求,监测井主要监测盖层气体密封性、断裂气体密封性、上覆浅层水、流体运移及气液界面、周边及溢出点,以及井筒完整性,监测内容主要包括温度压力、流体流量、流体组成及物性等。

三、动态监测要求

(1)每周期运行前应编制储气库年度动态监测计划,包括监测目的、内容、时间及井号等,包括流体分析化验、系统试井解释、不稳定试井解释、产吸剖面测试、储气库完整性监测等。

(2)注采初期和末期应开展各类动态监测工作,可根据矿场需求适时加密测试。

(3)第一注气周期应重视和加强动态监测工作,尤其是圈闭密封性、流体运移等测试,有效衔接储气库设计方案与注采方案,保障储气库安全合理运行。

(4)每周期动态监测结束后,应编制单项动态监测分析解释报告或年度动态监测总结报告,包括流体分析化验、系统试井解释、不稳定试井解释、产吸剖面测试、储气库完整性监测等。

第二节 注采井动态测试

一、产能试井

气井产能试井的主要目的是确定气井井底流入流出动态,即确定注采井地层稳定流动方程。根据产能试井提供的数据,确定气井合理注采气能力、分析井底伤害程度等,也为储气库注采能力预测、运行方案编制及数值模拟等提供必要参数[3]。

(一)产能试井方法

注采井产能试井方法及解释与常规气田开发基本相同,主要包括回压试井法、等时试井法及修正等时试井法。储气库具有强注强采的特点,而且一般选择物性较好、砂体纵横向分布稳定的储层作为建库目的层,主要采用回压试井法,简单快速、方便实用,且不会对注采产生较大影响。

(二)地层稳定渗流方程

整理注采气井产能试井资料,通过参数计算可获得注采井地层稳定渗流方程,分析气井合理注采能力。

二、不稳定试井

不稳定试井是在生产过程中研究储气库动静态的一种方法,利用气井以某一产量进行生产时(或以某一产量生产一段时间后关井时),根据测得的井底压力随时间变化的资料,反求各种地层参数。

不稳定试井方法与气田开发基本相同,主要包括单井试井和多井试井,其中单井试井包括压力恢复、压力降落、变流量试井和探边测试等,可根据测试目的和生产条件选择。优先选择关井测压力恢复(注水井压力降落),考虑资料采集难易程度、经济合理和适应性时,可选择变流量方式取得不稳定压力数据。多井试井是为了确定井间的连通情况,主要包括干扰试井和脉冲试井,若储层物性好、井间连通,可采用脉冲试井方法,否则应采用干扰试井方法。

三、产吸剖面监测

对于出水量大的井、产量波动较大的井、储产层关系不清的井、增产措施前后及多层合采的井,应开展产吸剖面监测。绘制各注采井单砂体纵向上的产气剖面和产液剖面,分析主力产气层位和主要产液层位,分析不同时间测得的产吸剖面,准确了解各单砂体产气和产液剖面变化情况,制订相应措施,获得较好的运行效果。

产吸剖面监测方法与气田开发基本相同,一般在投产初期有选择地进行产吸剖面监测,以后每年选择部分重点注采井进行产吸剖面监测。对于疏松砂岩气藏改建的储气库,还应监测气井出砂状况,同时加强储气库排液井的动液面、抽油机示功图等监测。

第三节 圈闭密封性运行监测

一、盖层气体密封性监测

(一)监测目的

通过在直接盖层之上储层布置监测井(新钻井或老井),监测储气库运行过程中盖层可能存在的天然气漏失[4]。

(二)监测井井位布置

布置在盖层岩性变化、厚度变薄区域及内部断裂发育区易发生漏失区域处。

(三)监测内容及要求

除常规压力、温度资料外,还应重点开展地层水烃类含量、示踪剂(放射性气体)监测,方法及要求见表7-3-1。

表7-3-1 盖层气体密封性监测方法及要求

监测内容	监测方法	监测要求
地层水烃类含量监测(盖层密封性监测)	定期下取样器获取直接盖层之上储层水样,利用气相色谱法或其他方法分析地层水中烃类含量变化	每半年应测取一次,每年不少于两次;若连续监测压力温度及液面出现异常变化,可根据实际情况及时进行地层水取样,分析烃类含量变化
示踪剂(放射性气体)监测	在盖层易漏失处附近的注气井中持续注入示踪剂(放射性气体)	定期在监测井中检测盖层上覆地层水中示踪剂(放射性气体)含量

1. 压力、温度监测

(1)在井口安装压力表,连续监测井内压力变化。

(2)对于重点监测井,要采用井下永置式压力计连续实测压力。

(3)定期采取井筒内下压力计的方式,测取地层压力,测量液面,并记录井口油压、套压,每半年应测一次,每年不少于两次。

(4)监测地层压力时应同时下入温度计测地层温度、井筒温度梯度等。

(5)根据实际情况适当加密监测压力和温度。

2. 地层水烃类含量监测

(1)定期下取样器获取直接盖层之上储层水样,利用气相色谱法或其他方法分析水中烃类含量变化。

(2)每半年应测取一次,每年不少于两次。

(3)若连续监测时压力、温度及液面出现异常变化,可根据实际情况及时进行地层水取样,分析烃类含量变化。

3. 示踪剂(放射性气体)监测

(1)选择合适的示踪剂(放射性气体),主要要求为:① 背景浓度极低,易于检测识别;② 在地层中吸附滞留量少;③ 化学稳定性强,与地层配伍性好;④ 分析方法简单,灵敏度高;⑤ 成本低,无毒安全;⑥ 放射性气体对人体无伤害或伤害极小。

(2)在盖层易漏失处附近的注气井中持续注入示踪剂(放射性气体)。

(3)定期在监测井中检测盖层上覆地层水中示踪剂(放射性气体)含量。

二、断裂系统气体密封性监测

(一)监测目的

在储气库断裂系统另一侧布置监测井(新钻井或老井),监测储气库运行过程中断裂系统可能存在的天然气漏失。

(二)监测井布置

监测井主要布置在断层两侧断移地层较薄,侧向及垂向封闭性存在较大风险的区域。

(三)监测内容及要求

监测内容包括压力、温度监测和示踪剂(放射性气体)监测,监测方法及要求与盖层气体密封性监测相同。

三、上覆浅层水监测

(一)监测目的

在上覆浅层水中布置监测井(新钻井或老井),监测储气库运行过程中通过老井或注采井井筒各级胶结面可能产生的工程漏失,避免污染上覆浅层水源,保护地下水源环境。

(二)监测井井位布置

在老井集中、井况复杂的区域部署裸眼井或盲井,监测井应钻到监测层的底部,但不应钻穿隔离监测含水层之下含水层的盖层。

(三)监测内容及要求

监测内容包括压力、温度监测和地层水烃类含量监测,监测方法及要求与盖层气体密封性监测相同。

四、气液界面及流体运移监测

(一)监测目的

在储气库外围和内部合理布置监测井(新钻井或老井),监测储气库运行过程中流体运移及气液界面变化情况,及时掌握储气库运行现状,内部监测井系统也可同时用于监测储气库流体运移。

(二)监测井井位布置

布置在流体运移主要方向及气液界面附近,主要考虑在气藏顶部、过渡带及周边。

(三)监测内容及要求

监测方法包括示踪剂(放射性气体)监测、探边测试、气液界面仪、碳氧比测井、压力方法、中子测井(盲井)等。气液界面仪和地震层析成像可确定气液界面;激发极化法电测、高精密重力测量、脉冲光谱伽马测井等方法可确定气液界面和流体运移;四维地震和示踪剂(放射性气体)监测可监测流体运移方向和气驱前缘变化趋势。气液界面及流体运移监测常用方法及要求见表7-3-2。

表7-3-2 储气库气液界面及流体运移监测方法及要求

监测内容	监测方法	监测要求
流体运移方向	示踪剂(放射性气体)监测	定期检测地层流体中示踪剂含量
气液界面	探边测试、气液界面仪、碳氧比测井、压力方法	注采转换期至少应测一次,每年不少于两次;宜与注采气井试井相结合,同时安排现场测试
气体饱和度	中子测井(盲井)	测井盲井位于储气库顶部区域,井应向下钻进至储气库底部,带无孔内衬和底部水泥塞,定期测井分析气体饱和度

五、周边及溢出点监测

(一)监测目的

在储气库周边及圈闭溢出点附近布置监测井(新钻井或老井),监测储气库运行过程中通过周边及圈闭溢出点可能存在的气体漏失。

(二)监测井井位布置

布置在储气库周边及圈闭溢出点附近区域。

(三)监测内容及要求

监测内容包括压力、温度监测,示踪剂(放射性气体)监测,流体性质及组分监测,监测方法及要求与盖层气体密封性监测相同。

第四节 井筒完整性检测

建立储气库套管监测系统,定期检测套管、接箍损伤、腐蚀、内径变化、射孔质量和管柱结构等井下技术状况,对固井质量差的井及部位要进行重点监测,监测范围包括注采气井、部署监测井及老井。

一、完整性破坏原因

储气库设计寿命至少在50年以上,但在长期交变应力和恶劣工况条件下,注采井井筒完整性常遭到破坏,给储气库安全、高效运行带来隐患。井筒完整性破坏的原因包括:

(1) H_2S、CO_2酸性气体对注采管柱的腐蚀。
(2)采出酸性地层水对注采管柱的腐蚀。
(3)井筒流体对注采管柱的冲蚀。
(4)井下封隔器失效。
(5)固井质量不合格。
(6)交变应力条件下井筒与储层胶结面出现微细裂纹、微环空。

二、完整性管理主要内容及目标

(一)完整性管理主要内容

(1)对储气库各类井的风险进行识别和技术评价。
(2)制订相应的风险控制和削减措施。
(3)将井的风险削减和控制在可接受范围内。

(二)完整性管理目标

(1)设计、施工过程的风险可控。
(2)进行监测、检测、检验,获取完整性信息。
(3)可用性、安全性评估。
(4)形成储气库井筒完整性管理标准。

三、完整性管理方法

(一)储气库各类井风险预控——设计

(1)在选库和布井上保证储气库安全:① 对气藏进行综合地质评价,从地质方面保证储气库储层的密闭性和完好性。② 井位部署时,井底靶位离断层100m以上,防止注采井附近压力频繁变化对断层封闭性产生影响。

（2）钻完井安全预控：① 井口集中布置。② 井眼轨迹绕障防碰。③ 井身结构,包括施工安全、保护储层,进行"两开""三开"。④ 钻井、完井过程中的储气地层保护措施。⑤ 加强储气库注采井的安全控制措施,包括固井、气密封油套管、生产管柱、井下安全措施。

（3）井身结构设计与安全预控：① 油套管防腐技术。② 优选井下工具配套技术,降低生产过程的风险。③ 井下压力监测,为井下设备风险分析提供依据。

（4）老井封堵：① 国内油气田普遍采用在射孔层段之上打一个 20~50m 的悬空水泥塞,防止油气沿井筒上窜;国外除打悬空水泥塞外,也对未固结的套管进行取套回收后全井眼封堵,防止油气上窜和保护浅水层。② 封堵要求,做到彻底封堵储气层,封堵原固井质量不好的套管外环空,套管内全井段挤注水泥塞。

（5）地质灾害与周边环境的管理：① 湿地和泄洪区井口的特殊设计和井场管理。② 盐池井场井口管理。③ 开发区与人口稠密地区的井场井口管理。④ 老井井场井口的保护补救措施。

（二）储气库各类井生产过程风险预控——无缝管理

（1）针对储气库运行管理特点,加强全过程跟踪评价。① 储气库状况跟踪分析：储气层、井、地面装置。② 注采方案编制及实施。③ 生产管理及状况跟踪监测。④ 效果评价：扩容情况、生产指标、效率等。

（2）逐步淘汰或改进不适应储气库工况的设备,降低作业过程中的风险。① 由多井集中地面安全控制系统转为单井地面安全控制系统。② "不压井、不动生产管柱、不伤害储层"的过油管电缆射孔技术和天然气回收技术。③ 排液井更换井口、加深尾管措施。

（三）井的完整性管理实施与安全理念的提高

（1）储气库注采井不同于油气田的开发井。

（2）排水井（老井利用）的排水有利于水侵气藏扩容,但必须按照储气库气井管理标准管理。

（3）一口井可以报废一座储气库。老井封堵是气藏建库成败的关键,必须将气藏区域内所有老井妥善处置后才能再改建储气库。

（4）监测井对储气库运行具有重要影响,要根据构造的不同特点部署监测井。

（四）完整性检测主要内容

（1）固井质量监测。形成以 IBC 为主的固井质量监测手段,或采用固井声波测井（CBL）、声波变密度测井（VDL）等方法。

（2）设备完整性监测。包括高精度井温监测等在内的设备失效监测,监测油管、封隔器、安全阀、井口装置等设备完整性。

（3）腐蚀监测。包括超声波、电磁探伤在内的腐蚀监测。

（4）完整性监测新技术。国外采用地球化学监测、氦—钍微量元素测量直接判断圈闭天然气漏失。利用微地震技术解释处理由注采交变应力产生的微地震事件及其应力应变强度,判断圈闭密封性失效风险。运用新近发展的空间对地观测技术,如干涉雷达测量（InSAR）和全球定位系统(GPS)联合监测储气库含气区域及周边地表沉降等。

参 考 文 献

[1] Donald L. Katz. Monitoring gas storage reservoirs[J]. SPE 3287,1971.
[2] Glenn A,Knepper J E. Cuthbert. Gas storage problems and detection methods[J]. SPE 8412,1979.
[3] 陈科贵,胡俊,谌海云. 油气田生产测井[M]. 北京:石油工业出版社,2009.
[4] 徐论勋,赵明跃. 石油钻采地质生产实习指导书[M]. 北京:石油工业出版社,2001.

第八章 储气库库存分析与预测方法

储气库完成工程设计与建设后,即进入正式注采运行阶段。储气库运行时间一般要求在50年以上,运行中涉及专业多、范围广,如何实现储气库科学合理运行管理是投产后面临的首要问题,从地质与气藏工程专业来说,库存分析与预测是运行管理中首先要考虑的重要问题之一。本章从库存管理的意义与基本内容、库存量管理与评价、库存指标分析与预测等方面介绍了储气库库存分析与预测方法,同时根据已建气藏型储气库多年运行规律,总结了典型库存曲线,对储气库库存分析与预测具有重要参考价值[1-3]。

第一节 库存管理的意义

库存管理分为狭义和广义两种:狭义库存管理指对储气库的库存量进行计算、诊断及评价,管理对象和任务非常明确,分析方法和内容单一、具体;广义库存管理指与注采运行有关的所有对象及内容均纳入管理范畴,不仅涵盖狭义的库存管理,还包括运行数据管理与分析、技术指标分析与预测、注采能力预测与优化配产配注等,管理对象和任务扩大,分析方法和内容灵活多样,随着认识不断深入,分析方法可以进一步丰富完善。

库存管理是地质与气藏工程专业运行管理中一项关键的内容,管理水平和质量对储气库安全有效运行至关重要,在储气库科学优化中也发挥重要作用。

一、保障储气库安全有效运行

储气库是将高压天然气重新注入地下地质构造体而形成的一种人工气藏,在多周期注采频繁交变应力条件下,受地下地质构造体的复杂性、天然气的易流动性,以及水泥环密封性破坏、注采管柱失效等各种因素影响,储气库存在较大安全风险。通过储气库库存管理,尤其是动态监测与资料分析、库存量管理与评价等,可以诊断储气库运行状态,提前预警注采运行中存在的安全风险,从而尽早采取应对措施降低风险。

二、实现储气库科学合理运行

在储气库安全有效运行前提下,应尽可能提高储气库调峰能力和运行效率,这就对储气库科学合理运行提出了较大挑战,库存管理为此目标提供了较好的解决途径。通过储气库运行监测、技术指标预测、注采能力预测等,提出多周期注采运行方案,保证储气库科学合理运行;针对制约储气库运行效率的关键问题,提出注采优化调整方案,为进一步提高储气库工作气量、降低储气成本奠定坚实基础。

第二节 库存管理基本内容

储气库库存管理涉及内容多、流程复杂,根据气藏型储气库特点和库存管理实际需要,将库存管理主要分为运行监测与数据管理、库存量管理与评价、库存技术指标分析与预测、注采能力预测与优化配产配注 4 部分内容[4]。

一、运行监测与数据管理

储气库运行监测与数据管理是运行动态分析及库存管理的基础,贯穿于储气库运行的全过程。其主要任务是通过完善的监测井网和监测体系获取丰富的储气库运行资料,开展注采运行动态数据管理与分析工作,为后续相关工作提供基础数据,这也是储气库矿场运行管理的重要内容之一。

(一) 动态监测与资料录取

动态监测与资料录取是储气库运行过程中的第一项重要工作,是利用注采井或部署专用的监测井,运用各种仪器、仪表,采用不同的测试手段和测量方法,获取储气库注采运行过程中关于储层、圈闭、井、地面等的资料,为储气库运行管理、动态分析及安全评价等提供科学依据。

资料录取的内容包括常规资料和特殊资料,其中常规资料包括油气水流量、工作制度、井口压力和温度、地层静压和静温、流体物性等,特殊资料包括注采井产能测试、盖层气体密封性监测、断裂气体密封性监测、上覆浅层水监测、流体运移及气液界面监测、周边及溢出点监测等。资料录取对象主要为气井(注采井、排水井、毛细管井和监测井等)和注采设备(压缩机、露点处理装置等)。

(二) 数据管理与分析

数据管理与分析是在完成动态监测与资料录取后,对获取的运行动态资料进行存储、可视化输出、分析与应用等,其作用是长期保存储气库运行资料,实现资源共享,为储气库动态分析提供有效的数据资源。

为实现储气库数据的有效管理并提高动态分析水平、最大限度地提高资源利用率,需要建立统一的储气库数据信息管理系统。至少需要实现两个功能:一是后台数据库管理功能,符合运行规范技术要求,实现数据的采集、输入、储存等;二是前台数据运行管理平台,具备数据导出、查询、可视化输出等功能,为后续数据分析与应用提供基础数据平台。

二、库存量管理与评价

储气库库存量管理与评价是储气库运行管理中的重要一环,库存量的定量化计算与运行曲线定性评价能够得到储气库多周期库存量的变化规律,同时诊断储气库多周期扩容、漏失、水侵等运行特征,为储气库注采动态特征总结、库存技术指标分析预测、注采方案调整与优化等奠定基础。

(一) 库存量的定义与计算

库存量指储气库在注采运行过程中某一时间点时,储层中储存的天然气在地面标准状态下的体积。不同类型的储气库应建立相应的库存量计算模型,计算指标主要为库存量和库存量增量,前者用于分析储气库多周期库存量的变化规律,对储气库的扩容行为有整体了解,后者配合运行曲线进一步明确储气库的扩容漏失等特征。

(二) 运行曲线分析

运行曲线包括库存量运行曲线和库存量增量曲线。库存量运行曲线是以库存量为横坐标、视地层压力为纵坐标绘制的曲线,用以分析储气库库存量的变化规律,变化趋势通常为向左移动、基本稳定和向右移动3种情况,不同趋势代表储气库水侵、稳定、扩容或漏失状态,配合增量曲线可进一步评价储气库水侵或扩容特征。

库存量增量曲线是以运行周期为横坐标、库存量增量为纵坐标绘制的曲线,由单位视地层压力库存量和单位视地层压力增量下的库存量增量两条曲线组成。该曲线通常表现为稳定趋势、上升趋势、复合趋势等,可定量评价储气库扩容或漏失情况,为储气库优化调整提供依据。

三、库存技术指标分析与预测

库存技术指标分析与预测实际上是对储气库库存量、库容量、工作气量及垫气量等主要技术指标进行系统、全程跟踪评价,是储气库运行规律、漏失分析,以及进一步提高储气库运行效率、降低运行成本的关键环节,主要包括如下3方面内容。

(一)库存指标的定义与计算

不同类型储气库具有不同的建库与运行机理,其库存指标的定义与计算也具有差异性,需要针对不同类型储气库的运行特征提出并科学定义适应的库存指标,建立库存指标的计算方法和数学模型,提出配套评价流程。

不同类型的储气库基本库存指标体系主要包括建库前基础库容量、库存量、可动用库存量、可动孔隙体积、库容量、工作气量及垫气量等,以及多周期垫气量和工作气量变化率、周期注采气能力等,但受建库与运行机理的差异影响,库存指标计算方法和模型存在差异。

在库存指标定义与数学模型建立的基础上,应进一步提出库存指标计算技术流程。气藏型储气库典型技术流程为:(1)参数准备。输入气藏原始基础参数、开发动态资料、设计参数及多周期注采运行动态数据等;(2)可动用库存量求解。可动用库存量是地层压力的函数,又与地层混合流体相对密度密切相关,采用迭代反复求解;(3)库存指标计算。多周期连续计算有效库容量、可动垫气量、工作气量、剩余工作气量、库容量、垫气量、垫气损耗量、垫气损耗率等。其他类型储气库可参考。

(二)库存指标分析与预测内容

利用计算的库存指标,可以进行储气库多周期运行分析评价,首先分析储气库主要库存技术指标的变化规律,明确储气库多周期扩容特征;其次预测主要库存指标未来变化趋势,尤其是工作气量和垫气量变化趋势,为准确预测储气库周期注采气能力提供依据,也为储气库年度注采方案编制、措施效果评价奠定基础。

(三)运行效果评价与注采优化

结合储气库多周期注采动态、库存量评价及库存指标变化规律,从目前扩容阶段、扩容方式、井网控制、指标对比及单井注采能力等方面分析储气库当前运行效果和运行效率,提出储气库运行存在的主要问题。

在此基础上,从储层地质、渗流机理、气藏工程等方面综合评价影响储气库运行效率和工作气量的主要因素,优化储气库注采方式,提出提高储气库工作气量的主要措施与优化调整方案,进一步提高储气库运行效率、降低储气成本。

四、注采能力预测与优化配产配注

以储气库多周期运行库存分析方法和运行机理评价为依托,建立储气库注采能力与库群优化配产配注方法,提出相应数学模型,编制合理的储气库注采运行方案,为储气库多周期优化运行与调整奠定基础。

(一)单一储气库注采能力预测

在储气库注气或采气初期,采用气藏工程或数值模拟方法预测储气库多周期注采气能力,结合气井注采能力及管道注采气量需求,科学合理制订储气库注采运行方案。在储气库注采运行周期某一时间点利用已获得的丰富注采数据预测储气库注采运行结束时的剩余注采气能力,并及时调整注采运行方案,保证储气库高效、安全运行。

(二)储气库(群)优化配产配注

在单一储气库注采能力预测及注采运行方案的基础上,可将相邻多座储气库视作既相互独立又相互联系的统一体,将储气库地层渗流、井筒流动、管网压力及地面压缩机和露点装置能力等作为约束条件,求解满足库群注采气量计划的最佳运行方案,实现库群整体优化配产配注,提高库群整体运行效率、降低储气成本。

(三)周期注采方案编制

从动态分析入手,应用相关技术和分析方法,通过气井注采气能力评价、库存分析与预测,加深对注采井、储气库的动态特征与运行规律的认识,揭示储气库注采运行过程中存在的主要问题,提出提高储气库工作气量和运行效率的措施;通过多因素、多方案指标对比分析,确定储气库周期注采方案和现场实施要求,编制储气库周期注采方案总结报告。

第三节 库存量管理与评价

库存量管理与评价是储气库运行管理中的重要一环,通过库存量理论计算与多周期运行曲线分析,可以得到有关储气库多周期扩容、漏失、水侵等运行特征,为储气库运行动态分析、库存技术指标模拟等提供基础资料[5-7]。

一、库存量概念及模型

由气藏改建的储气库,建库前地层中有剩余天然气,而且储气库具有注入和采出过程,因此其储气库库存量应为建库前剩余天然气地质储量减去采气周期累计采出天然气体积再加上注气周期累计注入干气体积,数学模型为:

$$G_{r(i)} = G_{r(0)} - \sum_{i=1}^{n} Q_{p(i)} + \sum_{i=1}^{n} Q_{in(i)} \qquad (8-3-1)$$

式中　$G_{r(i)}$——储气库某一时间点对应的库存量,$10^8 m^3$;

$G_{r(0)}$——建库前剩余天然气地质储量,$10^8 m^3$;

n——储气库注采的总周期数;

$Q_{\mathrm{p}(i)}$——储气库第 i 周期采气量,$10^8 \mathrm{m}^3$;

$Q_{\mathrm{in}(i)}$——储气库第 i 周期注气量,$10^8 \mathrm{m}^3$。

由油藏改建或由含水层建设的储气库,建库前剩余天然气地质储量为 0,即 $G_{\mathrm{r}(0)} = 0$,则式(8-3-1)可得到简化;对于气藏型储气库来说,建库前剩余天然气地质储量为气藏地质储量减去开发阶段累计采出天然气量,数学模型为:

$$G_{\mathrm{r}(0)} = G_0 - G_{\mathrm{p}} \quad (8-3-2)$$

式中 G_0——气藏地质储量,$10^8 \mathrm{m}^3$;

G_{p}——气藏开发累计采气量,$10^8 \mathrm{m}^3$。

由凝析气藏改建的储气库,由于注入干气与地层剩余凝析气接触,储气库采气周期会采出部分剩余凝析气,提高凝析油采收率。因此某一采气周期天然气体积应为采出干气、凝析油及凝析水的当量体积,数学表达式为:

$$Q_{\mathrm{p}(i)} = Q_{\mathrm{g}(i)} + Q_{\mathrm{go}(i)} + Q_{\mathrm{gw}(i)} \quad (8-3-3)$$

$$Q_{\mathrm{go}(i)} = 24056 Q_{\mathrm{o}(i)} \gamma_{\mathrm{o}} / M_{\mathrm{o}} \quad (8-3-4)$$

$$Q_{\mathrm{gw}(i)} = 24056 Q_{\mathrm{w}(i)} \gamma_{\mathrm{w}} / M_{\mathrm{w}} \quad (8-3-5)$$

式中 $Q_{\mathrm{p}(i)}$——储气库第 i 周期采出凝析气量,$10^8 \mathrm{m}^3$;

$Q_{\mathrm{g}(i)}$——储气库第 i 周期采出干气体积,$10^8 \mathrm{m}^3$;

$Q_{\mathrm{go}(i)}$——储气库第 i 周期采出凝析油折合气当量体积,$10^8 \mathrm{m}^3$;

$Q_{\mathrm{gw}(i)}$——储气库第 i 周期采出凝析水折合气当量体积,$10^8 \mathrm{m}^3$;

$Q_{\mathrm{o}(i)}$——储气库第 i 周期采出凝析油,$10^8 \mathrm{m}^3$;

γ_{o}——阶段采出凝析油相对密度;

M_{o}——阶段采出凝析油的平均分子量;

$Q_{\mathrm{w}(i)}$——储气库第 i 周期采出凝析水,$10^8 \mathrm{m}^3$;

γ_{w}——阶段采出凝析水相对密度;

M_{w}——阶段采出凝析水的平均分子量。

在储气库运行过程中的不同时间节点,利用天然气流量计或计量装置可准确得到储气库注采气量,并利用库存量计算模型式(8-3-1)至式(8-3-5),得到储气库不同阶段的库存量,从而开展储气库库存量的管理与评价工作。

二、多周期运行曲线

在储气库运行过程中的不同时间节点,利用高精度电子压力计获取的地层静压或毛细管系统测压获得的毛细管压力资料,并以计算库存量为横坐标、视地层压力(或毛细管压力)为纵坐标作图,得到储气库多周期运行曲线,即视地层压力与库存量关系变化曲线。

储气库多周期运行曲线是储气库运行中最重要、最基础的曲线之一,通过库存量管理分析及运行曲线变化规律评价,可以定性分析储气库扩容、漏失、水侵等特征,并可定量化评价注采气能力、气体漏失量等,可为储气库有针对性的调整措施提供依据。

(一)理想曲线

储气库在理想运行条件下,视地层压力与库存量关系曲线完全遵循物质平衡方程,运行曲线表现为一条正斜率直线,视地层压力与库存量关系总是沿着这条直线变化,每个注采周期运行曲线都是相同(图8-3-1)。

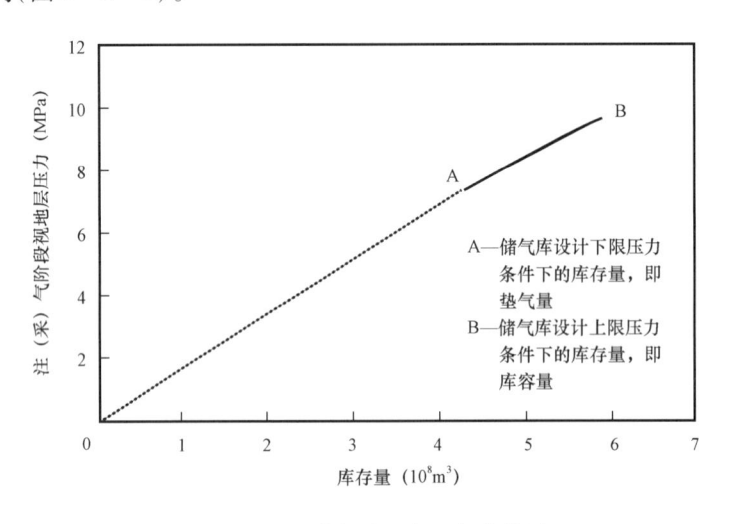

图8-3-1 储气库理想运行曲线图

对于稳定运行的储气库,储气库注气周期从A点到B点,注气量达到满负荷;采气周期从B点到A点,采出全部工作气量,然后又开始下一个注采循环。这是一个注采过程完全相同的循环,只有在储层渗透率非常高或是溶洞中才有可能发生,气藏压力分布没有滞后或过渡状态,注气曲线与采气曲线重合,注采过程总是沿图中的曲线进行。

储气库实际注采运行过程中,在储层渗透率不是非常高或存在边水时,由于压力滞后效应,得到的运行曲线不是一条理想直线,注气曲线与采气曲线不能重合;而且在注入气漏失、边水侵入、计量误差等影响下,储气库的运行曲线发生变化,每个注采周期的运行曲线不同。库存量管理与评价的主要目的,就是分析不同类型储气库运行曲线形态特征,以及不同运行条件下曲线的变化规律,明确影响储气库运行效率的主要因素。

(二)稳定曲线

1. 定容气藏运行曲线

图8-3-2是比较真实的储气库运行曲线,该气藏为定容气藏,图中的点划线表示气藏的压降曲线。

注气阶段从A点到B点,在B点,储气库中充满气,压力高于压降曲线,这是由于压力是在一口或多口注采井中测量的,整个储气库中的压力还没有达到稳定,井的压力远高于地层中的压力。在注气结束后,储气库通常要关井一段时间,不同的储气库关井时间不同,一般是15~30天。关井的目的之一是使气藏的压力达到平衡,以便于对库存量进行检测。

关井时间从B点到C点,从中可以发现,在关井时间段里压降很大,结束点C点处的压力仍高于压降曲线,这说明储气库的压力还没完全达到平衡。

采气阶段从 C 点到 D 点。在采气过程中,井的压力降到压降曲线以下,一直降到 D 点,该点表示在采气结束时井的压力明显低于压降曲线,说明储气库中压力远未达到稳定。在采气结束后通常也要关井一段时间,即图中从 D 点至 A 点部分。关井时间里,压力由 D 点上升到 A 点,压力大幅度上升表明储气库已趋于稳定,但 A 点压力仍在压降曲线之下,说明储层压力未完全稳定。

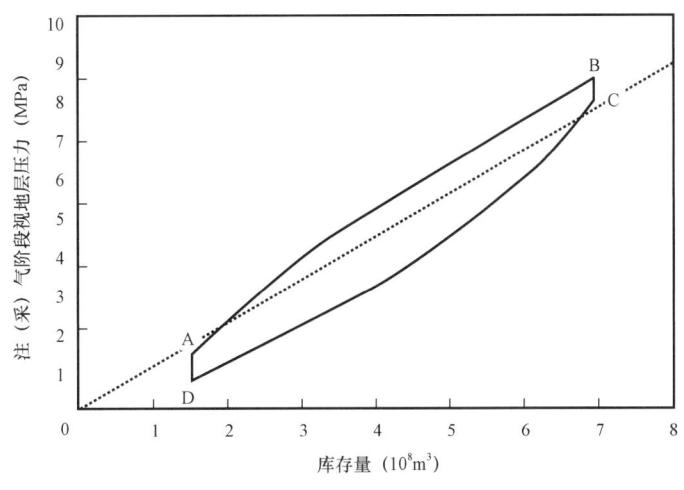

图 8-3-2 定容气藏典型运行曲线图

2. 水侵气藏运行曲线

从图 8-3-2 中可以看出,由于储层压力的渐变性,使得定容气藏动态特征比较复杂。对于水侵气藏改建的储气库,动态特征更复杂。水驱气藏的压降曲线如图 8-3-3 所示。在定容气藏中,当所有的天然气被采出时,储层压力降为 0。而水侵气藏则不同,水侵气藏有一个固有压力,大小取决于气藏深度,把深度转换成水柱高度就可以计算出压力值。图 8-3-3 中 O 点代表固有压力点,埋藏越深,O 点的压力就越高。

水侵气藏开采到枯竭时,地层水侵入并充满气藏。气藏改建成储气库并开始注气后,天然气又把水驱出去,使储存气体的空间变大。气驱水有两种方式:(1)可以看成是把桶倒过来放在水池里,向桶中注入空气,水被排出,桶中空气的压力由静水柱压力来平衡;(2)水受到压缩后,体积变小,就像一个大的定容气藏,内有大量的水和少量的气。尽管水的压缩系数很小,但较大水体受到压缩后,其体积变化量也很可观。

在图 8-3-3 中,OA 线表示一个有无限大水体的水侵气藏。向气藏中注气时,气藏压力的变化不明显。这是一个极限情况,在实际操作中不会出现这种情况。OB 线表示另一种极限,在这种情况下,注入少量气就会使气藏压力增加很大,实际生产中也不会出现类似情形。水侵气藏的压降曲线介于这两条直线之间。如 OC 线是强水侵气藏的典型压降曲线。必须强调的是,图 8-3-3 中所有线上的压力点都是气藏稳定后的压力。

图 8-3-4 是典型水侵气藏的运行曲线,该曲线与图 8-3-2 定容气藏的曲线看起来十分相似,但其实存在一些重大差别。定容气藏中压降曲线穿过图的原点,而水侵气藏中不穿过图的原点。

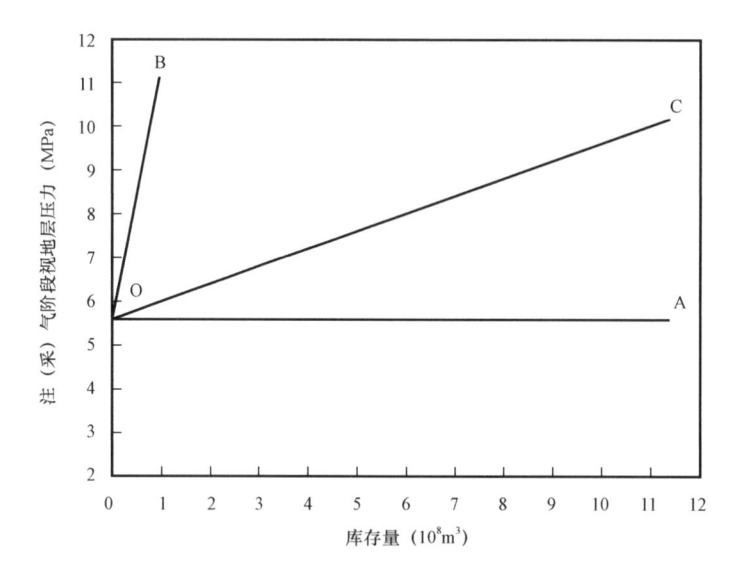

图 8-3-3 水侵气藏运行曲线图

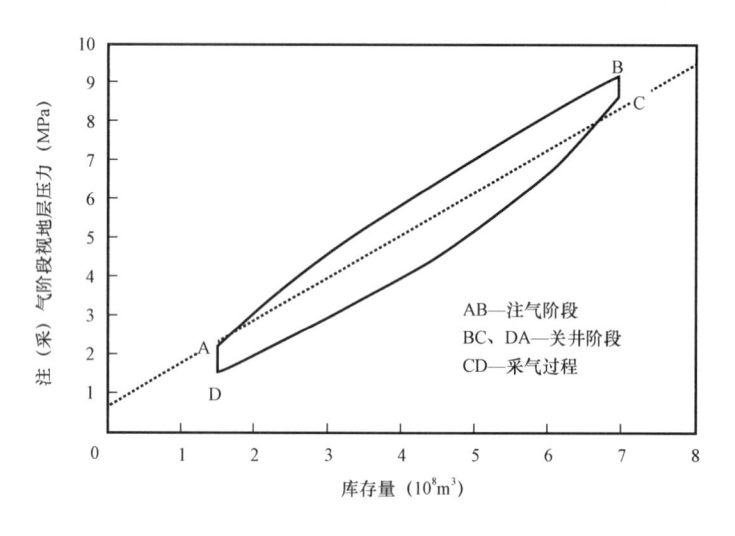

图 8-3-4 水侵气藏典型运行曲线图

在图 8-3-4 中：

（1）AB 线代表注气阶段，其第一部分比图 8-3-2 中同类线段陡一些，这是因为低压时水侵入气藏，气注入相对较小的空间。对于高渗透气藏，这种变化就不易识别。如果气在井筒的流动阻力很大，也会阻止该效应产生。B 点的压力较高，这是因为注入气的压力未完全把水驱走。

（2）BC 线是注气结束后关井阶段，在此期间，压力下降很大。在关井末期的 C 点，压力仍高于图 8-3-2 定容气藏中的 C 点压力，原因是注入气的压力还未完全达到平衡，且气还未把水驱到一个平衡高度。

（3）CD 线表示采气过程，在结束点 D 点的压力高于定容气藏中 D 点的压力。

(4) DA 线是采气后的关井阶段,在这段时间里,井的压力上升到 A 点。由于气藏中的压力不稳定及水还没有完全侵入,该点压力低于压降曲线。

(三) 建设过程曲线

图 8-3-2 和图 8-3-4 代表已经建成储气库的气藏,达到了稳定的和可重复的注采循环,且没有气体泄漏。

在改建储气库最初的注气过程中,存在着过渡循环周期。对定容气藏,过渡循环周期内压力与库存量的关系如图 8-3-5 所示。气垫气注入后,第一年,注入一部分工作气,注气结束后,注入的这部分工作气被采出。第二年,采出的工作气又被注入储气库中,而且再增注一些工作气。接着再重复这种循环工作几年,直到设计工作气全部注入。这一进程通常是由能够注入的气量决定的,在这段建库时间里,压力与库存量的关系围绕着压降曲线变化。等所有的工作气注完后,储气库的运行曲线就与图 8-3-2 中的相似了。

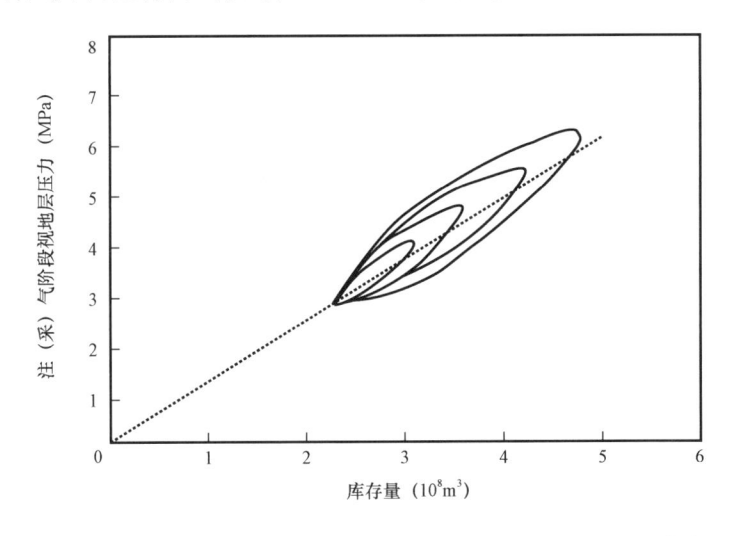

图 8-3-5 定容气藏改建为储气库过程中压力与库存量的关系曲线图

水侵气藏改建为储气库时,压力与库存量的关系曲线与定容气藏完全不同。水侵气藏通常已关井或是以很低的压力生产了很长时间,使得水侵入气藏。注气开始后,气必须把这部分水驱出去。图 8-3-6 是在这种情况下压力与库存量的关系曲线,气垫气的注入速度应使注入的压力足以驱走水,但渗流阻力使水运动得不够快,因此压力与库存量的关系曲线远在压降曲线之上。

在图 8-3-6 中,一部分气垫气以连续方式注入储气库中,然后关井等待下次注气。每一阶段注入的气量取决于有多少气可供注入。为了使气藏中水的流出与气的注入相匹配,有时需要限制注气量。不管速度注气多大,在第一注气阶段结束后,气藏都要关井,使地层压力下降。之后,其余的气垫气和一小部分工作气在第二阶段注入。冬季,工作气被采出来。之后的循环中,工作气全部注完。在此过程中,压力与库存量的关系曲线向右移动,随着气藏中的水不断被驱出,该曲线逐渐接近压降曲线。经过几次注采循环后,达到如图 8-3-4 所示特征。

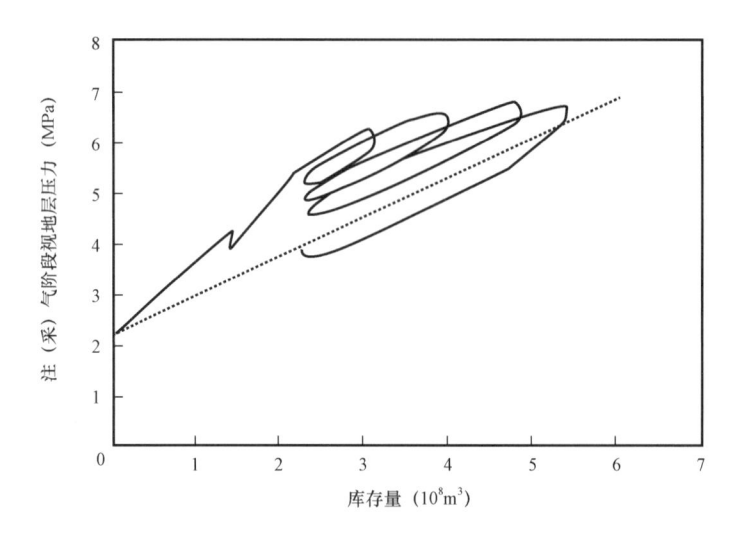

图 8-3-6 水侵气藏改建为储气库过程中压力与库存量的关系曲线图

三、水侵储气库漏失分析

国外非常重视储气库库存量和天然气损耗量的落实。在储气库注采过程中,通过实际计量和理论计算,可以了解储气库库存量和天然气损耗量。但理论计算的库存量与实际的库存量存在差别,原因有3种:

(1)储气库的设计库容量计算有误。尽管一般不会发生,但发现库容量有误差时应考虑这一点。

(2)在注入或(和)采出过程中对天然气的计量有误。

(3)天然气从储气库中漏失。

在对储气库进行可行性评价时,漏失是要考虑的主要问题之一。枯竭气藏改建储气库的一项优点是天然气已在气藏内保存了很长时间,用作储气库比较安全,一般不会有漏失。但辩证地看,枯竭气藏的安全性也是有条件限制的,只在气藏存在时的条件下是安全的。但气藏投入长期开采后,情况可能会发生变化。

(一)漏失机理分析

气藏投入开采后,最常见的变化就是水会侵入气藏,充满原先被天然气占据的空间,有时水会完全充满气藏,开采结束时可能只留下一个很小的气顶。

对一个有水侵的气藏,在开始注气时,可能会发生异常现象。注入的气体不会以活塞的方式驱动水,气水界面可能很不稳定或不均匀,甚至气水界面不连续。气体总是倾向于在某一水平方向超越水,如果储层的形状是拱形的,气体就会沿拱形顶部水平向下运动;当到达拱形中部水平面以下时,气体动态产生两个问题:

(1)当气体以"指状"形式在水中突进时,水会在气体的后面闭合,从主流中分隔出来的气体形成孤立气包;尽管这些气包存在于储气库中,技术上仍是库存量的一部分,但实质上这部分气已经损失掉了,因为只有在采出大量的水后才能把它们采出来。

(2)气体会沿拱形构造的顶部指进很远,一直到达水层的逸出点,这类水层有时根据其形状被称为鞍形。气体通过逸出点后,就从储气库中漏失掉了,这种方式漏失掉的气量有时很大。因此,最初向储气库中注气时,应开展大量的研究,有时会在鞍部附近钻一口观察井来监测该部位水的活动情况。当水充满整个储层时,观察井看不到气,一旦观察井发现气体,就说明气体已经向鞍部运动到了一定程度,需要采取措施进行控制。

一个充满水的气藏改建成储气库的过程有很大的挑战,利用定容气藏或水体不活跃的气藏改建储气库更好。

(二)漏失种类

总结储气库天然气漏失,有以下几种典型途径方式:
(1)通过老井套管漏失到其他储层中去。
(2)气体通过盖层漏失掉。
(3)通过低渗透通道漏失到邻近气藏中去,这个气藏不包括在储气库体系内。
(4)气藏压力变化,断层开启,导致天然气漏失。
(5)气体通过逸出点漏失掉。
(6)气体通过地面设备和管线漏失掉。

天然气通过盖层漏失的情况不常见,最常见的是通过老井的漏失。大多数储气库都有原来的生产井,一般作为采气井或观察井。这些井的井史很长,完井技术和可靠性不如现在完善。此外,老井的水泥和管柱可能已经老化,可能会使气体沿井筒周围的通道漏失到其他储层或非储层中去。

(三)漏失运行曲线

前文论述的所有压力与库存量的关系曲线代表的都是不存在漏失或计量有误的情况。储气库以注采循环的方式运作,对于不同的两年,循环中的相同点(或相似点)可以互相比较。如果这些点数据相同,就表明不存在漏失。由于每年的操作不同,要比较循环中完全相同的点,通常是不可能的。因此,有时必须进行插值或其他的校正才能得到有效的比较。

在稳定的、没有漏失的储气库中,如果气体计量准确,很长时间里压力与库存量的关系曲线都基本在同一区域变动。在有水侵或计量有误差的情况下,压力与库存量的关系曲线向左移动(图8-3-7);如果气藏存在漏失,压力与库存量的关系曲线向右移动(图8-3-8)。

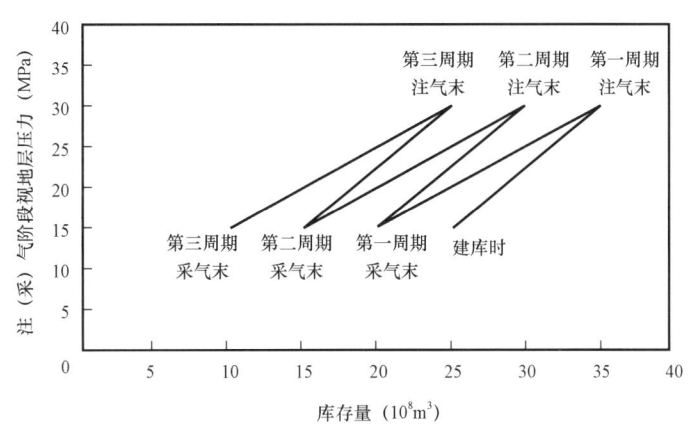

图8-3-7 水侵或计量有误差时压力与库存量的关系曲线图

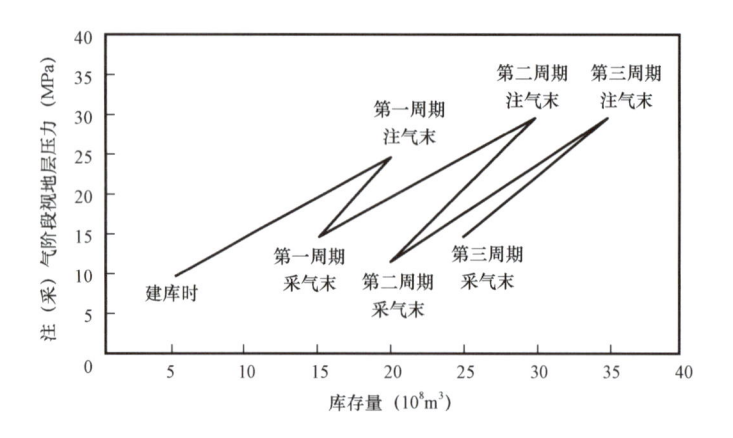

图 8-3-8　气藏存在漏失时压力与库存量的关系曲线图

第四节　库存指标分析与预测方法

由于定容气藏和水侵气藏型储气库运行机理存在差异,因此需要有针对性地建立相应的库存分析理论与库存分析模型,并提出系统、完善的库存分析评价流程。

一、基本原理

定容及未被水侵入的气藏库存分析模型建立较为简单,采用经典气藏开发定容压降物质平衡方程可以获得较好的效果。然而对于水侵气藏,由于受水锁、水包气或压力波及范围有限的影响,真实存于储气库中的天然气在采气阶段并不能完全动用,因此在库存计算时不能采用常规定容方法计算存于储气库中的库存量,而需用真实被动用库存量作为预测的基础。定容气藏型和水侵气藏型库存分析模式差异如图 8-4-1 所示,水侵气藏型储气库库存分析的核心思想是提出了多周期可动用库存量概念,通过储气库动态分析、气藏工程方法分析,假定注(采)气量与视地层压力在一个注采周期内满足定容压升(降)方程,从而建立水侵气藏型储气库库存分析预测模型。

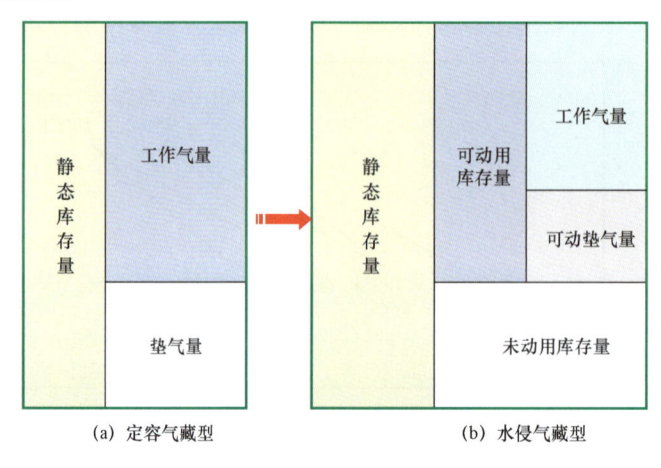

图 8-4-1　定容气藏型和水侵气藏型储气库库存分析差异图

模型建立的难点是求取注(采)气初期可动用库存量,以及计算可动含气孔隙体积和库存参数。一般认为注采气量、压力、温度、油气相对密度等动态数据计量是准确可靠的,但受多因素综合影响,难以准确得到可动用库存量,因此假设注(采)气过程完全独立、分离,应用迭代法分别求解注(采)气阶段可动用库存量,以此为基础分别计算注(采)气阶段的含气孔隙体积,再用插值法求最大、最小运行压力储气库内混合流体相对密度及偏差系数,最后得到有效库容量、可动垫气量及工作气量等,根据未动用库存量和可动垫气量,最终得到垫气量。此外,每个注(采)气过程中可动用库存量是独立计算的,各周期之间不发生联系,但前一周期计算的库内混合流体相对密度可用来近似计算下一周期的混合流体相对密度。

上述方法仅考虑注(采)始末的视地层压力及注(采)气量,忽略了中间变化过程,对弱水侵或中等水侵气藏是可行的,但不能应用于活跃水侵气藏。因为活跃水侵气藏水体能量大,当天然气采出后,地层能量会得到及时补充,压力下降缓慢,此时采气量与压力不满足定容压降原则。

如果上一采气周期采气量少,地层压力远未到压力下限,直接用该数据计算,结果可能偏大,因此需要对此类异常数据点进行修正。基本做法是结合前后相邻周期注(采)气能力,修正本周期可动含气孔隙体积,尽量反映真实的可动用库存量,提高库存预测精度。

二、数学模型

以注(采)气量与视地层压力在一个注采周期内满足定容压升(降)物质平衡方程作为评价准则,以动态资料为主,静态资料为辅,动静态资料互为补充,建立砂岩气藏型储气库库存预测模型,适用于定容、弱边低水的气藏型储气库,其他类型储气库可参考执行,也可采用物质平衡、现在产量递减分析、数值模拟等方法。针对注(采)气过程,基于库存量动用状况,分别建立可动用库存量、可动含气孔隙体积、有效库容量、可动垫气量、工作气量、库容量、垫气量、垫气损耗量及损耗率等指标的数学模型。

(一)可动用库存量

可动用库存量即注(采)气阶段压力波及范围内有效动用的库存量。根据定义,可动用库存量相当于在库存量 G 基础上减掉一个不可动量 ΔG,其受多种因素综合作用,而单因素的具体影响程度难以确定;但通过建立注(采)气量与视地层压力关系,就可有效规避诸多不确定因素,使问题得以简化。根据注(采)气量与视地层压力满足定容压升(降)物质平衡方程的假设条件,结合气体体积系数的定义,可得到可动用库存量数学模型:

$$G_{\text{rm}(i)} = \frac{(-1)^i Q_{(i)}}{[p/(ZT)]_{(i-1)} - [p/(ZT)]_{(i)}} [p/(ZT)]_{(i-1)} \qquad (8-4-1)$$

式中 G_{rm}——注(采)气阶段可动用库存量,10^8m^3;

Q——注(采)气阶段注气量(采气量),10^8m^3;

p——地层压力,MPa;

Z——偏差系数;

p/Z——注(采)气阶段视地层压力,MPa;

T——注(采)气阶段温度,K;

i——注（采）气阶段，$i = 1, 2, 3, \cdots$。

当 $i = 1, 3, 5, \cdots$ 时为注气阶段，当 $i = 2, 4, 5, \cdots$ 时为采气阶段。

当注气时，$Q_{(i)}$ 为周期累计注气量；当采出时，$Q_{(i)}$ 为周期累计采出量，由凝析气藏改建的储气库，应将采出凝析油、凝析水折算成当量凝析气，折算数学模型可参考式(8-3-3)至式(8-3-5)。

在求取库内混合流体性质时，可采用经验公式求取偏差系数，如 Cranmer 方法($p < 35\mathrm{MPa}$)，数学模型为：

$$Z = 1 + \left(0.31506 - \frac{1.0467}{T_{pr}} - \frac{0.5783}{T_{pr}^3}\right)\rho_{pr} + \left(0.5353 - \frac{0.6123}{T_{pr}}\right)\rho_{pr}^2 + \left(\frac{0.6815\rho_{pr}^2}{T_{pr}^3}\right) \tag{8-4-2}$$

其中：

$$\rho_{pr} = \frac{0.27 p_{pr}}{Z T_{pr}} \tag{8-4-3}$$

$$T_{pr} = T/T_{pc}, \quad p_{pr} = p/p_{pc} \tag{8-4-4}$$

式中　Z——混合流体偏差系数；
　　　ρ_{pr}——拟对比密度；
　　　T_{pr}——拟对比温度；
　　　p_{pr}——拟对比压力；
　　　p_{pc}——拟临界压力；
　　　T_{pc}——拟临界温度。

在缺乏天然气组分分析数据时，可引用 Standing 提供的相关经验公式计算拟临界参数（压力、温度）。

（1）对于干气：

$$p_{pc} = 4.6677 + 0.1034 r_{干} - 0.2586 r_{干}^2 \tag{8-4-5}$$

$$T_{pc} = 93.3333 + 180.5556 r_{干} - 6.9444 r_{干}^2 \tag{8-4-6}$$

式中　$r_{干}$——阶段采出干气相对密度。

（2）对于凝析气（湿气）：

$$p_{pc} = 4.8677 - 0.3565 r_{湿} - 0.07653 r_{湿}^2 \tag{8-4-7}$$

$$T_{pc} = 103.8999 + 183.3333 r_{湿} - 39.7222 r_{湿}^2 \tag{8-4-8}$$

式中　$r_{湿}$——阶段采出湿气相对密度。

天然气相对密度应采用库内混合流体密度 γ_g。对于储气库可动用库存量，注（采）气初期天然气相对密度为 $\gamma_{(i-1)}$，注气末期、采气末期天然气相对密度分别为：

$$\gamma_{g(i)} = \frac{G_{rm(i)} \gamma_{(i-1)} + Q_{in(i)} \gamma_{in(i)}}{G_{rm(i)} + Q_{in(i)}} \tag{8-4-9}$$

$$\gamma_{g(i)} = \frac{G_{rm(i)}\gamma_{(i-1)} - Q_{p(i)}\gamma_{p(i)}}{G_{rm(i)} - Q_{p(i)}} \qquad (8-4-10)$$

式中　Q_{in}——注气量，$10^8 m^3$；
　　　Q_p——采出量，$10^8 m^3$；
　　　γ_{in}——注气相对密度；
　　　γ_p——采气相对密度。

综合注采气过程，库内混合流体相对密度可参考式(8-4-9)和式(8-4-10)。计算时，一般先求出库内混合流体相对密度，再计算拟临界压力、拟临界温度和拟对比参数，然后确定库内混合流体偏差系数，最后求解可动用库存量，反复迭代求解直至满足精度要求。

对于储气库整个地层流体而言，注(采)气末期库内凝析气相对密度 $\gamma_{(i)}$ 计算公式为：

$$\gamma_{(i)} = \frac{G_{r(i-1)}\gamma_{(i-1)} - Q_p\gamma_p + Q_{in}\gamma_{in}}{G_{r(i-1)} - Q_p + Q_{in}} \qquad (8-4-11)$$

其中：

$$\gamma_p = \frac{Q_g\gamma_g + Q_{go}M_o/M_a + Q_{gw}M_w/M_a}{Q_g + Q_{go} + Q_{gw}} \qquad (8-4-12)$$

式中　G_r——储气库库存量，$10^8 m^3$；
　　　Q_g——阶段采气量，$10^8 m^3$；
　　　Q_{go}——凝析油量，$10^8 m^3$；
　　　Q_{gw}——凝析水量，$10^8 m^3$；
　　　M_a——空气摩尔质量。

库存动用率指计算的可动用库存量与静态库存量的比值，该参数表示真实库存量的动用程度，库存动用率 E_m 计算公式为：

$$E_m = \frac{G_{rm(i-1)}}{G_{r(i-1)}} \times 100\% \qquad (8-4-13)$$

在注气阶段，已知注气初期的地层压力、温度、库内混合流体相对密度，以及注气末期的地层压力、温度、注气量等参数，第一注气阶段的注气初期压力和库内混合流体相对密度以建库基础参数的表格形式提供，其余注气阶段初期库内混合流体相对密度即为上一采气阶段末期库内混合流体相对密度，由采气阶段计算得到。由库内混合流体相对密度公式[式(8-4-9)、式(8-4-10)]和可动用库存量计算公式[式(8-4-1)]可知，注气阶段可动用库存量和注气末期库内混合流体相对密度是非线性隐式关系，无法直接求出可动用库存量，注气初期可动用库存量的求解需要用迭代方法。求解时，先假设注气初期可动用库存量 $G_{rm(i-1)}$（可设为零或真实库存量），并赋值给 G_0（用于记录本阶段前一次计算的可动用库存量，以便和新计算出的可动用库存量比较，判断是否满足精度要求），根据库内混合流体相对密度公式计算注气末期库内混合流体相对密度，并求取注气末期库内混合流体的偏差系数，然后用可动用库存量式(8-4-1)计算注气阶段可动用库存量 $G_{rm(i-1)}$。比较 $G_{rm(i-1)}$ 和 G_0，如果达到精度要求，则认

为求得的 $G_{rm(i-1)}$ 为实际注气阶段可动用库存量，否则将 $G_{rm(i-1)}$ 值赋给 G_0，重新计算，直至满足精度要求。求得可动用库存量后，计算注气末期库内混合流体相对密度，该值可作为下一个采气阶段初期库内混合流体相对密度。

在采气阶段，已知初期的地层压力、温度、库内混合流体相对密度，以及采气末期的地层压力、温度、采气量等参数，其中采气初期库内混合流体相对密度即为上一注气阶段末期库内混合流体相对密度，由注气阶段计算得到。从库内混合流体相对密度公式[式(8-4-9)、式(8-4-10)]和可动用库存量计算公式[式(8-4-1)]可知，采气阶段可动用库存量和采气末期库内混合流体相对密度是非线性隐式关系，无法从公式中直接求出可动用库存量，采气初期可动用库存量的求解要采用迭代方法。求解时，先假设采气初期可动用库存量 $G_{rm(i-1)}$（可设为零或实际库存量），并赋值给 G_0（用于记录本阶段前一次计算的可动用库存量，以便和新计算出的可动用库存量比较，判断是否满足精度要求），根据库内混合流体相对密度公式计算采气末期库内混合流体相对密度，并求取采气末期库内混合流体的偏差系数，然后用可动用库存量式(8-4-1)计算采气阶段可动用库存量 $G_{rm(i-1)}$。比较 $G_{rm(i-1)}$ 和 G_0，如果达到精度要求，则认为本次求得的 $G_{rm(i-1)}$ 为实际采气阶段可动用库存量，否则将 $G_{rm(i-1)}$ 值赋给 G_0，重新计算，直至满足精度要求。求得可动用库存量后，计算采气末期储气库整个地层混合流体相对密度，该值可作为下一个注气阶段初期的库内混合流体相对密度。

（二）可动含气孔隙体积

根据注（采）气阶段的运行压力、求得的可动用库存量和库内混合流体相对密度，将可动用库存量由标准状况（标准状况的压力 p_{sc} 为 0.101325MPa，标准状况的温度 T_{sc} 为 293.15K）折算到地下条件，即可得到相应的可动含气孔隙体积，数学表达式为：

$$V_{m(i)} = \frac{Z_{(i-1)}T_{(i-1)}p_{sc}}{p_{(i-1)}T_{sc}}G_{rm(i-1)} \qquad (8-4-14)$$

式中　$V_{m(i)}$——可动含气孔隙体积，$10^4 m^3$；
　　　$Z_{(i-1)}$——注（采）气初期混合流体偏差系数；
　　　$T_{(i-1)}$——注（采）气初期地层温度，K；
　　　$p_{(i-1)}$——注（采）气初期地层压力，MPa；
　　　$G_{rm(i-1)}$——注（采）气周期可动用库存量，$10^8 m^3$。

（三）有效库容量

有效库容量即在设计上限压力条件下，储气库可动含气孔隙体积储存的天然气折算到地面标准条件下的体积，根据状态方程，有：

$$G_{rmmax(i)} = \frac{p_{max}}{Z_{max(i)}T_{(i)}}\frac{T_{sc}}{p_{sc}}V_{m(i)} \qquad (8-4-15)$$

式中　$G_{rmmax(i)}$——有效库容量，$10^8 m^3$；
　　　p_{max}——上限压力，MPa；
　　　$Z_{max(i)}$——上限压力对应的库内混合流体偏差系数；

$T_{(i)}$——注（采）气末期地层温度，K。

先插值计算混合流体的相对密度，再采用相关公式计算混合流体的偏差系数，最后计算有效库容量：

$$\gamma_{\max(i)} = \frac{\gamma_{(i)} - \gamma_{(i-1)}}{p_{(i)} - p_{(i-1)}}(p_{\max} - p_{(i-1)}) + \gamma_{(i-1)} \qquad (8-4-16)$$

式中 $\gamma_{\max(i)}$——上限压力对应的库内混合流体相对密度；

$\gamma_{(i)}$——注（采）气末期混合流体相对密度；

$\gamma_{(i-1)}$——注（采）气初期混合流体相对密度；

$p_{(i)}$——注（采）气末期地层压力，MPa；

$p_{(i-1)}$——注（采）气初期地层压力，MPa。

（四）可动垫气量

可动垫气量即注采周期内压力降低到设计下限压力时，储气库可动含气孔隙体积储存的天然气折算到地面标准条件下的体积，根据状态方程，有：

$$G_{\mathrm{rmmin}(i)} = \frac{p_{\min}}{Z_{\min(i)}T_{(i)}}\frac{T_{\mathrm{sc}}}{p_{\mathrm{sc}}}V_{\mathrm{m}(i)} \qquad (8-4-17)$$

式中 $G_{\mathrm{rmmin}(i)}$——可动垫气量，$10^8\mathrm{m}^3$；

$p_{\min}$——下限压力，MPa；

$Z_{\min(i)}$——下限压力对应的库内混合流体偏差系数。

先插值计算混合流体的相对密度，再采用相关公式计算混合流体的偏差系数，最后计算可动垫气量：

$$\gamma_{\min(i)} = \frac{\gamma_{(i)} - \gamma_{(i-1)}}{p_{(i)} - p_{(i-1)}}(p_{\min} - p_{(i-1)}) + \gamma_{(i-1)} \qquad (8-4-18)$$

式中 $r_{\min(i)}$——下限压力对应的库内混合流体相对密度。

（五）工作气量

储气库运行于上限压力和下限压力区间时，可动含气孔隙体积中能够采出的天然气量折算到地面标准条件下的体积，即为有效库容量 $G_{\mathrm{rmmax}(i)}$ 与可动垫气量 $G_{\mathrm{rmmin}(i)}$ 之差：

$$G_{\mathrm{rwork}(i)} = G_{\mathrm{rmmax}(i)} - G_{\mathrm{rmmin}(i)} \qquad (8-4-19)$$

式中 $G_{\mathrm{rwork}(i)}$——可动垫气量，$10^8\mathrm{m}^3$。

（六）垫气量

垫气量为未动用库存量（$G_{\mathrm{r}(i)} - G_{\mathrm{rm}(i)}$）与可动垫气量 $G_{\mathrm{rmmin}(i)}$ 之和：

$$G_{\mathrm{rmin}(i)} = G_{\mathrm{r}(i)} - G_{\mathrm{rm}(i)} + G_{\mathrm{rmmin}(i)} \qquad (8-4-20)$$

式中 $G_{\mathrm{rmin}(i)}$——垫气量，$10^8\mathrm{m}^3$。

（七）库容量

库容量为工作气量与垫气量之和：

$$G_{rmax(i)} = G_{rwork(i)} + G_{rmin(i)} \qquad (8-4-21)$$

式中 $G_{rmax(i)}$——库容量，$10^8 m^3$。

（八）垫气损耗量

垫气损耗量为本周期垫气量 $G_{rmin(i)}$ 与上一周期垫气量 $G_{rmin(i-1)}$ 之差，注气阶段和采气阶段分别计算：

$$Q_{sh(i)} = G_{rmin(i)} - G_{rmin(i-1)} \qquad (8-4-22)$$

式中 $Q_{sh(i)}$——垫气损耗量，$10^8 m^3$。

（九）垫气损耗率

垫气损耗率是周期垫气损耗量 $Q_{sh(i)}$ 与本周期注入气量 $Q_{in(i)}$ 的比值：

$$E_{sh(i)} = \frac{Q_{sh(i)}}{Q_{in(i)}} \times 100\% \qquad (8-4-23)$$

式中 $E_{sh(i)}$——垫气损耗率，%。

（十）工作气量变化率

工作气量变化率 $E_{wg(i)}$ 是周期工作气量变化量 $Q_{wg(i)}$ 与本周期注入气量 $Q_{in(i)}$ 的比值，工作气量变化量 $Q_{wg(i)}$ 是本周期工作气量 $G_{rwork(i)}$ 与上周期工作气量 $G_{rwork(i-1)}$ 之差：

$$E_{wg(i)} = \frac{Q_{wg(i)}}{Q_{in(i)}} \times 100\% \qquad (8-4-24)$$

$$Q_{wg(i)} = G_{rwork(i)} - G_{rwork(i-1)} \qquad (8-4-25)$$

式中 $E_{wg(i)}$——工作气量变化率，%；

$Q_{wg(i)}$——工作气量变化量，$10^8 m^3$。

三、库存评价技术流程

为了便于开展水侵气藏型储气库库存分析与预测工作，在建立库存分析与预测数学模型的基础上，明确库存分析评价系列参数，建立一套方便适用的分析预测流程显得非常必要。库存分析与预测流程主要包括两部分：一是提出库存分析与预测参数及相应的输入要求；二是基于库存分析与预测的不同阶段，形成技术指标预测流程。

（一）整体技术流程

根据气藏型储气库库存评价内容和要求，建立了包括运行技术指标的定义与分析、数学模型及参数求取等在内的一整套气藏型储气库库存分析与预测流程（图8-4-2），其核心是提出了储气库可动用库存量的概念，从而较好地解决了水侵气藏型储气库库存分析核心"瓶颈"问题，为气藏型储气库运行动态科学分析打下较好的理论基础。

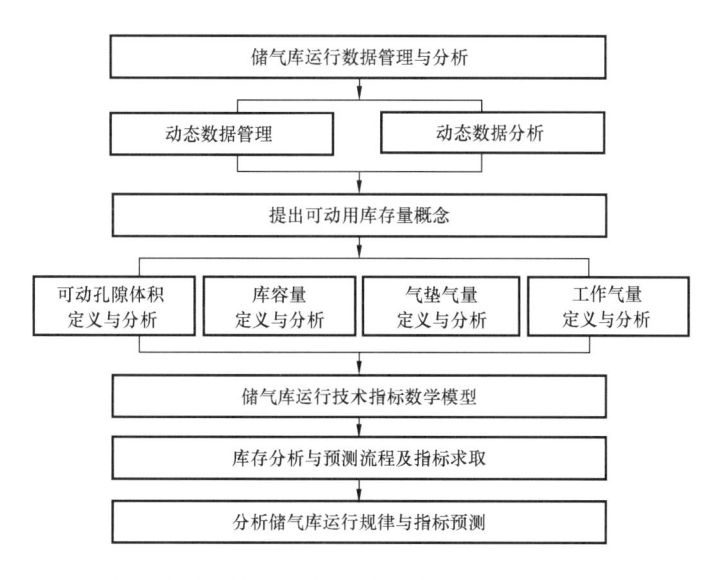

图 8-4-2 储气库库存分析与预测整体技术流程图

(二)评价所需主要参数及技术

根据储气库库存分析与预测数学模型,将库存评价参数总体上分为输入参数和输出参数两大类,其中输入参数主要包括建库前气藏原始静态数据、气藏开采历史动态数据和建库后多周期注采运行动态数据;输出参数为储气库多周期注采运行库存指标分析结果,具体参数要求见表 8-4-1。

表 8-4-1 库存评价参数及要求表

阶段		参数		计量单位	修约位数
		名称	符号		
输入数据	建库前 气藏原始静态数据	地层压力	p_i	MPa	修约到 1 位小数
		地层温度	T_i	℃	修约到 1 位小数
		天然气相对密度	γ_{gi}		修约到 4 位小数
		凝析油相对密度	γ_{oi}		修约到 4 位小数
		天然气地质储量	G	10^8m^3	修约到 2 位小数
	气藏开采历史动态数据	累计产气量	Q_p	10^8m^3	修约到 4 位小数
		累计产油量	N_p	10^4m^3	修约到个位数
		累计产凝析水量	W_{pcon}	10^4m^3	修约到个位数
		累计产当量气量	G_p	10^8m^3	修约到 4 位小数
		采气末期地层压力	p_l	MPa	修约到 1 位小数
		采气末期凝析油含量	δ_l	g/m³	修约到个位数
		采气末期气油比	GOR_l	m³/m³	修约到个位数
		采气末期当量气相对密度	γ_{lge}		修约到 4 位小数

— 163 —

续表

阶段		参数		计量单位	修约位数
		名称	符号		
输入数据	建库后 设计指标	库容量	G_{rmax}	$10^8 m^3$	修约到2位小数
		工作气量	G_{rwork}	$10^8 m^3$	修约到2位小数
		垫气量	G_{rmin}	$10^8 m^3$	修约到2位小数
		上限压力	p_{max}	MPa	修约到1位小数
		下限压力	p_{min}	MPa	修约到1位小数
	多周期注采运行动态数据	累计注气量	$G_{in(i)}$	$10^8 m^3$	修约到4位小数
		累计产气量	$Q_{p(i)}$	$10^8 m^3$	修约到4位小数
		累计产油量	$N_{p(i)}$	$10^4 m^3$	修约到个位数
		累计产水量	$W_{p(i)}$	$10^4 m^3$	修约到个位数
		采出当量气	$G_{p(i)}$	$10^8 m^3$	修约到4位小数
		注(采)气末期地层压力	$p_{(i)}$	MPa	修约到1位小数
		注(采)气末期地层温度	$T_{(i)}$	℃	修约到1位小数
		注(采)气末期气相对密度	$\gamma_{g(i)}$		修约到4位小数
		采出凝析油相对密度	$\gamma_{o(i)}$		修约到4位小数
输出结果	多周期注采运行库存指标分析结果	静态库存量	$G_{r(i)}$	$10^8 m^3$	修约到2位小数
		可动用库存量	$G_{rm(i)}$	$10^8 m^3$	修约到2位小数
		可动含气孔隙体积	$V_{m(i)}$	$10^4 m^3$	修约到个位数
		有效库容量	$G_{rmmax(i)}$	$10^8 m^3$	修约到2位小数
		可动垫气量	$G_{rmmin(i)}$	$10^8 m^3$	修约到2位小数
		工作气量	$G_{rwork(i)}$	$10^8 m^3$	修约到2位小数
		库容量	$G_{rmax(i)}$	$10^8 m^3$	修约到2位小数
		垫气量	$G_{rmin(i)}$	$10^8 m^3$	修约到2位小数
		垫气损耗量	$Q_{sh(i)}$	$10^8 m^3$	修约到2位小数
		垫气损耗率	$E_{sh(i)}$	%	修约到2位小数

1. 建库前输入的参数

建库前13个参数,包括气藏原始地质条件下基本参数5个,气藏开采历史动态参数8个。各参数物理意义如下。

(1)地层压力 p_i:地层内部多孔介质中流体所承受的压力,是标量。

(2)地层温度 T_i:目的层的温度。单位℃(摄氏度),数据保留到1位小数。

(3)天然气相对密度 γ_{gi}:在标准温度和压力条件下,单位体积天然气的密度与同体积干燥空气密度之比。

(4)凝析油相对密度 γ_{oi}:标准条件(20℃和0.101MPa)下一定体积凝析油质量与同体积4℃时的纯水质量之比值。

(5) 天然气地质储量 G：在地层原始条件下，气藏中天然气的总储藏量。

(6) 累计产气量 Q_p：气田从投产到目前为止，从气层中采出的总气量。

(7) 累计产油量 N_p：气田从投产到目前为止，从气层中采出的总油量。本书中累计产油量主要指凝析油产量。

(8) 累计产凝析水量 W_{pcon}：气田从投产到目前为止，从气层中采出的凝析水总量。

(9) 累计产当量气量 G_p：累计产气量、累计凝析油折合当量气量和累计凝析水折合当量气量之和。

(10) 采气末期地层压力 p_1：气藏开发结束时的地层压力。

(11) 采气末期凝析油含量 δ_1：气藏开发结束时，标准条件（20℃和0.101MPa）下单位体积凝析气中凝析油质量。

(12) 采气末期气油比 GOR_1：通常指气藏开发结束（压力、温度）时，将地下含气原油在地面进行脱气后，得到1m³原油时所分离出的气量，就称为该压力、温度下气油比。

(13) 采气末期当量气相对密度 γ_{1ge}：气藏开发结束时，天然气、凝析油和凝析水折合当量凝析气的相对密度。

2. 建库后输入参数

建库后14个参数，其中储气库设计指标5个、多周期注采运行动态数据9个。各参数物理意义如下。

(1) 库容量 G_{rmax}：方案设计参数，即地层压力达到上限压力时，储气库所储存的天然气在地面标准条件下的体积。

(2) 工作气量 G_{rwork}：方案设计参数，即上限压力和下限压力区间运行时，储气库注入和采出的天然气量，等于储气库库容量与垫气量之差。

(3) 垫气量 G_{rmin}：方案设计参数，即地层压力达到下限压力时，储气库所储存的天然气在地面标准条件下的体积。

(4) 上限压力 p_{max}：方案设计参数，即储气库在注气生产运行时，为保证气藏安全，地层压力可以达到的最高值。

(5) 下限压力 p_{min}：方案设计参数，即储气库在采气生产运行时，能够满足一定的天然气稳定生产和外输压力要求，应保持的最低压力。单位MPa，数据保留到1位小数。

(6) 累计注气量 $G_{in(i)}$：储气库某一注气周期内累计注入气体量。

(7) 累计产气量 $Q_{p(i)}$：储气库某一采气周期内累计采出气体量。

(8) 累计产油量 $N_{p(i)}$：储气库某一采气周期内累计采出凝析油量。

(9) 累计产水量 $W_{p(i)}$：储气库某一采气周期内累计采出水量。

(10) 累计采当量气量 $G_{p(i)}$：储气库某一采气周期内累计采出天然气、凝析油折合成凝析气的量。

(11) 注（采）气末期地层压力 $p_{(i)}$：某一注（采）气周期末时地层压力，其中 $i=1,3,5,\cdots$ 表示注气，$i=2,4,6,\cdots$ 表示采气。

(12) 注（采）气末期地层温度 $T_{(i)}$：某一注（采）气周期的地层温度。

(13) 注（采）气末期相对密度 $\gamma_{g(i)}$：某一注（采）气周期天然气平均相对密度。

(14) 采出油相对密度 $\gamma_{o(i)}$：某一采气周期凝析油平均相对密度。

3. 输出参数

输出参数为储气库库存分析与预测结果，共 10 个，各参数物理意义如下。

(1) 库存量 $G_{r(i)}$：在某一地层压力下，储气库中真实存在的天然气在地面标准条件下的体积，也称作静态库存量，其数值大小为建库前剩余气地质储量减去采气周期累计采气当量体积加上注气周期累计注干气体积。

(2) 可动用库存量 $G_{rm(i)}$：注采气阶段压力波及范围能被有效动用的库存量。

(3) 可动含气孔隙体积 $V_{m(i)}$：在某一地层压力下，储气库含气孔隙中存在的天然气在地下的体积。

(4) 有效库容量 $G_{rmmax(i)}$：某一周期，当地层压力达到上限压力时，储气库所储存的天然气在地面标准条件下的体积。

(5) 可动垫气量 $G_{rmmin(i)}$：某一周期，储气库达到工作压力下限时对应库存量。

(6) 工作气量 $G_{rwork(i)}$：某一周期，在上限压力和下限压力区间运行时，储气库注入和采出的天然气量，即储气库库容量与垫气量之差。

(7) 库容量 $G_{rmax(i)}$：垫气量与工作气量之和。

(8) 垫气量 $G_{rmin(i)}$：包括可动垫气量与不可动用库存量，即某一周期采气末期的库存量与剩余工作气量之差。

(9) 垫气损耗量 $Q_{sh(i)}$：本阶段的垫气量减去上一阶段的垫气量。

(10) 垫气损耗率 $E_{sh(i)}$：垫气损耗量占注气量的百分数。

(三) 技术指标预测流程

由前文可知，尽管建立了储气库库存分析与预测模型，但由于数学模型的非线性隐式函数关系（如可动用库存量），以及技术指标之间的相关性，快速而有效地计算技术指标成为库存分析的瓶颈问题。为此，建立了一套储气库运行指标计算流程，主要包括输入基础数据、可动用库存量计算、运行技术指标计算和相关参数输出 4 个步骤，具体流程如图 8-4-3 所示。

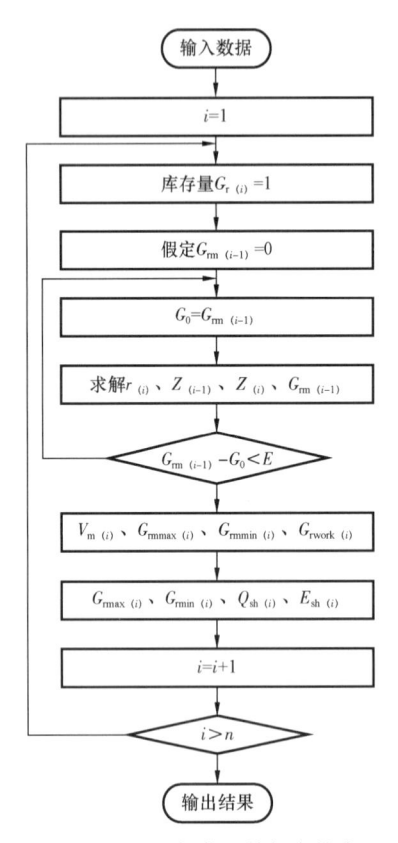

图 8-4-3 气藏型储气库技术指标预测流程图

1. 输入基础数据

(1) 原始条件基础参数：地层压力、地层温度、天然气相对密度、凝析油相对密度、地质储量。

(2) 气藏开采历史动态数据：累计产气量、累计产油量、累计产地层水量、累计产凝析水量、开发末期地层压力、开发末期凝析油含量、开发末期气油比、开发末期当量气相对密度。

(3) 储气库设计指标：库容量、工作气量、垫气量、上限压力、下限压力。

(4) 多周期注采运行动态数据：累计注气量、累计产气量、累计产油量、累计产水量、注气末期地层压力、采气末期地层压力、注气地层温度、采气地层温度、注入气相对密度、采出气相对密度、采出油相对密度。

2. 可动用库存量计算

为了便于多周期库存分析参数计算，采用不同脚标表示各周期注采动态参数，其中脚标 $i=0$ 表示建库前，$i=1,3,5,\cdots$ 表示多周期注采运行的注气阶段，$i=2,4,6,\cdots$ 表示多周期注采运行的采气阶段。可动用库存量计算步骤具体如下：

(1) 在单采气周期内，将累计采出的凝析油折合成当量凝析气，再加上累计采气量即为该采气周期内累计采出当量气量 $G_{p(i)}$。

(2) 根据建库前剩余气量与多周期注（采）当量气量，计算各注（采）周期末真实的库存量 $G_{r(i)}$。

(3) 库存分析预测模型以注（采）气量与视地层压力在一个注采周期内满足定容压升（降）物质平衡为评价准则，采用注气、采气动态数据分别计算库存参数。首先假定注（采）气阶段初始库存量为 $G_{rm(i-1)}$。

(4) 将注（采）气阶段初始库存量 $G_{rm(i-1)}$ 赋值给中间变量 G_0。

(5) 利用摩尔体积权衡方法求出注（采）末库内凝析气和干气混合流体的相对密度。

(6) 采用相关模型计算注（采）气初期和注（采）气末期库内混合流体偏差系数 Z。

(7) 根据可动用库存量数学模型计算注（采）气初期库存量 $G_{rm(i-1)}$。

(8) 比较 $G_{rm(i-1)}$ 和 G_0，若不满足精度要求，则重复步骤(3)至步骤(8)，直到满足精度为止。

(9) 采用步骤(3)至步骤(8)迭代求解的注（采）初期可动用库存量计算储气库地下可动含气孔隙体积 $V_{m(i)}$，并用内插法求解上（下）限压力时库内混合流体相对密度，计算相应的偏差系数。

3. 运行技术指标计算

根据建立的数学模型计算有效库容量 $G_{rmmax(i)}$、可动垫气量 $G_{rmmin(i)}$、工作气量 $G_{rwork(i)}$、库容量 $G_{rmax(i)}$、垫气量 $G_{rmin(i)}$、垫气损耗量 $Q_{sh(i)}$、垫气损耗率 $E_{sh(i)}$。

4. 输出计算结果

静态库存量、可动用库存量、库存量动用率、可动含气孔隙体积、有效库容量、可动垫气量、工作气量、库容量、垫气量等库存指标计算结果。

(四) 库存分析预测参数系列符号说明

库存分析系列参数包括与库存分析与预测模型中引用的参数，以及求解模型涉及的参数，便于理解模型及相应的算法，更好地开展库存分析工作。

a——压降方程直线的截距；

b——压降方程直线的斜率；

B_g——某一压力条件下凝析气体积系数，m^3/Sm^3；

B_{gi}——原始条件下凝析气体积系数，m^3/Sm^3；

B_w——地层水体积系数，m^3/Sm^3；

C_f——岩石孔隙体积压缩系数，MPa^{-1}；

C_{wi}——地层水压缩系数，MPa^{-1}；

δ——凝析油含量，g/m^3；

$E_{sh(i)}$——第 i 周期垫气损耗率，%；

$\gamma_{(i)}$——第 i 周期库内混合流体相对密度；

γ_{gi}——天然气相对密度；

$\gamma_{g(i)}$——第 i 周期采出气体相对密度；

γ_{in}——注入气相对密度；

$\gamma_{in(i)}$——第 i 周期注入气体相对密度；

$\gamma_{max(i)}$——第 i 周期上限压力对应的库内混合流体相对密度；

$\gamma_{min(i)}$——第 i 周期下限压力对应的库内混合流体相对密度；

γ_{oi}——气藏开发凝析油相对密度；

γ_p——采出流体相对密度；

$\gamma_{p(i)}$——第 i 周期采出流体相对密度；

GOR_s——某压力下油藏生产气油比，m^3/m^3；

G_p——气藏开发累计产气量，$10^8 m^3$；

G_{pc}——凝析干气累计产量，m^3；

G_{ps}——溶解气累计产量，m^3；

G_r——库存量，$10^8 m^3$；

$G_{r(0)}$——建库前库存量，$10^8 m^3$；

$G_{r(i)}$——第 i 周期的静态库存量，$10^8 m^3$；

$G_{rm(i)}$——第 i 周期采气末期压力对应的可动库存量，$10^8 m^3$；

G_{rmmax}——有效库容量，$10^8 m^3$；

$G_{rmmax(i)}$——第 i 周期可动库容量，$10^8 m^3$；

G_{rmmin}——可动垫气量，$10^8 m^3$；

$G_{rmmin(i)}$——第 i 周期可动垫气量，$10^8 m^3$；

$G_{rmax(i)}$——第 i 周期有效库容量，$10^8 m^3$；

$G_{rmin(i)}$——第 i 周期垫气量，$10^8 m^3$；

G_{rwork}——工作气量，$10^8 m^3$；

$G_{rwork(i)}$——第 i 周期工作气量，$10^8 m^3$；

M_a——空气的摩尔质量，kg/mol；

M_o——凝析油的摩尔质量，kg/mol；

M_w——水的摩尔质量，kg/mol；

N_g——建库前凝析气地质储量,$10^8 m^3$;
N_{pc}——凝析油累计产量,t;
N_{py}——原油累计产量,t;
p——压力,MPa;
$p_{(i)}$——储气库第 i 注(采)气周期末地层压力,MPa;
$p_{(i-1)}$——储气库第 i 注(采)气周期初始库内地层压力,MPa;
p_i——原始地层压力,MPa;
p_{max}——储气库设计上限压力,MPa;
p_{min}——储气库设计下限压力,MPa;
p_{pc}——天然气的拟临界压力,MPa;
p_{pr}——拟对比压力,$p_{pr}=p/p_{pc}$;
p_{sc}——标准状态下的压力,MPa,$p_{sc}=0.101$MPa;
$Q_{(i)}$——第 i 周期注(采)气量,$10^8 m^3$;
Q_g——阶段采气量,$10^8 m^3$;
Q_{gc}——凝析干气阶段产量,m^3;
Q_{go}——凝析油当量气量,$10^8 m^3$;
Q_{gs}——溶解气阶段产量,m^3;
Q_{gw}——凝析水当量气量,$10^8 m^3$;
Q_{in}——阶段注气量,$10^8 m^3$;
$Q_{in(i)}$——第 i 周期累计注气量,$10^8 m^3$;
$Q_{\Sigma in}$——多周期累计注气量,$10^8 m^3$;
Q_{oc}——凝析油阶段产量,t;
Q_{oc0}——凝析油理论产量,t;
Q_{oy}——原油阶段产量,t;
Q_p——气藏开发阶段累计采气量,$10^8 m^3$;
$Q_{p(i)}$——第 i 周期采出当量气量,$10^8 m^3$;
$Q_{sh(i)}$——第 i 周期垫气损耗量,$10^8 m^3$;
$Q_{\Sigma sh}$——累计垫气损耗量,$10^8 m^3$;
R_p——某压力下总的生产气油比,m^3/t;
r_{pr}——拟对比密度;
R_{sc}——某压力下凝析气油比,m^3/t;
S_{wi}——束缚水饱和度,%;
T——地层温度,K;
$T_{(i)}$——第 i 周期末库内地层温度,K;
$T_{(i-1)}$——第 i 周期初始库内地层温度,K;
T_{pc}——天然气的拟临界温度,K;
T_{pr}——拟对比温度,$T_{pr}=T/T_{pc}$;

T_{sc}——标准状态下的温度,K,$T_{sc}=293.15K$;
V_m——可动含气孔隙体积,10^4m^3;
$V_{m(i)}$——第i周期地下可动含气孔隙体积,10^4m^3;
W_e——累计水侵量,10^8m^3;
W_p——累计产水量,10^8m^3;
Z——某一压力下凝析气的偏差系数;
Z_i——原始凝析气的偏差系数;
Z_m——库内混合流体偏差系数;
Z_{max}——储气库运行到上限压力时库内流体偏差系数;
Z_{min}——储气库运行到下限压力时库内流体偏差系数;
i——脚标,表示原始条件;
i——注采周期序号,$i=1,3,5\cdots$表示注气周期,$i=2,4,6\cdots$表示采气周期。

第五节 典型库存曲线分析

在水侵气藏型储气库库存分析与预测技术流程建立基础上,总结大港气藏型储气库运行规律,形成了典型的库存分析曲线,为类似气藏型储气库的动态分析及优化调整提供了归一化的分析曲线和方法。

一、扩容阶段划分

大港储气库近20年的注采运行表明,气藏型储气库多周期扩容过程具有较明显的规律性。总体来说,气藏型储气库要经历3个里程碑阶段,即快速扩容期、稳定扩容期和扩容停止期(图8-5-1),各阶段运行机理及扩容特征具有显著差异。

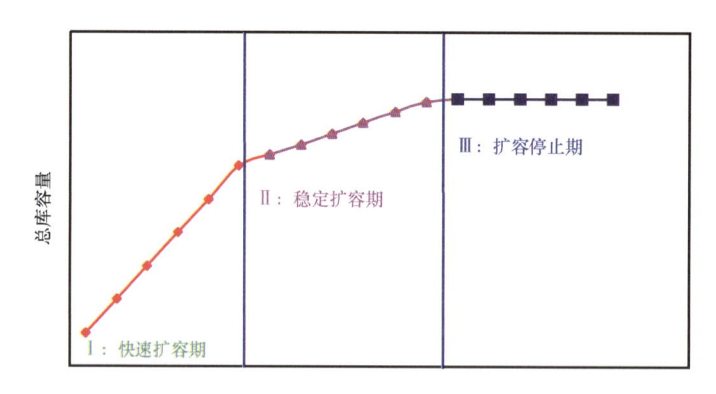

图8-5-1 气藏型储气库扩容阶段模式图

(一)快速扩容期

快速扩容一般发生在扩容达产阶段,在注气压差作用下,气体沿优势孔道突进,或沿储层相对发育带向最大压力梯度方向快速指进,气水前缘推进迅速,井网控制范围内气驱范围大、驱扫效率高,技术指标如库容量和可动用含气孔隙体积等增长快、增幅大。

(二)稳定扩容期

稳定扩容一般发生在稳定运行阶段,相比快速扩容期,气水前缘推进速度减慢,但井网控制范围内气驱波及效果进一步改善,仍以气驱扩容为主,可动用含气孔隙体积稳定提高,主要技术指标表现为减速递增的扩容趋势。

(三)扩容停止期

在扩容停止期,气水前缘推进基本终止,井网控制范围内含气饱和度变化不大,储气库从气驱扩容转变为排液扩容为主,扩容速度慢、扩容效率低,主要技术指标基本不变,储气库进入稳定注采模式。

二、典型曲线

在储气库不同的运行阶段,各项技术指标的变化趋势及规律具有差异性。根据扩容阶段划分及大港储气库多年运行实践,形成了气藏型储气库各阶段典型曲线,主要包括可动用含气孔隙体积典型曲线,库存量及工作气量典型曲线,垫气损耗率和工作气量变化率典型曲线等,可供储气库注采运行动态分析时参考。

(一)可动用含气孔隙体积典型曲线

可动用含气孔隙体积指动用库存量在地层温度压力条件下所占据的地下含气孔隙空间,是衡量储气库扩容速度及效果的重要技术指标,其典型特征如图8-5-2所示。

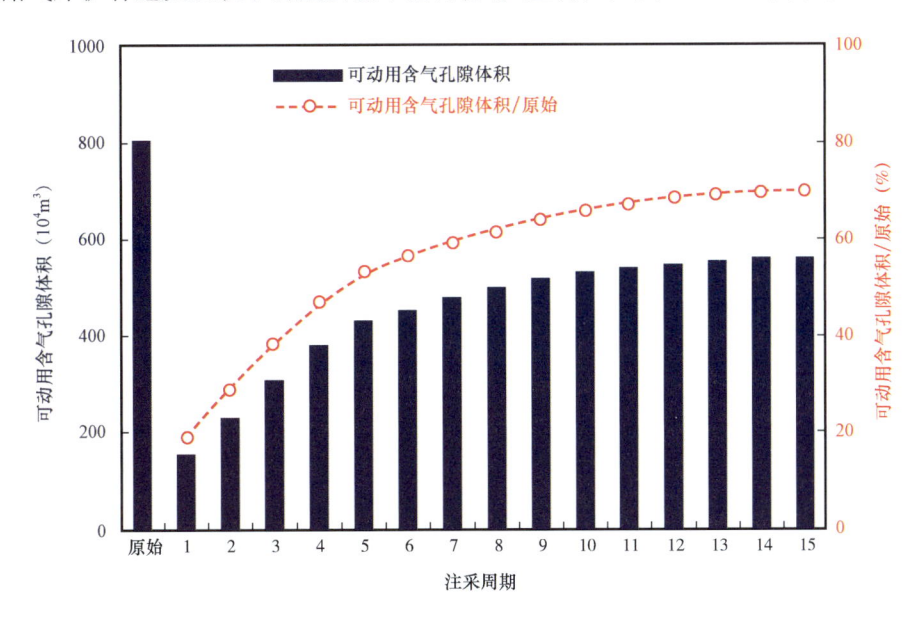

图8-5-2 气藏型储气库可动用含气孔隙体积典型图

(1)与扩容阶段一致性好。在快速扩容期,可动用含气孔隙体积快速增加,主要是注入气沿优势孔道突进或注采井网不断完善;而稳定扩容期气驱扩容速度降低,可动用含气孔隙体积减速递增;扩容停止期以携排液为主,扩容速度慢,可动用含气孔隙体积提高幅度有限。

(2)与原始含气孔隙体积存在差异。宏观方面,在高速注气条件下,注采井网主要控制较大孔喉,对次发育、小孔喉波及程度低,大大降低了含气孔隙体积的动用率;在微观方面,受储层物性、润湿性、非均质性等影响,有限的注气驱替压力无法驱出全部侵入水,部分侵入水将滞留在原始含气孔隙里,由于贾敏效应、绕流等形成了死空间,进一步降低储层孔隙空间有效利用率。

(3)与可动用含气孔隙体积具有相同曲线特征、可动用类指标还包括可动用库存量、库存动用率等。

(二)库容量及工作气量典型曲线

库容量及工作气量与扩容期具有一致性,与可动用含气孔隙体积曲线特征类似。在快速扩容期,可动用含气孔隙体积快速增加,库容量及工作气量增量大、增幅快;在稳定扩容期,气驱扩容速度降低,可动用含气孔隙体积减速递增,库容量及工作气量稳定增加;在扩容停止期,以携排液为主,扩容基本停滞,库容量及工作气量变化较小,储气库处于稳定运行状态。图8-5-3为气藏型储气库库容量及工作气量典型图。

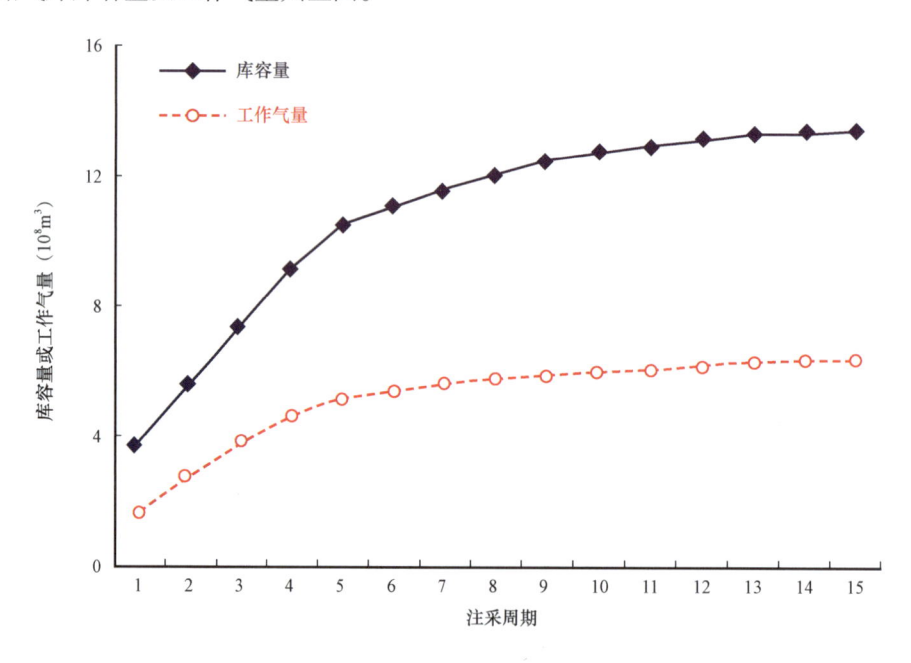

图8-5-3 气藏型储气库库容量及工作气量典型图

(三)垫气损耗量和损耗率典型曲线

垫气损耗量指注气和采气过程中损耗的全部天然气量,损耗率指垫气损耗量与注气量之比,两者多周期曲线特征与可动用含气孔隙体积相反,可归纳为如下3个典型时期(图8-5-4)。

1. 高损耗期

储气库处于快速扩容期,气驱扩容、孔隙体积增加,需补充大量的气垫气,尤其以枯竭气藏改建的储气库,注入气主要用于填补地层亏空,周期气垫气增量大、增幅快,表现出较高的垫气损耗量和损耗率。

2. 损耗降低期

井控范围内气驱效果进一步改善,新增的孔隙体积需增加部分气垫气;同时受储层物性、润湿性等影响,形成了一定量的死气,再加上井控范围外新增的不可动用库存量,垫气量整体仍在增加,但损耗量明显降低,损耗率维持低速增长。

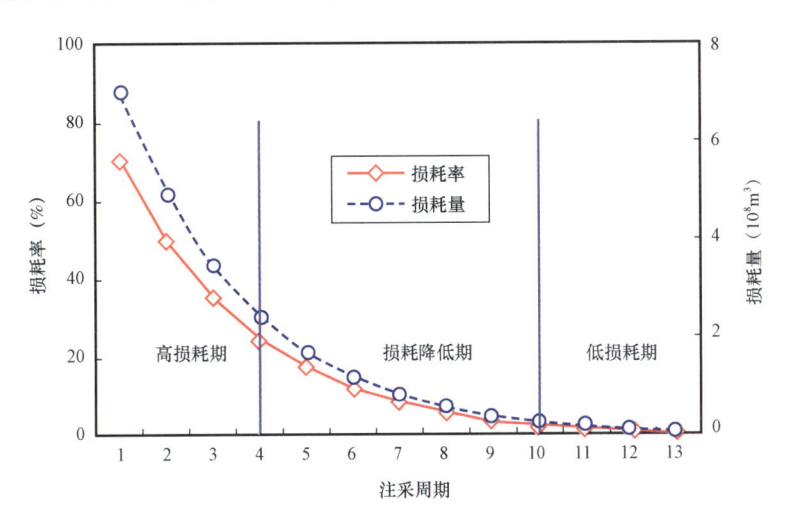

图 8-5-4 气藏型储气库垫气损耗率及损耗量典型曲线

3. 低损耗期

气水前缘推进基本终止,井控范围内含气饱和度变化不大,储气库处于低损耗基础上的良性注采循环阶段,垫气损耗量较小。

三、漏失典型曲线和漏失量计算方法

由本章第三节可知,储气库库存量曲线向右移动时,无法判断是扩容还是漏失,而扩容和漏失是两种完全不同的运行状态,对储气库运行起着截然相反的作用。从储气库库存动态管理的角度,在库存量曲线的基础上,提出了库存量增量运行曲线,建立了漏失典型曲线及漏失量定量评价方法,为储气库损耗分析、漏失量计算奠定了基础。

(一)漏失分析数学模型

1. 基本原则

(1)以气藏动态法计算的地质储量及建库前剩余的地质储量为库存量评价的基础。

(2)量化评价储气库多周期运行过程中库存量的变化规律。

(3)以储气库库存量曲线及增量曲线半定量化评价水侵、扩容或漏失的动态特征。

2. 库存量数学模型

库存量是储气库库存管理的基本概念,也是动态分析中首先需要计算和分析的数值,其计

3. 库存量增量数学模型

库存量增量曲线可进一步诊断储气库的扩容或漏失状态,主要包括两类库存量增量辅助曲线,即单位视地层压力的库存量和单位视地层压力增量的库存量增量,这两类曲线和库存量曲线一起构成了库存运行曲线及漏失典型曲线。单位视地层压力的库存量指储气库中库存量与视地层压力的比值,根据实际需要,每个注气或采气阶段结束后,均可计算出相应的数值。数学模型为:

$$\Delta G = \frac{G_{r(i)}}{(p/Z)_{(i)}} \quad (8-5-1)$$

式中 ΔG——单位视地层压力的库存量,$10^8 m^3/MPa$。

单位视地层压力增量的库存量增量指就注气或采气阶段而言,末期与初期的库存量差值,即注气量或采气量与相应视的层压力差值的比值。数学模型为:

$$\frac{\Delta G_{r(i)}}{\Delta (p/Z)_{(i)}} = \frac{G_{r(i)} - G_{r(i-1)}}{(p/Z)_{(i)} - (p/Z)_{(i-1)}} \quad (8-5-2)$$

式中 $\Delta G_{r(i)}$——注(采)气末期与初期的库存量差,$10^8 m^3$。

$\Delta (p/Z)_{(i)}$——注(采)气末期与初期的视地层压力差,MPa。

式(8-5-2)左端表示单位视地层压力增量的库存量增量,式中的压缩因子一般采用PVT实验和经验公式等方法确定,主要方法可参考相关标准,也可采用常用经验公式确定。

(二) 运行曲线数据整理及绘制

1. 库存量基础数据

储气库多周期运行中,通过气井关井测静压可获得多个地层压力点及对应的库存量,库存量资料通过表格进行整理,见表8-5-1;根据储气库库存量评价需求,通常以注气和采气结束后的时间节点为基准,分别计算注气和采气阶段的库存量增量数据(表8-5-2)。

表8-5-1 储气库库存量曲线数据表

序号	运行周期	测压时间点 (年-月)	地层压力 (MPa)	视地层压力 (MPa)	累计注气量 ($10^8 m^3$)	累计采气量 ($10^8 m^3$)	库存量 ($10^8 m^3$)
0	气藏原始条件	—	22.69	—	—	—	—
0	气藏开发结束	—	9.22	—	—	—	1.6
1	第1注气周期	2002-11	24.63	26.98	1.35	—	2.95
1	第1采气周期	2002-03	13.40	15.24	—	0.84	2.10
2	第2注气周期	2003-11	26.48	28.49	2.60	—	4.71
2	第2采气周期	2004-03	13.58	15.38	—	1.83	2.88
3	第3注气周期	2004-11	26.61	28.57	3.87	—	6.75
3	第3采气周期	2005-03	13.60	15.38	—	2.87	3.88

续表

序号	运行周期	测压时间点（年-月）	地层压力（MPa）	视地层压力（MPa）	累计注气量（$10^8 m^3$）	累计采气量（$10^8 m^3$）	库存量（$10^8 m^3$）
4	第4注气周期	2005-11	27.24	29.05	5.11	—	8.99
	第4采气周期	2006-03	14.50	16.50	—	2.96	6.03
5	第5注气周期	2006-11	26.80	28.68	5.27	—	11.30
	第5采气周期	2007-03	16.80	18.98	—	3.78	7.52
……	……	……	……	……	……	……	……

表8-5-2 储气库库存量增量曲线数据表

阶段	序号	运行周期年份	视地层压力（MPa）	库存量（$10^8 m^3$）	单位视地层压力库存量（$10^8 m^3$/MPa）	单位视地层压力差库存量增量（$10^8 m^3$/MPa）
注气阶段	1	2002—2003	26.98	2.95	0.11	0.08
	2	2003—2004	28.49	4.71	0.17	0.20
	3	2004—2005	28.57	6.75	0.24	0.29
	4	2005—2006	29.05	8.99	0.31	0.37
	5	2006—2007	28.68	11.30	0.39	0.43
	……	……	……	……	……	……
采气阶段	1	2002—2003	15.24	2.10	0.14	0.07
	2	2003—2004	15.38	2.88	0.19	0.14
	3	2004—2005	15.38	3.88	0.25	0.22
	4	2005—2006	16.50	6.03	0.37	0.24
	5	2006—2007	18.98	7.52	0.40	0.39
	……	……	……	……	……	……

同时,整理出单位视地层压力库存量和单位视地层压力差库存量增量相关的基础数据。

2. 库存量曲线

(1)以库存量为横坐标、视地层压力为纵坐标,绘制库存量曲线。

(2)储气库多周期库存量曲线通常表现为3种情况:向左移动、基本稳定、向右移动。利用库存量曲线可定性评价储气库水侵或扩容状态,典型库存量曲线如图8-5-5所示。

① 向左移动:随运行周期增加,相同视地层压力下储气库库存量降低。表明储气库有水侵或气量计量有误差,需要重新核实多周期注采气量并计算库存量,消除计量误差。

② 基本稳定:多周期库存量曲线基本重合,在同一区域变动,表明储气库稳定、没有漏失且气量计量准确,曲线变化的区域表明储气库运行时压力具有滞后效应。

③ 向右移动:随注采运行周期增加,相同视地层压力下储气库库存量增加。表明储气库处于扩容或漏失状态,需要结合库存量增量曲线区分扩容或漏失情况。

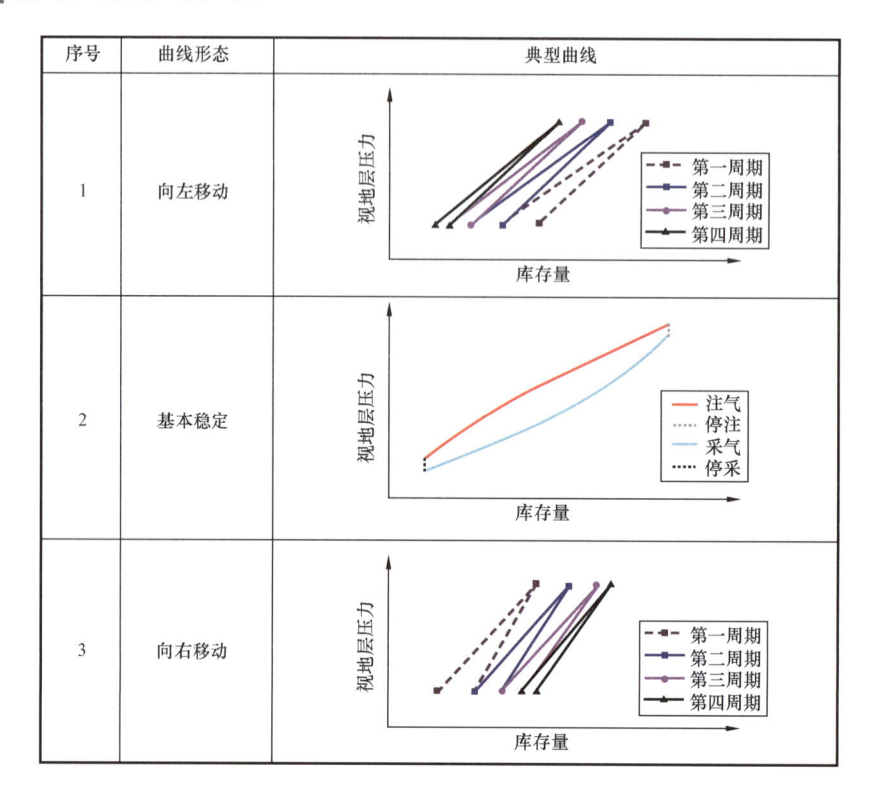

序号	曲线形态	典型曲线
1	向左移动	(视地层压力 vs 库存量，第一周期、第二周期、第三周期、第四周期)
2	基本稳定	(视地层压力 vs 库存量，注气、停注、采气、停采)
3	向右移动	(视地层压力 vs 库存量，第一周期、第二周期、第三周期、第四周期)

图 8-5-5 视地层压力与库存量关系曲线图

3. 库存量增量曲线

(1) 以运行周期为横坐标、库存量增量为纵坐标，绘制库存量增量曲线，由单位视地层压力的库存量与运行周期、单位视地层压力增量的库存量增量与运行周期两条曲线组成。

(2) 储气库多周期库存量增量曲线通常也表现为 3 种情况：稳定趋势、上升趋势、复合趋势。利用库存量增量曲线可半定量评价储气库扩容或漏失情况，以采气为例的典型库存量增量曲线如图 8-5-6 所示。

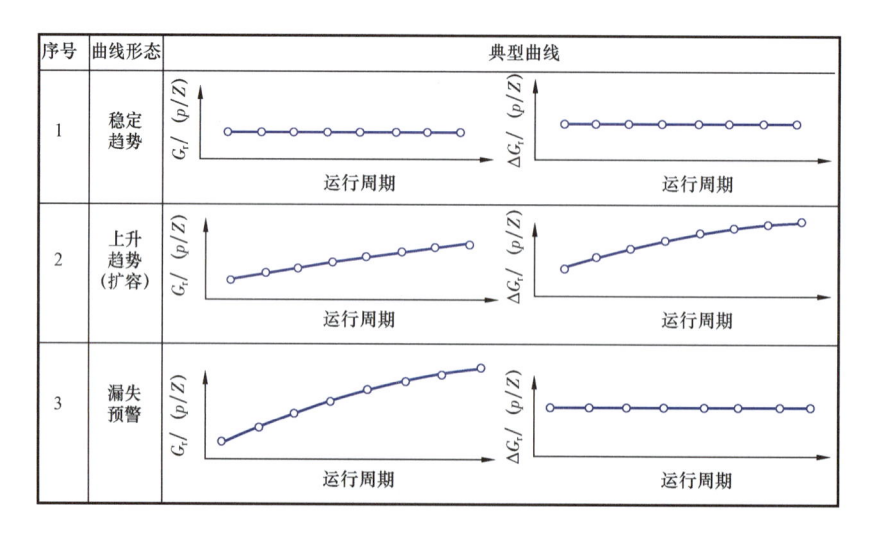

序号	曲线形态	典型曲线
1	稳定趋势	$G_r/(p/Z)$ vs 运行周期；$\Delta G_r/(p/Z)$ vs 运行周期
2	上升趋势（扩容）	$G_r/(p/Z)$ vs 运行周期；$\Delta G_r/(p/Z)$ vs 运行周期
3	漏失预警	$G_r/(p/Z)$ vs 运行周期；$\Delta G_r/(p/Z)$ vs 运行周期

图 8-5-6 库存量增量与运行周期关系曲线图（以采气为例）

① 稳定趋势:多周期库存量增量变化较小且曲线基本稳定,表明储气库稳定、没有漏失且气量计量准确。

② 上升趋势:多周期库存量增量不断加大,曲线呈现上升趋势,表明储气库处于扩容阶段。

③ 复合趋势:

第一种情况——单位视地层压力库存量增加而单位视地层压力增量的库存量增量稳定时,表明存在气体漏失,需分析漏失的可能因素并通过动态监测进一步核实。

第二种情况——凡不具有第一种运行特征的,都可能是由计量误差或计算误差等因素引起的。

(三)异常漏失量计算方法

上述曲线仅能定性或半定量分析漏失特征,不能定量评价储气库周期漏失量。针对储气库运行过程中存在的异常漏失(如盖层和断层漏失),结合储气库库存分析和注气运行动态资料,建立了异常漏失情况下的气藏工程评价方法。

1. 异常漏失动态特征

(1)运行曲线表现为漏失典型特征。① 库存量曲线向右移动,可能处于扩容或漏失状态;② 库存量增量曲线表现为复合趋势中的第一种情况,即单位视地层压力的库存量曲线增加而单位视地层压力增量的库存量增量曲线稳定时,这类曲线一般表明存在气体漏失。典型曲线特征如图8-5-7所示(复合趋势)。

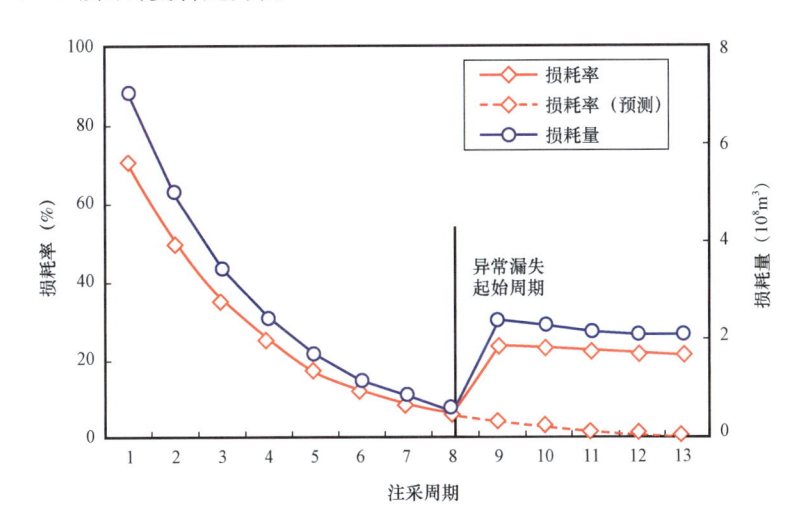

图8-5-7 储气库异常漏失情况下垫气损耗率图

(2)垫气损耗率大幅增加。对于正常运行、未出现异常漏失的储气库,其主要技术指标均为有规律地周期变化;若运行过程中存在天然气异常漏失,技术指标必然发生变化,原有的周期变化规律被破坏,呈现跳跃变化,可将异常点作为出现漏失的区分点。

未出现漏失前,垫气损耗量逐年降低,垫气损耗率呈现下降趋势,最终趋于稳定。异常漏失后,垫气损耗量显著增加,垫气损耗率偏离原有趋势,突然跳跃增加(图8-5-7)。

2. 数学模型

1)漏失量预测模型

对比正常运行和异常漏失曲线,其差值可认为是天然气异常漏失所新增的损耗率,数学模型为:

$$E_{shL(i)} = E_{sh(i)} - E_{shn(i)} \qquad (8-5-3)$$

式中　E_{shL}——天然气异常漏失所新增的垫气损耗率;

E_{sh}——储气库多周期运行实际的垫气损耗率;

E_{shn}——储气库未出现异常漏失情况下的预测垫气损耗率。

根据垫气损耗率的定义,异常漏失所新增的损耗率与周期注气量之积为天然气异常漏失量:

$$Q_{L(i)} = Q_{in(i)} E_{shL(i)} \qquad (8-5-4)$$

式中　Q_L——天然气异常漏失所产生的漏失量,$10^8 m^3$;

$Q_{in(i)}$——阶段注气量,$10^8 m^3$。

将式(8-5-3)代入式(8-5-4),可得异常漏失量计算模型为:

$$Q_{L(i)} = Q_{in(i)} (E_{sh(i)} - E_{shn(i)}) \qquad (8-5-5)$$

2)垫气损耗率预测模型

垫气损耗率预测方程主要包括两种方法。

第一种:直接法。根据多周期垫气损耗率与运行周期的关系,可建立两者的指数或幂函数,数学模型为:

$$E_{sh} = A e^{-BT} \qquad (8-5-6)$$

$$E_{sh} = A T^{-B} \qquad (8-5-7)$$

式中　E_{sh}——垫气损耗率,%;

A,B——垫气损耗率预测模型系数;

T——运行周期。

第二种:间接法。根据累计损耗量与注气量之间的关系,可建立两者的指数函数关系,其数学模型为:

$$\sum Q_{sh} = A - B e^{-c \sum Q_{in}} \qquad (8-5-8)$$

式中　Q_{sh}——垫气损耗量,$10^8 m^3$;

Q_{in}——注气量,$10^8 m^3$。

再根据垫气损耗率的定义及计算方法,见式(8-4-22),可得垫气损耗率的表达式为:

$$E_{sh} = \frac{\sum_{i=1}^{n} Q_{sh(i)} - \sum_{i=1}^{n-1} Q_{sh(i)}}{Q_{in(i)}} \qquad (8-5-9)$$

式中 n——注(采)气周期总数。

3. 计算步骤

(1)利用异常漏失前有规律的垫气损耗率曲线建立相应的函数关系,见式(8-5-6)至式(8-5-9);

(2)根据建立的垫气损耗率函数关系,预测目前的垫气损耗率;

(3)计算实际损耗率与预测损耗率的差值;

(4)利用式(8-5-5)计算异常漏失量;

(5)分析储气库异常漏失动态特征及未来漏失损耗趋势。

参 考 文 献

[1] 王皆明,胡旭健. 凝析气藏型地下储气库多周期运行盘库方法[J]. 天然气工业,2009,29(9):100-102.

[2] 胥洪成,王皆明,李春. 水淹枯竭气藏型地下储气库盘库方法[J]. 天然气工业,2010,30(8):79-82.

[3] Mayfield J F. Inventory verification of gas storage fields[J]. SPE 9391,1981.

[4] 奥林·费拉尼根. 储气库的设计与实施[M]. 张守良,陈建军,译. 北京:石油工业出版社,2004.

[5] 杨继盛,刘建仪. 采气实用计算[M]. 北京:石油工业出版社,1994.

[6] 黄炳光,刘蜀知. 气藏工程与动态分析方法[M]. 北京:石油工业出版社,2004.

[7] 陈晓源,谭羽非. 地下储气库天然气泄漏损耗与动态监测判定[J]. 油气储运,2011,30(7):513-516.

第九章　优化配产配注气藏工程方法

储气库配产配注是多周期注采运行动态分析的重要内容之一,上承多周期库存分析与预测,下启注采优化调整;但不同阶段压力运行区间、库存量、气液界面等参数变化特征不同,储气库配产配注的方法和要求也不相同。本章针对扩容达产阶段和稳定运行阶段的不同特点,介绍了配产配注的主要内容和技术方法,在此基础上,将相邻多座储气库视作一个整体,考虑多种影响因素,建立储气库群的优化配产配注方法,为提高库群整体运行效率、降低储气成本奠定了基础[1-9]。

第一节　扩容达产阶段配产配注气藏工程方法

扩容达产阶段主要特点是采取过渡循环注采方式强化注气,逐步将压力运行区间、库存量向设计值靠拢;同时气液界面扩展和振幅逐步趋向稳定。由于该阶段压力、库存及地层流体流动多处于不稳定状态,必须立足于每个单周期有针对性开展注采井动态研究,建立相应的评价方法,重点是井注采气能力及可动用库存量滚动评价,指导该阶段优化配产配注。

一、井注采气能力变化修正

(一)储气库井地层稳定渗流方程改进

储气库在交变注采过程中,由于前期气藏开发受油水侵入或应力敏感等因素影响,渗透率可能发生一定变化,足以导致井产能产生较大改变。因此,针对储气库井多周期流入动态变化,有必要对传统拟压力函数表达式进行修正,重新建立储气库井地层稳定渗流方程,从而准确预测气井多周期注采气能力变化。

1. 定义拟压力

将传统拟压力改为:

$$\varphi(p) = 2\int_0^p \frac{K_{gn}}{K}\frac{p}{\mu Z}dp \qquad (9-1-1)$$

式中　$\varphi(p)$——修正后的广义拟压力,$MPa^2/(Pa \cdot s)$;
　　　p——地层压力,MPa;
　　　K_{gn}——储气库气水互驱 n 次后的气相渗透率,mD;
　　　K——气层有效渗透率,mD;
　　　μ——气体黏度,$Pa \cdot s$;
　　　Z——气体压缩因子。

式(9-1-1)表明,修正后的广义拟压力表达式考虑了储层应力敏感和水体侵入对产能的影响,计算精度提高的同时过程进一步复杂化,采用数值积分求解。通过物理模拟实验或不稳定试井解释得到K_{gn}，利用PVT流体实验数据计算μ和Z。

2. 储气库井流入动态模型建立

假设地层均质等厚，气体流动服从达西定律，得到平面径向流动时的运动方程，根据质量守恒原理，代入气体高压物性参数，将地层条件转换为标准状况，分离变量后得到：

$$\frac{2\pi KhT_{sc}Z_{sc}}{q_{sc}p_{sc}\mu TZ}p\mathrm{d}p = \frac{\mathrm{d}r}{r} \quad (9-1-2)$$

式中　h——储层厚度，m；

　　　T_{sc}——标准状况下温度，K；

　　　Z_{sc}——标准状况下气体压缩因子；

　　　q_{sc}——标准状况下产气量，$10^4 \mathrm{m}^3/\mathrm{d}$；

　　　p_{sc}——标准状况下压力，MPa；

　　　r——距离井眼中心半径，m。

假设气体渗流处于拟稳态流动阶段，在供给范围内依靠流体和岩石的弹性能量生产，由等温压缩定义得到半径为r处的产量表达式，其与井底产量的关系为：

$$\frac{q_r}{q_{sc}} = 1 - \frac{r^2}{r_e^2} \quad (9-1-3)$$

式中　q_r——半径r处产气量，$10^4 \mathrm{m}^3/\mathrm{d}$；

　　　r_e——供给半径，m。

联立式(9-1-2)和式(9-1-3)，并结合Forchheimer高速非达西渗流方程，略去K的高阶小项的变化，考虑表皮系数S，整理后得到考虑水侵的井底流入动态方程：

$$2\int_{p_{wf}}^{p_e}\frac{K_{gn}}{K}\frac{p}{\mu Z}\mathrm{d}P = \frac{1.291\times 10^{-3}q_{sc}T}{Kh}\left(\ln\frac{r_e}{r_w} - 0.75 + S + 2.191\times 10^{-18}\frac{\beta\gamma_g K}{\mu h r_w}q_{sc}\right)$$

$$(9-1-4)$$

式中　r_w——井筒半径，m；

　　　β——速度系数(描述孔隙介质紊流影响的系数)，m^{-1}；

　　　γ_g——天然气相对密度，空气为1.0。

将式(9-1-1)代入式(9-1-4)左端，整理后得到流入动态方程：

$$\varphi(p_e) - \varphi(p_{wf}) = Aq_{sc} + Bq_{sc}^2 \quad (9-1-5)$$

式中　$\varphi(p_e)$——修正后的广义边界拟压力，$\mathrm{MPa}^2/(\mathrm{Pa}\cdot\mathrm{s})$；

　　　$\varphi(p_{wf})$——修正后的广义井底拟压力，$\mathrm{MPa}^2/(\mathrm{Pa}\cdot\mathrm{s})$。

式(9-1-5)中二项式产能方程系数A、B为：

$$A = \frac{1.291\times 10^{-3}T}{Kh}\left(\ln\frac{r_e}{r_w} - 0.75 + S\right) \quad (9-1-6)$$

$$B = \frac{2.282 \times 10^{-21} T\beta\gamma_g}{h^2 r_w} \quad (9-1-7)$$

对比显示,修正后的产能方程中 A、B 的表达式与修正前完全相同,将应力敏感和水体侵入的影响考虑在修正后的广义拟压力中。气藏开发时通过试井求产能方程时只需修改式(9-1-5)左端的拟压力项,便可得到不同压力下的产量。

3. 实例计算分析

某气藏开发阶段,见水前测试产能,依据这一结果预测改建储气库后产能,结果发现,实测结果偏离预测数值。针对这一情况,利用本书修正后的井筒流入动态方程预测了储层压力为 25MPa 时的流入动态曲线,并与仅考虑储层应力敏感、不考虑储层应力敏感和水侵两种情况的流入动态相对比,结果如图 9-1-1 所示。结果显示,水侵和储层应力敏感都降低储层的渗流能力,且水侵的影响大于应力敏感。不考虑储层应力敏感和水侵得到的无阻流量为 $927 \times 10^4 m^3/d$,仅考虑储层应力敏感时的无阻流量为 $793 \times 10^4 m^3/d$,同时考虑应力敏感和水侵的无阻流量 $406 \times 10^4 m^3/d$。即水侵对井底流入动态的影响强于储层应力敏感,该因素不可忽视。

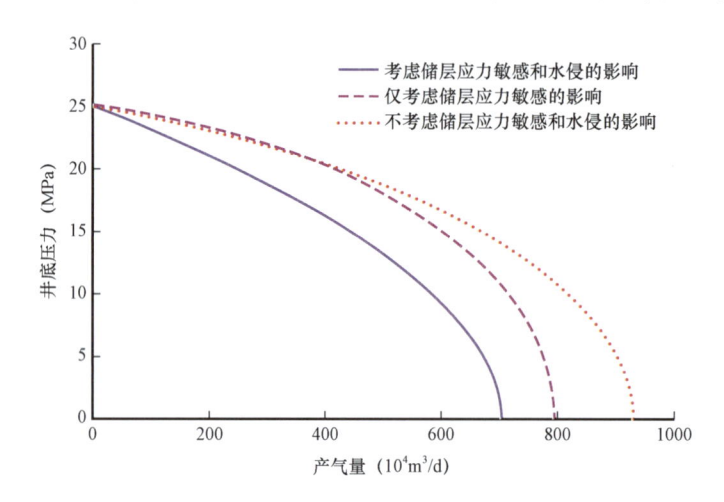

图 9-1-1 考虑储层应力敏感和水侵的井底流入动态对比图

(二)利用平衡期稳定试井确定地层稳定渗流方程

目前稳定气井产能测试方法有一点法、系统试井法、等时试井法和修正等时试井法 4 种。

1. 一点法

一点法只要求测试一个稳定产量和在该产量生产时的稳定井底流压,以及当时的地层静压,测试产量和流动时间直接影响测试结果。严格而言,储层中的流动必须进入稳定期或拟稳定期。实际测试中压力不再随时间有明显变化时,说明压力已稳定;高渗透气层容易达到压力稳定;但是致密地层的压力在很长时间内(如数月甚至一年以上)都不会稳定。

一点法试井的产能公式是建立在已经获得可靠的气井产能方程基础上的,一个气藏型储气库系统试井的资料越丰富,建立的一点法产能方程越可靠,计算产能也就越可靠。对于系统试井资料不足的气藏型储气库,尤其是建库初期,可作为气井配产配注的依据,随着认识程度的提高和试井资料的丰富不断修正产能方程。

2. 系统试井(回压试井)法

系统试井法产生于1929年,1936年由Rawlines和Schellhardch加以完善。现场具体做法是,至少用3个以上不同的气嘴连续开井,同时记录气井稳定生产时的井底流动压力。

系统试井在测试时要求每个气嘴开井生产时,产气量稳定,井底流动压力基本稳定,地层压力基本不变。现场实施时,流动压力达到稳定很困难,为了达到稳定,需要长时间开井,而长时间开井后,对于某些井层,又造成地层压力同时下降,这就限制了系统试井法的应用。

系统试井法具有资料多、信息量大、分析可靠的特点。该方法的关键在于两点:一是稳定测试前地层压力是否准确;二是是否达到稳定或拟稳定流。在改变工作制度时,地层压力迅速下降难以达到稳定,新井等一般不适用回压试井。

3. 等时试井法

由于系统试井存在诸多不足,1955年Cullender等提出了一种"等时产能试井法"。该法仍采用3个以上不同工作制度生产,同时测量流动压力。实施时不要求流动压力达到稳定,但每个工作制度开井生产前都必须关井以使地层压力得到恢复,直至基本达到原始地层压力。在不稳定产量和压力测试后,再采用一个较小的产气量延续生产至稳定。

Cullender等提出的等时试井法,主要出发点是缩短试井时间。基本思路简述如下:气流入井的有效泄流半径仅与测试流量的生产持续时间有关,与测试流量数值大小无关。对测试选定的几个流量,只要在开井后相同的生产持续时间测试,都具有相同的有效泄流半径。将几个测试流量生产持续时间相同的测压点(如3小时、6小时的井底流压)分别按照相同的时距(如3小时等时距、6小时等时距等),在双对数纸上作q_{sc}—Δp_{wf}^2关系曲线,得到一组相互平行(指数n相同)的等时曲线,任选其中一条确定指数方程中的指数n。但各等时曲线的系数C并不相同,它随生产持续时间的增长而减小,到压力接近稳定时,C也趋于恒值。

等时试井法的采用,大大缩短了开井流动时间,使放空气量大为减少。但是每次开井后都必须关井恢复到地层压力稳定,因此并不能有效地减少测试时间。

4. 修正等时试井法

Katz等于1959年提出了修正等时试井法,克服了等时试井法的缺点,从理论上证明了可以在每次改换工作制度开井前,不必关井恢复到原始地层压力,大大缩短了不稳定测试时间。

修正等时试井法是等时试井法的修正,实际测试时只要求所有工作制度下的开井生产时间和关井恢复时间一样,操作十分简单,既缩短了开井流动期时间,也缩短了关井恢复时间。该方法得到了广泛应用,特别对于低渗透或特低渗透气井比较适用。

(三)井注采气能力节点压力分析方法

1. 节点压力分析方法

节点分析由Gilbert于1954年提出,运用系统工程理论将地层流体的渗流、举升管流垂直流动和地面集输系统视为完整采气生产系统进行整体优化分析,使整个生产系统在局部上合理,整体上最优。该方法为优化气井生产系统的综合分析方法,主要用来设计和评价气井系统各部件的优劣。该方法同样适用于储气库气井的注采气能力预测和评价。

2. 采气能力节点分析预测

单井日采气能力取决于：(1)注采管柱尺寸及结构；(2)地层压力及井口压力；(3)气井携液临界流量；(4)冲蚀流量。气井携液临界流量指采气过程中，为使流入井底的水或凝析油及时被采气气流携带到地面、避免井底积液，需要确定出的连续排液的极限产量；冲蚀指气体携带的 CO_2、H_2S 等酸性物质及固体颗粒对管柱的磨损、破坏，气体流速越高对管柱冲蚀越严重，因此，应控制气体流动速度以避免冲蚀的发生，合理的采气流量应限制在最小携液产气量和冲蚀流量之间。

单井采气能力评价主要考虑地层稳定渗流、井筒垂直管流、管柱冲蚀流量、最小井口油压及临界携液流量等，通过气井节点压力分析方法确定单井合理采气能力。

1) 地层稳定渗流方程

储气库气井地层稳定渗流方程采用改进拟压力函数表示。二项式采气方程表达式为：

$$\varphi(p_e) - \varphi(p_{wf}) = Aq_{sc} + Bq_{sc}^2 \qquad (9-1-8)$$

式中 $\varphi(p_e)$——修正后的广义边界拟压力，$MPa^2/(Pa \cdot s)$；

$\varphi(p_{wf})$——修正后的广义井底拟压力，$MPa^2/(Pa \cdot s)$；

A——层流系数，$MPa/(10^4 m^3/d)$；

B——紊流系数，$MPa^2/(10^4 m^3/d)^2$；

q_{sc}——采气量，$10^4 m^3/d$。

2) 井筒垂直管流方程

井筒垂直管流方程主要描述气体沿管柱流动过程的阻力损失，常用数学模型为：

$$p_{wf}^2 = p_{wh}^2 e^{2S} + 1.3243 \lambda q_{sc}^2 T_{av}^2 Z_{av}^2 (e^{2S} - 1)/d^5 \qquad (9-1-9)$$

其中：

$$S = \frac{0.03418 \gamma_g D}{T_{av} Z_{av}}$$

式中 p_{wf}——井底压力，MPa；

p_{wh}——油管井口压力，MPa；

T_{av}——井筒内动气柱平均温度，K；

Z_{av}——井筒内动气柱平均偏差系数；

d——油管内直径，cm；

γ_g——天然气相对密度，空气为 1.0；

D——气层中部深度，m；

λ——油管阻力系数。

在式(9-1-9)中，Z_{av} 是 T_{av} 和 p_{av} 的函数，而 p_{av} 又取决于 p_{wh} 及 p_{wf}，因此计算时需要反复迭代。

3) 冲蚀流量方程

冲蚀流量计算常采用 Beggs 公式：

$$q_e = 40538.17 d^2 \sqrt{\frac{p_{wh}}{ZT\gamma_g}} \quad (9-1-10)$$

式中 q_e——冲蚀流量,$10^4 \text{m}^3/\text{d}$;
　　　d——油管内直径,m;
　　　p_{wh}——井口压力,MPa;
　　　T——绝对温度,K;
　　　Z——天然气偏差系数。

4)气井携液临界产气量

气井携液临界产气量常采用 Turner 公式:

$$q_{cr} = 2.5 \times 10^4 \frac{A p \mu_{cr}}{ZT} \quad (9-1-11)$$

式中 q_{cr}——气井携液临界流量,$10^4 \text{m}^3/\text{d}$;
　　　A——油管内截面积,m^2;
　　　p——压力,MPa;
　　　T——温度,K;
　　　Z——气体偏差系数;
　　　μ_{cr}——气流携液临界流速,m/s。

气流携液临界流速计算公式为:

$$\mu_{cr} = 3.1 \times \left[\frac{\sigma g(\rho_L - \rho_g)}{\rho_g^2}\right]^{0.25} \quad (9-1-12)$$

$$\rho_g = \frac{3.4844 \times 10^3 \gamma_g p}{ZT} \quad (9-1-13)$$

式中 ρ_L——液体密度,kg/m^3;对水取 1074kg/m^3,凝析油取 721kg/m^3;
　　　σ——界面张力,N/m;水取 0.06N/m,凝析油取 0.02N/m;
　　　ρ_g——气体密度,kg/m^3。

5)采气协调产量分析

利用节点压力分析方法,一般以气井井底为生产协调点,根据流入与流出曲线可得到采气能力交点,以气井最小携液量、管柱冲蚀流量及井口最小油压为约束条件,评价气井不同地层压力条件下的合理采气能力(图9-1-2)。

3. 注气能力节点压力预测

气井注气能力计算方法与采气能力类似,主要取决于注采管柱尺寸及结构、地层压力和井口压力等;同时注气量应限制在冲蚀流量以下,防止发生冲蚀破坏。

单井注气能力评价主要考虑地层稳定渗流、井筒垂直管流、冲蚀流量及压缩机最大出口压力等,利用节点压力系统分析方法可确定单井注气能力。

1)注气地层稳定渗流方程

储气库气井注气地层稳定渗流方程与采气相同,用改进拟压力函数表示。二项式注气方

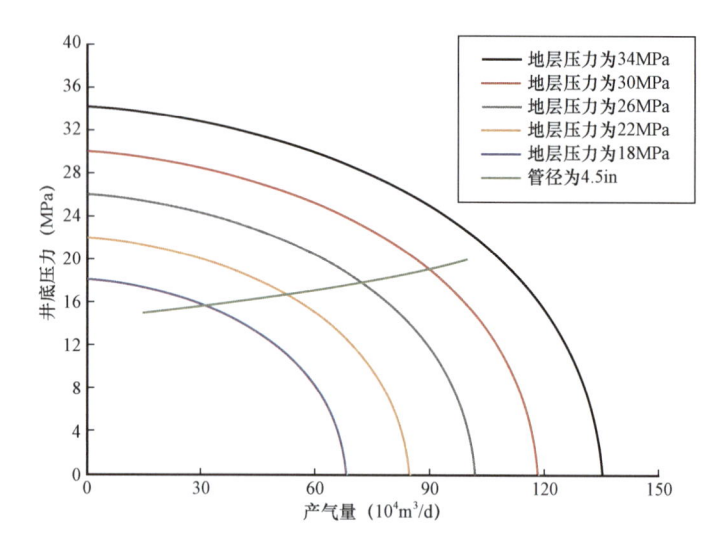

图 9-1-2 气井节点压力评价采气能力图

程表达式为：

$$\varphi(p_{wf}) - \varphi(p_e) = Aq_{sc} + Bq_{sc}^2 \quad (9-1-14)$$

2）井筒垂直管流方程

$$p_{wf}^2 = p_{wh}^2 e^{2S} - 1.3243\lambda q_{sc}^2 T_{av}^2 Z_{av}^2 (e^{2S} - 1)/d^5 \quad (9-1-15)$$

3）冲蚀流量方程

冲蚀流量计算采用 Beggs 公式，计算方法同采气，具体见式(9-1-10)。

4）注气协调产量分析

利用节点压力系统分析方法，一般以气井井底为生产协调点，根据流入与流出曲线可得到注气能力交点，并以气井管柱冲蚀流量为约束条件，评价气井不同地层压力条件下的合理注气能力（图 9-1-3）。

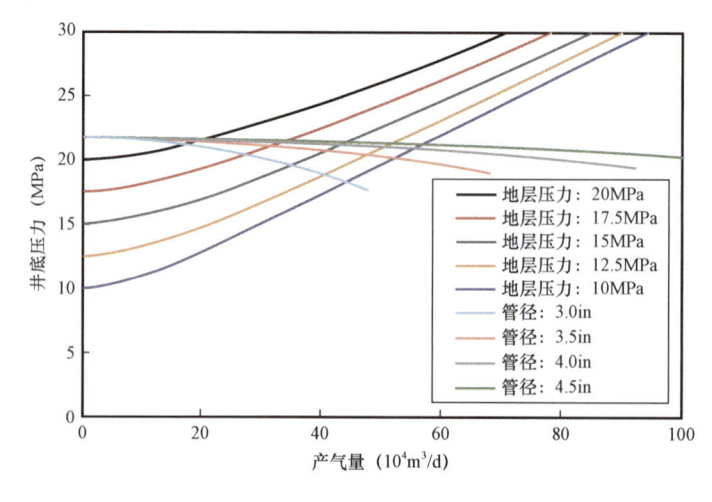

图 9-1-3 气井节点压力评价注气能力图

二、不稳定流动井控库存诊断分析与预测

在扩容达产阶段,若已完成一个及以上的注采周期时,可采用气井现代产量不稳定分析方法确定近井地带地层参数和井控库存等重点参数,进而根据注采周期压力、天数变化指导气井优化配产配注。

(一)定性诊断流动状态

采用不稳定流动模型进行流动状态诊断,主要根据实际生产曲线与典型理论曲线的差别,定性判断流动状态、生产指数变化(表皮系数增加或降低)、井间干扰、外来能量补充(边底水情况)等。图9-1-4给出了诊断气井流动状态的方法,实线表示典型图版中理论渗流特征曲线,虚线表示实际生产过程中的渗流特征曲线。在早期不稳定流动阶段,如果实际生产曲线逐渐向上接近理论曲线,表明井表皮系数逐渐降低,即处于清井过程;如果实际生产曲线逐渐向下接近理论曲线,表明井表皮系数在增加。后期边界流阶段,实际生产曲线逐渐向左偏离直线段,表明井的供给能量降低,即与邻井间存在干扰;实际生产曲线逐渐向右偏离直线段时,表明井的供给能量有所增加,即供给区域存在外来能量补给。

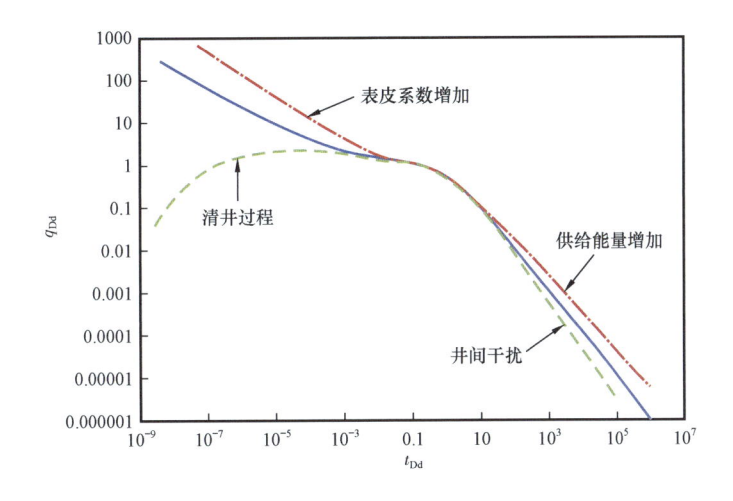

图9-1-4 典型图版诊断气井流动状态示意图

(二)定量描述储层参数

采用典型曲线拟合方法,通过实际生产数据与典型图版拟合(图9-1-5),反求储层参数,可得到单井动用库存、井控半径、有效渗透率、表皮系数等参数(表9-1-1);通过多周期拟合参数对比,可分析气井井控范围变化、储层渗流条件的改善等。

(三)评价动用库存和井控半径

动用库存和井控半径是气井不稳定分析中的重要参数,主要用于评价库存的动用情况、气井井控范围及未控制有利区域等,用目前井控半径或预测的未来井控半径作为下一周期气井井控半径预测参数,开展气井配产配注研究工作。

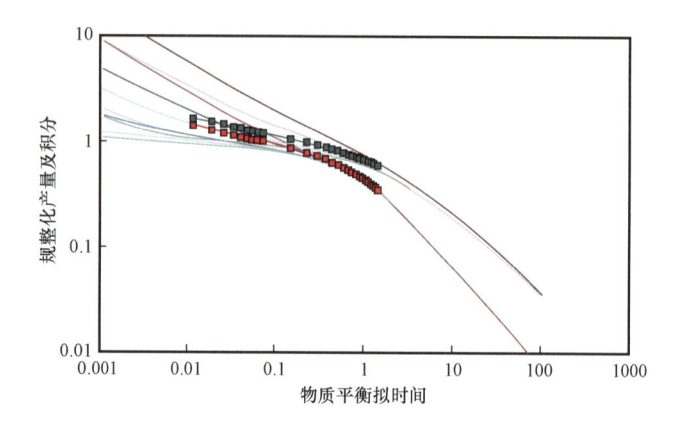

图 9-1-5　气井实际生产数据与典型图版拟合图

表 9-1-1　某储气库气井不稳定分析方法主要参数表

井号	动用库存($10^4 m^3$)	井控半径(m)	有效渗透率(mD)	表皮系数
库1	4187	257	17.8	1.42
库2	3075	268	57.7	-2.75
库3	1918	155	13.5	-0.60
库4	5499	249	87.2	1.46
库5	3996	210	53.8	-2.51
库6	5055	238	27.9	1.50
库7	2023	123	6.7	-4.57

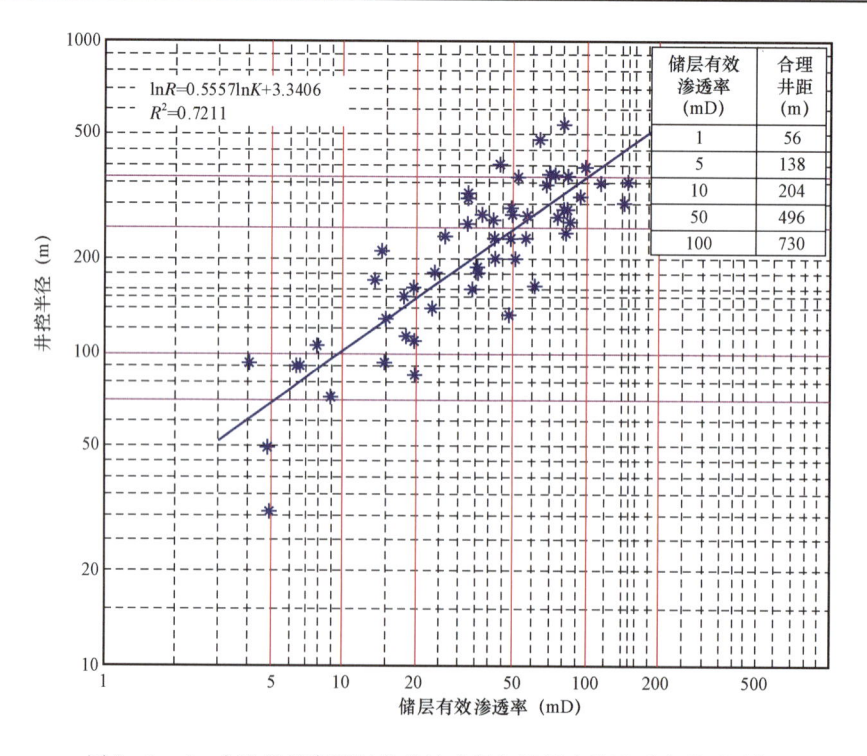

图 9-1-6　大港板桥库群气井井控半径与储层有效渗透率关系图版

对没有开展现代产量不稳定分析的储气库,单井动用库存和井控半径可借鉴已建储气库的实际数据。大港板桥库群是中国最早建成投运的储气库,目前已运行了17个注采周期,拥有丰富的注采动态资料,利用气井不稳定分析方法和多周期多井次井控参数数据库,建立了气井井控半径 r 与储层有效渗透率 K 之间的关系图版(图9-1-6),具有较高的相关系数。

在具体应用时,可根据建库储层有效渗透率,从井控半径图版读取相应的井控半径,类比储气库建库条件及注采时间,确定不同气井的合理井控半径。

(四)单井配产配注量

基本思路:以注气为例,根据气井不稳定分析结果,借鉴已完成周期的井控半径或图版预测的井控半径,假定在一个完整注气周期内,气井从目前地层压力注气达到方案设计上限压力。利用物质平衡原理,注气周期内井控半径范围内的累计注气量应为:

$$Q_{\text{gin}} = \pi r^2 h \phi (1 - S_{\text{wr}}) \left(\frac{1}{B_{gp_{\max}}} - \frac{1}{B_{gp}} \right) \qquad (9-1-16)$$

式中 Q_{gin}——累计注气量,10^4m^3;

r——井控半径,m;

h——储层有效厚度,m;

ϕ——储层有效孔隙度;

S_{wr}——残余水饱和度;

$B_{gp_{\max}}$——上限压力对应的天然气体积系数;

B_{gp}——目前地层压力对应的天然气体积系数。

根据储气库方案设计的注气天数,则可得单井日配注量为:

$$q_{\text{gin}} = \frac{Q_{\text{gin}}}{T_{\text{in}}} \qquad (9-1-17)$$

式中 q_{gin}——日注气量,10^4m^3;

T_{in}——注气天数,d。

利用式(9-1-16)和式(9-1-17)计算出单井日均注气量,作为最终合理日注气量的对比数据。采气类似于注气过程,但压力是从目前地层压力降到设计下限压力,代替式(9-1-16)、式(9-1-17)中相关参数用对应的压力即可。

三、储气库宏观注气速度控制

对于有边水的储气库,如果宏观注气速度过快,在注气压差的作用下,注入的天然气可窜入水域。尤其构造平缓、构造幅度低时,重力作用小,气窜现象更明显。同时在高速强注过程中,储层非均质性更加凸显,加上气水流度比的显著差异,气体黏性指进现象更加严重,大大降低了建库驱替效率。

为保持稳定的气水驱替前缘界面,考虑重力驱替作用(地层倾角)和气水流度比因素,建立了稳定气水界面的临界流速公式(如迪茨公式),通过控制宏观注气速度,实现气驱水前缘稳定推进,提高驱替效率的目的。

具有一定倾角的边水气藏(图 9-1-7),地层均质各向同性,原始气水界面(A_0B_0)为一水平面,如果在含气区有一口注气井注气,则气水界面向井底方向运动,此时气水界面不能保持原始的水平状态,则水平面 A_1B_1 会变成一个弯曲面,形成复杂的空间运动,产生指进现象,降低气驱效率。

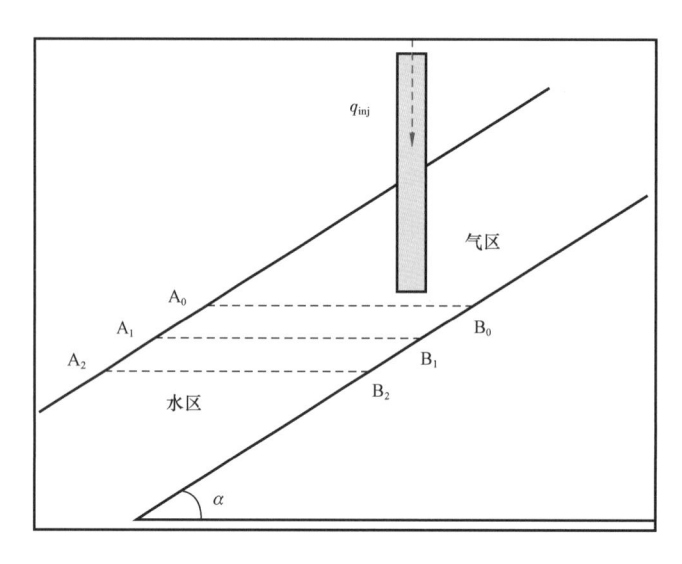

图 9-1-7 倾斜边水气藏注气过程中气水界面变化示意图
A_0B_0、A_1B_1、A_2B_2—气水界面

以分界面 A_1B_1 作为研究对象,假设气水流动均服从达西定律,考虑重力的影响,忽略毛细管力影响,当分界面气体运动速度不大于边水运动速度时,可以保证分界面的运动是稳定的,进而得到注气临界流速,再引入渗流过流截面积,最后转化成临界流量:

$$q_{\text{ind}} \leqslant \frac{KK_{\text{rg}}/\mu_g A\phi(\rho_w - \rho_g)g\sin\alpha}{(M_{\text{inj}} - 1)B_g} \tag{9-1-18}$$

式中 q_{ind}——迪次临界注气量,$10^4\text{m}^3/\text{d}$;

K——绝对渗透率,mD;

K_{rg}——气相相对渗透率;

μ_g——天然气黏度,Pa·s;

A——流体过流截面积,m^2;

ρ_w——地层水密度,g/cm^3;

ρ_g——天然气密度,g/cm^3;

α——地层倾角,(°);

g——重力加速度;

M_{gw}——气水流度比;

B_g——天然气体积系数。

显然,迪茨公式主要考虑了重力驱替作用和气水流度比差异对气驱水渗流的影响,随地层倾角增加,临界流量增大,表明重力作用有助于形成稳定的气—水驱替前缘,因此高倾角构造有利于气体储存,而低倾角、平缓构造不利于气体储存,存在气体指进现象,大幅度降低气驱效率。

表 9-1-2 给出了某储气库井不同有效渗透率和气水前缘距离下的临界流量,在给定的地层压力和有效厚度条件下,该井临界流量为 $11.1×10^4 \sim 50.1×10^4 \mathrm{m}^3/\mathrm{d}$;注气初期气水前缘距离较近,临界流量较小,因此初期注气速度不应高于 $11.1×10^4 \mathrm{m}^3/\mathrm{d}$,末期注气速度不应高于 $50.1×10^4 \mathrm{m}^3/\mathrm{d}$。

表 9-1-2 某储气库井临界流量计算结果表

有效渗透率 (mD)	气水前缘距离 (m)	地层倾角 (°)	地层压力 (MPa)	有效厚度 (m)	临界流量 ($10^4 \mathrm{m}^3/\mathrm{d}$)
20	50	3	25.0	10.3	11.1
	100	3	25.0	10.3	22.2
	150	3	25.0	10.3	33.4
30	50	3	25.0	10.3	16.7
	100	3	25.0	10.3	33.4
	150	3	25.0	10.3	50.1

四、扩容达产期合理配产配注方法

上述气井注采气能力修正、井控诊断分析与预测、注气速度控制 3 种方法。多因素预测气井的注采气量,而合理的配产配注应综合考虑各种因素,以最小气量作为合理的配注配产气量。

(一)注气周期合理配注方法

注气周期内,单井需要考虑注气能力修正、井控诊断分析与预测、注气速度控制 3 个方面,即:

$$q_{\mathrm{in}} = \min(q_{\mathrm{inx}}, q_{\mathrm{inr}}, q_{\mathrm{ind}}) \quad (9-1-19)$$

式中 q_{in}——日注气量,$10^4 \mathrm{m}^3$;

q_{inx}——节点压力分析的修正注气能力,$10^4 \mathrm{m}^3/\mathrm{d}$;

q_{inr}——井控诊断预测注气能力,$10^4 \mathrm{m}^3/\mathrm{d}$;

q_{ind}——注气速度控制气量,$10^4 \mathrm{m}^3/\mathrm{d}$。

单井注气周期累计注气量为:

$$Q_{\mathrm{in}} = q_{\mathrm{in}} t_{\mathrm{in}} \quad (9-1-20)$$

式中 Q_{in}——周期累计注气量,$10^4 \mathrm{m}^3$;

t_{in}——周期累计注气天数,d。

储气库注气周期日均注气量、累计注气量分别为：

$$q_{\text{ink}} = \sum_{i=1}^{n} q_{\text{in}(i)} \qquad (9-1-21)$$

$$Q_{\text{ink}} = \sum_{i=1}^{n} Q_{\text{in}(i)} \qquad (9-1-22)$$

式中　q_{ink}——储气库周期日均注气量，10^4m^3；

　　　Q_{ink}——储气库周期累计注气量，10^4m^3。

（二）采气期合理配产方法

采气周期内，单井需要考虑注采气能力修正、井控诊断分析与预测两个方面，即：

$$q_{\text{g}} = \min(q_{\text{gx}}, q_{\text{gr}}) \qquad (9-1-23)$$

式中　q_{g}——日采气量，10^4m^3；

　　　q_{gx}——节点压力分析的修正采气能力，$10^4 \text{m}^3/\text{d}$；

　　　q_{gr}——井控诊断预测采气能力，$10^4 \text{m}^3/\text{d}$。

单井采气周期累计采气量为：

$$Q_{\text{g}} = q_{\text{g}} t_{\text{p}} \qquad (9-1-24)$$

式中　Q_{g}——周期累计采气量，10^4m^3；

　　　t_{g}——周期累计采气天数，d。

储气库采气周期日均采气量、累计采气量分别为：

$$q_{\text{k}} = \sum_{i=1}^{n} q_{\text{g}(i)} \qquad (9-1-25)$$

$$Q_{\text{k}} = \sum_{i=1}^{n} Q_{\text{g}(i)} \qquad (9-1-26)$$

式中　q_{k}——储气库周期日均采气量，10^4m^3；

　　　Q_{k}——储气库周期累计采气量，10^8m^3。

利用式（9-1-19）至式（9-1-26）可以完成储气库和单井配产配注气，上述方法考虑了各种影响注采运行的因素，注采气量预测较为准确，为储气库科学运行奠定坚实基础。

（三）优化配注方案

以注气为例，国内某砂岩气藏型储气库于2013年投入运行，投产初期有15口井注气，采用上述方法开展单井优化配产，其中对于井注气能力修正，试注井可求取地层稳定注气方程，无试注资料井主要借鉴相邻井注气方程或试气资料得到的产能试井，再根据节点压力分析预测方法评价井注气能力；井控预测注气能力主要借鉴国内某储气库井控半径与储层有效渗透率关系图版，进而预测气井井控半径和注气能力；宏观注气速度采用式（9-1-18）进行预测。单井优化配注结果见表9-1-3。

表9-1-3 某储气库第一注气周期优化配注表

序号	井号	方案设计单井配注($10^4 m^3/d$) 注气能力修正	方案设计单井配注($10^4 m^3/d$) 井控预测注气能力	方案设计单井配注($10^4 m^3/d$) 宏观注气速度控制	单井优化配注取值 ($10^4 m^3/d$)
1	库1	62	38	32~48	38
2	库2	73	39	32~49	39
3	库3	72	35	43~65	35
4	库4	95	52	45~70	52
5	库5	103	39	47~71	39
6	库6	100	78	70~105	78
7	库7	108	70	57~87	70
8	库8	115	67	79~120	67
9	库9	118	88	70~106	88
10	库10	104	83	116~175	83
11	库11	98	57	88~133	57
12	库12	121	68	107~162	68
13	库13	109	78	67~101	78
14	库14	90	35	70~106	35
15	库15	154	111	113~176	111

从表9-1-3可知,由于改建气库的储层物性较好,地层吸气能力较强,单井地层注气能力$62×10^4$~$154×10^4 m^3/d$;由于单井储层物性、井控半径、注初注末压力等差异大的影响,单井宏观注气速度差异较大;而受投注初期注气时率和高速注气井控半径有限的影响,井控预测注气能力一般小于地层吸气能力和宏观注气速度,单井井控预测注气能力$35×10^4$~$111×10^4 m^3/$d;因此,储气库扩容达产阶段单井配产主要受井控半径影响,但注气初期单井注气速度仍要略低于配注数值,以免注入气快速指进。

从投产初期实际运行效果来看,注气气驱前缘推进均匀,没有明显的气体指进现象,从高部位向低部位依次具有压力梯度,形成了逐次驱替的良性循环,波及效果比较理想。运行实践表明单井配注量是合理的,气驱扩容效果跟预期基本一致,为形成最大的有效库容奠定了坚实的基础。

第二节 稳定运行阶段配产配注气藏工程方法

稳定运行阶段主要特点是储气库达到稳定运行条件,即压力运行区间、库存量基本达到设计值;气液界面扩展和振幅趋于稳定。该阶段压力、库存及地层流体流动处于稳定状态,可通过多周期运行规律研究建立相应评价方法,重点是多周期注采气能力、周期内剩余注采气能力持续跟踪评价,以指导该阶段优化配产配注。

一、注采气能力评价

(一) 多周期注气能力数学模型

储气库注气能力定义为从注气初期的地层压力注气运行到设计上限压力时能够注入的总气量,气藏型储气库本周期注气能力应包括填补上周期采出气量,以及本周期垫气损耗量(包括扩容新增和注气损耗)和新增工作气量:

$$Q_{\text{in}(i)} = Q_{\text{p}(i-1)} + Q_{\text{sh}(i)} + Q_{\text{wg}(i)} \qquad (9-2-1)$$

式中　$Q_{\text{in}(i)}$——本周期注气能力预测值,10^8m^3;

　　　$Q_{\text{p}(i-1)}$——上一周期采出气量,10^8m^3;

　　　$Q_{\text{sh}(i)}$——本周期垫气损耗量,10^8m^3;

　　　$Q_{\text{wg}(i)}$——本周期新增工作气量,10^8m^3。

将储气库多周期垫气损耗量和新增工作气量的数学表达式(8-4-22)和式(8-4-25)分别代入式(9-2-1),经推导可得到储气库多周期注气能力的数学表达式为:

$$Q_{\text{in}(i)} = \frac{Q_{\text{p}(i-1)}}{1 - E_{\text{sh}(i)} - E_{\text{wg}(i)}} \times 100\% \qquad (9-2-2)$$

式中　$E_{\text{sh}(i)}$——本周期垫气损耗率,%;

　　　$E_{\text{wg}(i)}$——本周期工作气量变化率,%。

(二) 采气能力数学模型

储气库的采气能力定义为从采气初期时的地层压力采气运行到设计下限压力时能够采出的总气量,为本周期注入气量加上上周期剩余工作气量,再减去本周期垫气损耗量(包括扩容新增和注入气损耗):

$$Q_{\text{p}(i)} = Q_{\text{in}(i)} + Q_{\text{w}(i-1)} - Q_{\text{sh}(i)} \qquad (9-2-3)$$

式中　$Q_{\text{p}(i)}$——本周期采气能力,10^8m^3;

　　　$Q_{\text{w}(i-1)}$——上一周期剩余工作气量,10^8m^3。

将储气库垫气损耗量的数学表达式(8-4-22)代入式(9-2-3),经推导可得到储气库多周期采气能力的数学表达式为:

$$Q_{\text{p}(i)} = Q_{\text{in}(i)}(1 - E_{\text{sh}(i)}) + Q_{\text{w}(i-1)} \qquad (9-2-4)$$

$Q_{\text{w}(i-1)}$即从采气结束时的地层压力继续采气运行至设计下限压力时能够采出的气量,一般根据上一周期采气阶段的物质平衡方法求解:

$$Q_{\text{w}(i-1)} = \frac{\dfrac{p}{Z} - \left(\dfrac{p}{Z}\right)_{\min}}{\left(\dfrac{p}{Z}\right)_{\text{in}} - \dfrac{p}{Z}} Q_{\text{p}(i-1)} \qquad (9-2-5)$$

式中　$(p/Z)_{\text{in}}$——上一周期注气末期或采气初期的视地层压力,MPa;

p/Z——上一周期采气末期的视地层压力,MPa;

$(p/Z)_{min}$——设计下限下的视地层压力,MPa。

式(9-2-4)表明,气藏型储气库多周期采气能力为周期实际注入气量所形成的有效工作气量加上注气前上一周期采气阶段的剩余工作气量。从上述推导结果可知,气藏型储气库稳定运行阶段注采气能力预测数学模型[式(9-2-2)和式(9-2-4)]简单明了,参数概念明确,方便实用。

(三)预测步骤

(1)利用储气库多周期库存分析方法和数学模型预测主要技术指标;
(2)计算储气库多周期垫气损耗率和工作气量变化率,并建立相应模型,见式(8-5-6)至式(8-5-9);
(3)预测储气库多周期垫气损耗率和工作气量变化率;
(4)利用储气库多周期注气能力数学模型预测注气能力,见式(9-2-2);
(5)储气库多周期采气能力数学模型预测采气能力,见式(9-2-4)和式(9-2-5)。

(四)注采气能力预测方案

国内某弱边水砂岩气藏型地下储气库于2005年投入运行,见表9-2-1,设计运行区间为13.0~30.5MPa,建库前剩余地质储量为$9.88 \times 10^8 m^3$,地层压力为11.48MPa,地层温度为102℃,剩余凝析气的相对密度为0.76,凝析油相对密度为0.75。

表9-2-1 地下储气库多周期注采气能力预测结果

运行周期	实际运行 ($10^8 m^3$) 注气	实际运行 ($10^8 m^3$) 采气	预测结果 ($10^8 m^3$) 注气	预测结果 ($10^8 m^3$) 采气	绝对误差 ($10^8 m^3$) 注气	绝对误差 ($10^8 m^3$) 采气	相对误差 (%) 注气	相对误差 (%) 采气
1	5.09	5.62	5.14	5.64	0.05	0.02	1.0	0.3
2	5.93	6.16	5.82	6.31	-0.11	0.15	-1.9	2.4
3	6.23	1.59	6.18	1.56	-0.05	-0.03	-0.8	-1.8
4	1.74	4.03	1.72	4.05	-0.03	0.02	-1.6	0.4
5	4.04	4.78	3.98	4.80	-0.06	0.01	-1.4	0.3
6	4.98	4.94	5.08	4.95	0.10	0.02	2.0	0.3
7	5.19	5.03	5.10	5.04	-0.09	0.01	-1.8	0.3
8	5.08	4.34	5.06	4.35	-0.02	0.01	-0.4	0.1
9	4.50	5.21	4.32	5.23	-0.18	0.02	-4.0	0.3
10	5.46	6.04	5.38	6.07	-0.09	0.03	-1.6	0.5

二、周期内注采气能力评价

在注采周期某一时间点可利用较丰富的动态数据预测储气库注采结束时的剩余注采气能

力,及时调整注采运行方案,保证储气库高效、安全运行。注采周期内剩余注采气能力模型包括理论模型和统计模型。

(一)理论模型

从天然气状态方程入手,通过系列数学变换和参数离散化处理,推导出储气库地层压力和日注采气量之间的关系,主要包括二元模型和三元模型。

1. 数学模型

储气库在注采气过程中,气体在储层条件下遵从状态方程,即:

$$p = nZRT/V \qquad (9-2-6)$$

式中　p——储层压力,MPa;

　　　V——储层含气孔隙体积,$10^4 m^3$;

　　　n——库存气体物质的量,mol;

　　　Z——库存气体的压缩系数;

　　　R——通用气体常数,8.314J/(mol·K);

　　　T——绝对温度,K。

R、T 是常数,故储层压力只是 V、n、Z 的函数,对 p 求关于时间的导数,得:

$$\frac{dp}{dt} = \frac{\partial p}{\partial V}\frac{\partial V}{\partial t} + \frac{\partial p}{\partial n}\frac{\partial n}{\partial t} + \frac{\partial p}{\partial Z}\frac{\partial Z}{\partial t} = -\frac{nZRT}{V^2}\frac{\partial V}{\partial t} + \frac{ZRT}{V}\frac{\partial n}{\partial t} + \frac{nRT}{V}\frac{\partial Z}{\partial t} \qquad (9-2-7)$$

1kmol 气体在标准状态下占有 $22.4m^3$ 的体积,若以 Q 表示储气库单位时间的注入或采出气体量(注入取正,采出取负),则有:

$$\frac{\partial n}{\partial t} = \frac{Q}{22.4} \qquad (9-2-8)$$

另外,Z 是 p 的函数,故有:

$$\frac{\partial Z}{\partial t} = \frac{\partial Z}{\partial p}\frac{\partial p}{\partial t} \qquad (9-2-9)$$

将各式联立,并解出 dp/dt 得:

$$\frac{dp}{dt} = \frac{-\dfrac{ZnRT}{V^2}\dfrac{\partial V}{\partial t} + \dfrac{ZRT}{V}\dfrac{Q}{22.4}}{1 - \dfrac{nRT}{V}\dfrac{\partial Z}{\partial p}} \qquad (9-2-10)$$

考虑储气库存在边底水的普遍情况,同时考虑岩石孔隙体积和水的压缩性、存在水的流入流出等因素,可作如下简化假设:

$$\frac{\partial V}{\partial t} = A(p - p_{aq}) \qquad (9-2-11)$$

式中　p_{aq}——含水层压力;

A——与含水层有关的常数。

由式(9-2-10)、式(9-2-11)得：

$$\frac{\mathrm{d}p}{\mathrm{d}t} = (\alpha p + \beta Q + \gamma)/\delta \qquad (9-2-12)$$

其中：

$$\alpha = -nZRTA/V^2 \qquad (9-2-13)$$

$$\beta = ZRT/(22.4V) \qquad (9-2-14)$$

$$\gamma = ZnRTAp_{\mathrm{aq}}/V^2 \qquad (9-2-15)$$

$$\delta = 1 - \frac{nRT}{V}\frac{\partial Z}{\partial p} \qquad (9-2-16)$$

为了建立方便计算的回归分析模型，将式(9-2-12)中压力对时间的微商用差商代替，即：

$$\frac{\mathrm{d}p}{\mathrm{d}t} = \frac{\Delta p}{\Delta t} = \frac{p_{(i+1)} - p_{(i)}}{t_{(i+1)} - t_{(i)}} \qquad (9-2-17)$$

代入式(9-2-12)，可得：

$$p_{(i+1)} = \left[\frac{\alpha}{\delta}(t_{(i+1)} - t_{(i)}) + 1\right]p_{(i)} + \frac{\beta}{\delta}(t_{(i+1)} - t_{(i)})Q + \frac{\gamma}{\delta}(t_{(i+1)} - t_{(i)})$$

$$(9-2-18)$$

如进一步简化，则可写为：

$$p_{(i+1)} = a_1 p_{(i)} + a_2 Q_{(i)} + a_3 \qquad (9-2-19)$$

式中　a_1, a_2, a_3——回归系数。

在式(9-2-19)中将流量Q写成$Q_{(i)}$，即Q也可以是时间的函数。这就是所建立的二元回归分析模型。

式(9-2-18)、式(9-2-19)，可得回归系数a_1、a_2、a_3为：

$$a_1 = \frac{\alpha}{\delta}(t_{(i+1)} - t_{(i)}) + 1 \qquad (9-2-20)$$

$$a_2 = \frac{\beta}{\delta}(t_{(i+1)} - t_{(i)}) \qquad (9-2-21)$$

$$a_3 = \frac{\gamma}{\delta}(t_{i+1} - t_{(i)}) \qquad (9-2-22)$$

2. 模型应用

回归模型可以理解为储气库在$t_{(i)}$时刻的压力$p_{(i)}$和流量(注气量或采气量)$Q_{(i)}$决定$t_{(i+1)}$时刻的压力$p_{(i+1)}$。因而如果从储气库运行的纪录中已知n个时间阶段的压力p和流量

Q,则可以通过多元回归计算求出 a_1、a_2、a_3。求出这三个常数后,对 n 个时间段以后的压力和流量关系就可以进行计算和预测。

从理论上说,n、V、$\frac{\partial Z}{\partial p}$ 并不是常数,而是时间的函数,因而 a_1、a_2、a_3 也应是时间的函数。但对实际储气库的试算表明,可以将 a_1、a_2、a_3 看成常数,条件是时间步长取为 $t_{(i+1)} - t_{(i)} = 1$ 天。

3. 模型扩展

对于单位制、井口压力、回归模型的另一形式以及流量恒定时的压力预测公式等说明如下。

1)关于单位制

回归模型的导出过程中适用一贯单位制单位的物理公式。但由于单位换算产生的常数可以合并到回归系数中去,故回归模型适用于任何一种单位制,如中国法定适用单位或英制矿场单位等。

2)关于井口压力

二元回归分析模型中压力 p 为储层压力,其与井口压 p_{wh} 的关系为:

$$p_{wh} = p/e^S \qquad (9-2-23)$$

其中,在法定适用单位下,S 为:

$$S = 0.03415\gamma_g L/(T_{av} Z_{av}) \qquad (9-2-24)$$

当储气库天然气相对密度 γ_g、储层深度 L、温度 T_{av}、天然气平均偏差系数 Z_{av} 为已知时,p_{wh} 与 p 的关系只差一个常数因子 e^{-S},可以吸收到回归系数中去,因而也可以将二元回归模型用作储气库井口压力与储气库流量之间的回归模型。

3)回归模型的另一种形式

将二元回归模型稍做改变,即令:

$$a_2 = a_4/p_{(i)} + a_5 \qquad (9-2-25)$$

代入二元回归分析模型得:

$$p_{(i+1)} = a_1 p_{(i)} + a_4 \frac{Q_{(i)}}{p_{(i)}} + a_5 Q_{(i)} + a_3 \qquad (9-2-26)$$

p、Q 为自变量的二元回归模型变成 p、Q/p、Q 为自变量的三元回归模型。

4)Q 为常数时压力预测

当 Q 为常数时,由二元回归模型可得:

$$\begin{cases} p_{(i+1)} = a_1 p_{(i)} + a_2 Q + a_3 \\ p_{(i+2)} = a_1 p_{(i+1)} + a_2 Q + a_3 \\ \qquad = a_1(a_1 p_{(i)} + a_2 Q + a_3) + a_2 Q + a_3 \\ \qquad = a_1^2 p_{(i)} + a_2(a_1 + 1)Q + a_3(q_1 + 1) \\ \cdots \\ p_{(i+k)} = a_1^k p_{(i)} + a_2(a_1^{k-1} + a_1^{k-2} + \cdots + a_1 + 1)Q + a_3(a_1^{k-1} + a_1^{k-2} + \cdots + a_1 + 1) \end{cases}$$

由于：

$$x^n + x^{n-1} + \cdots + x + 1 = \frac{1-x^{n+1}}{1-x} \quad (9-2-27)$$

因而 $p_{(i+1)}$ 的表达式可简化为：

$$p_{(i+k)} = a_1^k p_{(i)} + (a_2 Q + a_3)\frac{1-a_1^k}{1-a_1} \quad (9-2-28)$$

如果 Q 不是常数，$Q = Q_{(i)}$，预测压力可按二元回归模型或三元回归模型直接用循环语句求出任一时刻 $t_{(i+k)}$ 的压力 $p_{(i+k)}$。

(二) 统计模型

根据储气库注采曲线形态，结合数理统计分析方法，提出储气库注采周期内累计注气时间与累计注气量之间的回归数学模型，包括多项式和指数式模型。

多项式模型：

$$G = a_1 t^2 + a_2 t + a_3 \quad (9-2-29)$$

指数式模型：

$$G = a_1 + a_2 e^{-t/a_3} \quad (9-2-30)$$

理论模型具有理论性强、精度高等特点，但需要准确测取储气库运行动态数据（毛细管压力和注采气量）；而回归模型理论性差，以数学统计和经验分析为主，受储气库注采方式、注采气量需求等因素影响。因此应用时需结合储气库注采周期内运行动态特征，在评价数学模型适应性的基础上，利用注采动态数据回归得到数学模型参数值，预测储气库合理剩余注采气能力，从而确定储气库运行周期注采气能力。

(三) 周期内注采能力预测方案

1. 基础资料分析

国内某枯竭气藏型储气库在注采期间，逐日的注采气量记录精细至 $1m^3$，毛细钢管压力计记录的储层压力精细至以兆帕为单位数值后面小数 4 位，19 口注采井井口压力记录只精细至以兆帕为单位数值后面小数 1 位，并且常有在连续 2~4 天注采的情况下井口压力不变化的记录。也就是说，从日报表看，注采气量及毛细钢管压力计数据精度较高，井口压力记录数据则稍差。

因此采用注采气量及毛细管压力数据建立的回归模型能代表储气库的实际运行情况，用它预测的压力精度高。根据储气库的数据，进行了 3 种回归计算方案：(1) 3 月 18 日—4 月 30 日共 44 个已知资料点；(2) 3 月 18 日—5 月 31 日共 75 个已知资料点；(3) 3 月 18 日—6 月 30 日共 105 个已知资料点。

2. 回归模型预测结果

利用二元回归模型式：

作上述 3 种回归计算，计算结果列于表 9-2-2。根据表 9-2-2 的结果，将 5~10 月的平均日注气量作为常数,代入式(9-2-31)求5~8月各个月底的预测压力,并与实测压力对比,结果列于表9-2-3。

从上述数据对此分析可看出:至6月底,即注气3个半月以后,利用二元回归模型,即可以对不同的配注方案预测其库内压力上升幅度,其精度完全满足矿场需求:

$$p_{(i+1)} = a_1 p_{(i)} + a_2 Q + a_3 \tag{9-2-31}$$

表9-2-2 二元回归结果数据表

资料时间	数据点	a_1	a_2	a_3	相关系数
3月18日—4月30日	44	1.0013	4.8017×10^{-4}	-3.9966×10^{-2}	0.9994833
3月18日—5月31日	75	0.9989	4.6619×10^{-4}	-2.4815×10^{-2}	0.9998249
3月18日—6月30日	105	0.9972	2.6628×10^{-4}	7.7092×10^{-2}	0.9999004

表9-2-3 回归模型预测值与实测值对比表

月份	平均注气量($10^4 m^3/d$)	月末实测压力(MPa)	44个点回归 月末预测压力	44个点回归 差值	75个点回归 月末预测压力	75个点回归 差值	105个点回归 月末预测压力	105个点回归 差值
5	250.8023	19.6915	20.0041	0.3126				
6	211.4340	21.9331	22.6810	0.7479	21.8950	0.0381		
7	216.6049	23.9960	25.6374	1.6416	24.1670	0.1710	24.1273	0.1313
8	311.6636	26.8031	30.1582	3.3551	7.7145	0.9114	26.8858	0.0827
9	298.5199	29.0635	34.5177	5.4542	30.8537	1.7884	29.2410	0.1775
10	293.3035	31.1491	39.1247	7.9756	33.9160	2.2675	31.4328	0.2837

第三节 储气库群优化配产配注气藏工程方法

一、基本原理

储气库群优化配产配注是在单一储气库库存分析理论的基础上,将相邻多座储气库视作一个既相互独立又相互联系的统一体,以储气库地层渗流、井筒流动、管网压力及地面压缩机和露点装置能力等为约束条件,求解满足储气库群注采气量计划的最佳注采运行方案,实现库群整体优化配产配注,进一步提高库群整体运行效率、降低储气成本。储气库群优化配产配注基本思路如图9-3-1所示,重点需要解决优化配产配注的基本原则、目标函数、约束条件及求解基本流程等[10-14]。

二、优化配产方法

(一)优化配产基本原则

根据储气库合理配置的相关条件,结合调峰需求运行规律和储气库运行状况对储气库之间进行合理协调、配置,经过分析研究和归纳总结,制订如下储气库(群)优化配产基本原则。

1. 储气库采气运行优先级别

(1)快速扩容的储气库优先调峰。
(2)库容小的储气库次优调峰。
(3)稳定运行的储气库为后备调峰及应急供气。

2. 储气库采气运行方式优化

(1)初期优先边部气井"三稳定"生产。
(2)中高部位气井依次参与大气量调峰。
(3)适时投运丙烷辅助制冷系统降低系统背压。

在储气库优化配产过程中,需要根据储气库动态运行情况、注采条件及不同调峰运行模式,调整并完善储气库群优化配产基本原则,使建立的优化配产技术和方法更加科学合理,真正起到优化储气库群采气运行、提高运行效率的目的,满足矿场实际运行需求。

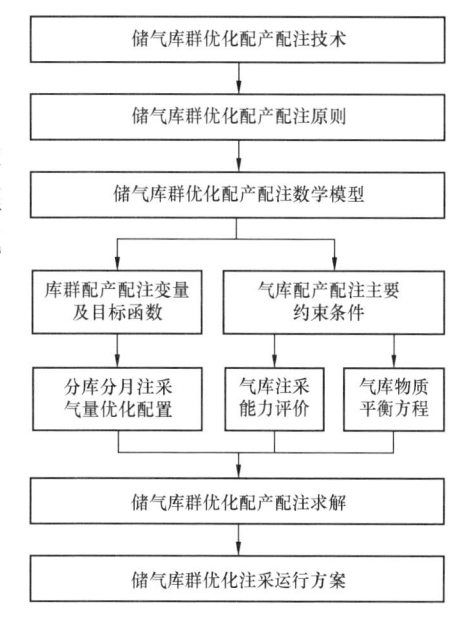

图 9-3-1 储气库群优化配产配注思路

(二)优化配产数学模型

1. 优化配产目标条件

储气库作为冬季季节调峰及应急供气的重要手段之一,首先需要满足地区冬季季节调峰需求,保障供气平稳安全;同时还要符合储气库自身运行规律,提高储气库运行效率。因此储气库优化配产的目标需要综合考虑储气库采气能力与冬季季节调峰需求,寻求满足二者的最优采气运行方案,即:

(1)求解满足库群月度调峰计划的采气运行方案(采气能力大于计划调峰气量)。
(2)求解库群月度最大调峰气量的采气运行方案(采气能力小于计划调峰气量)。

2. 优化配产约束条件

在储气库采气过程中,需要将地下、地面系统各环节作为整体综合考虑,受地层渗流、井筒垂直管流、地面水平管流及采气处理装置能力等限制,具体约束条件如下:

(1)地层产能方程。
(2)物质平衡方程。
(3)井筒流动方程。
(4)生产压差控制(考虑地层出砂、出水影响)。
(5)临界携液气量及管壁冲蚀流量。

(6)露点装置处理能力。

3. 优化配产数学模型

根据储气库群优化配产目标条件和约束条件,建立如下储气库群优化配产数学模型。

1)配产目标

(1)不能满足调峰需求气量:

$$\sum_{i=1}^{i \leq k} q_{sc(i)} < Q_{pjh(m)} \tag{9-3-1}$$

(2)能够满足调峰需求气量:

$$\sum_{i=1}^{j} q_{sc(i)} = Q_{pjh(m)} \tag{9-3-2}$$

2)约束条件

(1)地层渗流压降:

$$p_{r(i)}^2 - p_{wf(i)}^2 = Aq_{sc(i)} + Bq_{sc(i)}^2 \tag{9-3-3}$$

(2)物质平衡方程:

$$\frac{p_{r(i)}}{Z_{r(i)}} = \frac{p_{0(i)}}{Z_{0(i)}} \left(1 - \frac{G_{p(i)}}{G_{(i)}}\right) \tag{9-3-4}$$

(3)井筒流动压降:

$$p_{wf(i)}^2 = bp_{wh(i)}^2 - aq_{sc(i)}^2 \tag{9-3-5}$$

(4)地层压差小于临界出砂压差:

$$\Delta(p_{r(i)} - p_{wf(i)}) \leq \Delta p_{max(i)} \tag{9-3-6}$$

(5)大于临界携液气量:

$$q_{sc(i)} \geq q_{min(i)} \tag{9-3-7}$$

(6)小于管壁冲蚀流量:

$$q_{sc(i)} \leq q_{e(i)} \tag{9-3-8}$$

(三)优化配产求解流程

优化配产求解基本流程为(图9-3-2):

(1)输入优化配产相关数据;
(2)排序储气库调峰优先级;
(3)假定调峰阶段为1(从第一调峰阶段开始计算);
(4)如果该调峰阶段为已发生的实际调峰,则不需要进行优化配产,转到第9步;若为"1"表示需要调峰计算,则进入第5步;
(5)假定调峰级别为1(从调峰级别为1开始计算)。

(6)计算本级别各储气库本阶段最大采气能力,并求本级别各储气库本阶段最大采气能力之和。

(7)若第6步计算的采气能力之和大于本阶段剩余调峰气量,则根据本级别储气库最大采气能力之比重新计算各储气库实际所需调峰采气能力,转第9步。

若第6步计算的采气能力之和小于本阶段剩余调峰气量,则计算的各储气库最大采气能力为其实际调峰采气能力,并计算剩余调峰气量,进入第8步。

(8)转入第6步计算下一调峰级别直至所有调峰级别;若所有调峰级别的所有储气库均已计算完成,但剩余调峰气量仍不为0,说明本阶段储气库(群)不能满足调峰需求,输出相关信息,进入第9步。

(9)转入第4步计算下一阶段调峰,直至调峰阶段结束。

(10)输出计算结果。

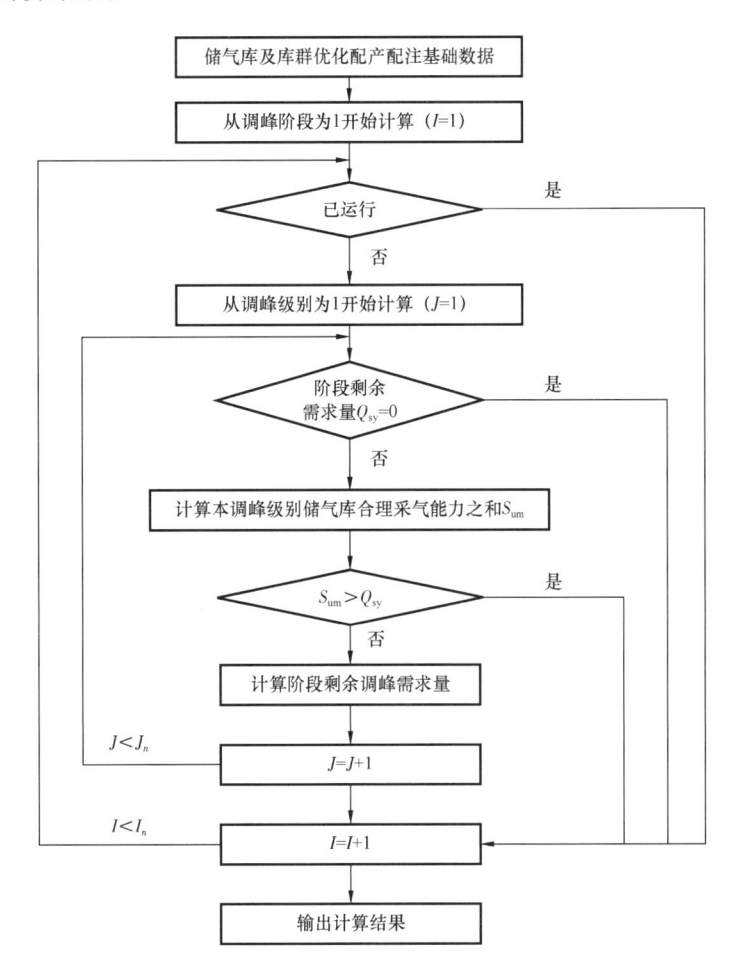

图9-3-2 储气库群优化配产基本流程图

(四)优化配产方案

以国内某气藏型储气库群为例,根据冬季季节调峰需求,通过动态分析及气藏工程方法得到注采气井地层渗流方程、井筒垂直管流方程等,同时以露点装置处理能力、井筒冲蚀流量、临界生产压差等为约束条件,利用储气库群优化配产方法得出库群优化配产运行方案(表9-3-1),为储气库采气运行提供依据。

表9-3-1 储气库群优化配产方案表

时间		11月	12月	次年1月	次年2月	次年3月
采气时间(d)		15	31	31	28	15
应急调峰气量 ($10^4 m^3/d$)		3100	2850	2300	1500	900
平均调峰气量 ($10^4 m^3/d$)		575	2285	1980	1300	680
分库调峰气量 ($10^4 m^3/d$)	库1	120	750	670	420	260
	库2	120	220	210	190	135
	库3	50	775	705	425	100
	库4	100	210	180	115	80
	库5	120	140	105	80	55
	库6	65	190	110	70	50

三、优化配注方法

(一)优化配注基本原则

根据储气库合理配置的相关条件,结合管道系统富余注气量及储气库运行状况对储气库(群)进行合理协调、配置,经过分析研究和归纳总结,制订如下储气库(群)优化配注基本原则。

1. 储气库注气运行优先级别

(1)处于扩容阶段的储气库优先注气。

(2)稳定运行的储气库次优注气。

2. 储气库注气运行方式优化

(1)初期优先中高部位气井注气。

(2)中后期边部气井缓注、间歇注气。

(3)储气库注气期平稳运行,既保证注气任务又满足月度注气计划。

在优化配注过程中,需要根据动态运行情况、注采条件及不同注气运行模式,调整并完善储气库群优化配注基本原则,使优化配注技术方法更加科学合理,真正起到优化储气库群注气运行、提高运行效率的目的,满足矿场实际运行需求。

(二)优化配注数学模型

1. 优化配注目标条件

储气库优化配注目标需要综合考虑管道系统提供的富余气量与储气库的注气能力,寻求

满足二者的最优注气方案,既满足管道系统运行要求,又有利于提高储气库运行效率。优化配注目标条件为:

(1)求解满足库群月度注气计划的储气库注气运行方案(注气能力大于注气计划量)。

(2)求解库群月度最大注气能力的储气库注气运行方案(注气能力小于注气计划量)。

2. 优化配注约束条件

在储气库注气过程中,需要将地下、地面系统各环节作为整体综合考虑,受地层渗流、井筒垂直管流、地面水平管流及天然气压缩机能力等限制,具体约束条件包括:

(1)地层注气能力方程。
(2)储气库物质平衡方程。
(3)气井井筒流动方程。
(4)气井管壁冲蚀流量。
(5)压缩机注气能力。

3. 优化配注数学模型

根据储气库(群)优化配注目标条件和约束条件,优化配注数学模型如下。

1)配注目标

(1)库群注气能力小于注气计划量:

$$\sum_{i=1}^{j} q_{\text{sc}(i)} < Q_{\text{INJH}(m)} \qquad (9-3-9)$$

式中 $Q_{\text{INJH}(m)}$——m 月计划注气量;

m——注气月份。

(2)库群注气能力大于注气计划量:

$$\sum_{i=1}^{j} q_{\text{sc}(i)} = Q_{\text{INJH}(m)} \qquad (9-3-10)$$

2)约束条件

(1)地层渗流压降:

$$p_{\text{wf}(i)}^2 - p_{\text{r}(i)}^2 = A q_{\text{sc}(i)} + B q_{\text{sc}(i)}^2 \qquad (9-3-11)$$

(2)物质平衡方程:

$$\frac{p_{\text{r}(i)}}{Z_{\text{r}(i)}} = \frac{p_{0(i)}}{Z_{0(i)}} \left(1 - \frac{G_{\text{in}(i)}}{G_{(i)}}\right) \qquad (9-3-12)$$

(3)井筒流动压降:

$$p_{\text{wf}(i)}^2 = b p_{\text{wh}(i)}^2 - a q_{\text{sc}(i)}^2 \qquad (9-3-13)$$

(4)大于压缩机注气能力:

$$q_{\text{sc}(i)} \leqslant q_{\text{inc}(i)} \qquad (9-3-14)$$

(5)小于管壁冲蚀流量：

$$q_{sc(i)} \leqslant q_{e(i)} \qquad (9-3-15)$$

(6)小于不稳定流临界速度：

$$q_{sc(i)} \leqslant q_{c(i)} \qquad (9-3-16)$$

(三)优化配注求解流程

将地层渗流、井筒垂直管流、地面水平管流及注气压缩机能力等作为约束条件,求解满足目标条件的各储气库合理配注量,即得储气库(群)优化配注运行方案。其求解基本流程为(图9-3-3):

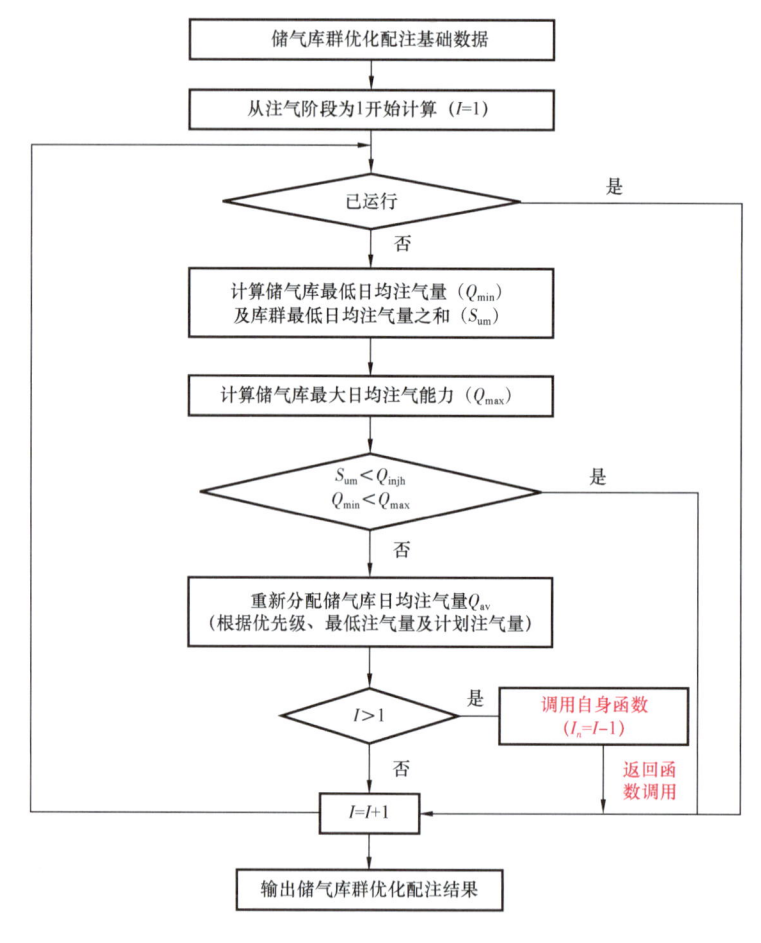

图9-3-3 储气库群优化配注基本流程

(1)输入优化配注相关数据;
(2)排序储气库注气优先级;
(3)假定注气阶段为1(从第一注气阶段开始计算);
(4)如果该注气阶段为已发生的实际注气,则不需要进行优化配注,转到第9步;若为"1"

表示需要计算,则进入第 5 步;

(5)假定注气级别为 1,计算储气库阶段平均最低注气量 Q_{av} 和最大注气能力 Q_{max};

(6)若储气库最大注气能力大于最低注气量,且库群平均最低注气量之和 S_{um} 小于本阶段注气计划,进入下一注气阶段计算;否则重新配注本阶段注气量,并返回上一阶段配注;

(7)转入第 3 步计算下一阶段,直至注气段结束;

(8)输出优化配注计算结果。

(四)优化配注方案

以国内某气藏型储气库为例,根据储气库(群)注气期管道富余气量情况,通过动态分析及气藏工程方法计算得到注采气井地层渗流方程、井筒垂直管流方程等,同时以注气压缩机注气能力、井筒冲蚀流量、地层最大注气量等为约束条件,利用上述储气库群优化配注方法给出库群优化配注运行方案(表 9-3-2),为储气库现场注气运行提供依据。

表 9-3-2 国内某气藏型库群优化配注方案表

时间	日均注气量 ($10^4/m^3$)	注气时间 (d)	阶段注气 ($10^4 m^3$)	累计注气量 ($10^4 m^3$)	分库日均注气($10^4 m^3$)						
					库1	库2	库3	库4	库5	库6
3 月	505	15	7575	7575	90	40	220	65	40	50
4 月	780	30	23400	30975	200	90	285	90	70	45
5 月	725	31	22475	53450	195	70	280	80	60	40
6 月	610	30	18300	71750	150	50	250	65	60	35
7 月	500	31	15500	87250	125	40	210	50	50	25
8 月	405	31	12555	99805	125	35	140	45	40	20
9 月	295	30	8850	108655	100	20	80	45	30	20
10 月	205	31	6355	115010	45	20	55	35	30	20

参 考 文 献

[1] 李士伦. 天然气工程[M]. 北京:石油工业出版社,2009.

[2] 谭羽非,陈家欣,余其铮. 水驱气藏型储气库注采井的动态运行分析[J]. 天然气工业,2001,21(3):59-61.

[3] 王皆明,姜凤光. 地下储气库注采动态预测模型[J]. 天然气工业,2009,29(2):108-110.

[4] 孙贺东. 油气井现代产量递减分析方法及应用[M]. 北京:石油工业出版社,2013.

[5] 阿普斯,等. 生产动态分析理论与实践[M]. 雷群,万玉金,孙贺东,等译. 北京:石油工业出版社,2008.

[6] 葛家理. 现代油藏渗流力学原理[M]. 北京:石油工业出版社,2003.

[7] 阿曼纳特,U. 乔德瑞. 气井试井手册[M]. 刘海浪,等编译. 北京:石油工业出版社,2008.

[8] L. 约翰,罗伯特,等. 气藏工程[M]. 王玉普,郭万奎,庞颜明,等译. 北京:石油工业出版社,2007.

[9] 庄惠农. 气藏动态描述和试井[M]. 北京:石油工业出版社,2009.

[10] 陈家新,谭羽非. 水驱气藏型地下储气库注气过程优化方案[J]. 油气储运,2002,21(6):7-10.

[11] 谭羽非,陈家欣. 天然气地下储气库最优设计方案的确定[J]. 哈尔滨工业大学学报,2002,34(2):207-210.

[12] 王皆明,朱亚东. 确定地下储气库工作气量的优化方法[J]. 天然气工业,2005,25(12):103-104.

[13] 阳小平,程林松,何学良,等. 地下储气库多周期运行注采气能力预测方法[J]. 天然气工业,2013,33(4):96-99.

[14] 陈建军,万玉金,陆家亮. 天然气开发新技术论文集[M]. 北京:石油工业出版社,2008.

第十章　注采方案与优化调整方案设计

储气库注采方案编制是多周期注采动态分析的目的之一,也是注采运行和矿场实施的重要依据,同时科学合理的注采方案是保证储气库安全、平稳运行的重要一环;但不同阶段受动态资料的丰富程度、矛盾和问题是否暴露、运行规律是否建立等影响,储气库注采方案编制的内容、方法和要求均不相同。本章分别针对建库投产、周期运行以及注采优化调整的目的和要求,介绍了方案编制的主要内容、技术方法及要求,为科学、合理编制储气库注采方案提供重要依据。

第一节　建库投产方案编制要求

储气库正式投产运行前,动态资料缺乏、各类矛盾和问题尚未暴露,亟须利用气藏开发资料和储气库建设阶段新增资料,并结合建库工程方案设计,编制科学、合理的投产方案,保证储气库安全、平稳投产运行,同时也可为后续周期运行及注采方案编制提供依据。具体方案编制要求内容重点包括工程建设实施、地质特征再认识、新钻井注采气能力、库容参数复核、注采气方案设计以及资料录取要求等部分构成。

一、工程建设实施进展概述

根据建库工程实施方案,论述工程建设总体进展情况,如工程实施方案、工程进度及资料录取、影响工程进度主要因素、下一步工程建设调整及进度安排等。

(1)工程实施方案要点。简述储气库的地理位置及其主要作用,建库方案设计要点,包括注采井设计、井数、井深,监测井设计、监测目的,设计指标(运行压力区间、库容量、工作气量、注采时间、日注采气量等)。

(2)工程进度及资料录取。钻完井数情况及新井钻完井主要参数,单井测井解释、系统试井和不稳定试井、试采试注、取心及岩心分析等资料。

(3)影响工程进度主要因素。论述影响目前工程建设进度的主要因素及存在主要问题,提出下一步解决措施。

(4)下一步工程建设调整及进度安排。根据工程影响因素,合理调整工程建设,提出下一步具体的进度计划安排。

二、储气库地质特征再认识

结合建库新钻井录井、测井、岩心、试井、试采等资料,从新钻井地层对比、构造特征落实、储层特征再认识、容积法地质储量复算等入手,重新建立三维可视化地质模型,评价储气库地质特征。

(1)新钻井地层对比分析。结合新钻井资料,在前期地质研究的基础上,开展高分辨率层序地层研究,完成高分辨率层序地层格架的建立,对不合理的小层和砂体界线需要做适当的调整,并完成新钻井精细小层及砂体划分与对比工作。

(2)构造特征落实。储气库构造总体特征,工区内发育的断裂分布、特征、断层要素;局部微构造特征变化;目前的构造特征认识与原来认识(气藏开发、方案设计等)的差异及原因。

(3)储层特征再认识。从岩矿特征、孔隙发育特征、储层物性及非均质性、隔夹层分布特征、储层流动单元划分等方面,综合评价储层特征。

(4)容积法地质储量复核。利用地质研究再认识成果,采用容积法复核地质储量,并与历次储量计算结果进行对比分析,确保储量复核的准确性。

(5)地质建模及模型修正。建立储气库构造模型、储层模型和流体模型等三部分,形成储气库三维可视化地质模型,并将地质模型结果与实际地质情况对比以检验模型的准确性。

三、新钻井采气能力分析

充分利用投产运行前的矿场测试和试采试注资料,评价新钻井的注采气能力,并预测后续新钻井的注采气能力,实现注采井的优化配产配注。

(1)新钻井矿场测试分析。根据新钻井试气、试采及试井解释等资料,总结气井试采动态特征,分析地层渗透率、无阻流量、污染情况等,评价地层渗流能力。

(2)注采井注采气能力评价及预测。建立注采井地层稳定渗流方程,计算不同地层压力下的注采气能力;通过地层对比或其他方法,预测后续新钻井的注采气能力。

(3)气井注采气能力对比与影响因素分析。分析新钻井与方案设计注采气能力的差异,评价影响气井注采气能力的主要因素,提出提高气井注采气能力的措施建议。

四、动态地质储量复核

在容积法地质储量复核的基础上,结合气藏开发和建库前试采资料,进一步落实气藏动态储量和建库前剩余储量,为储气库建设运行提供准确的库存分析数据。

(1)气藏开发和建库前试采动态分析。分析气井试采情况和气藏开发情况,总结气藏采气动态特征;分析目前地层压力及其分布特征、平面井间及纵向小层间连通情况。

(2)动态法地质储量复核。采用气藏开发动态法,计算气藏地质储量;与历次储量计算结果对比,分析储量变化的主要原因。

五、储气库库容参数复核

在新井试采和动态法地质储量复核的基础上,利用最新的地质、气藏工程认识成果,考虑水侵、流体性质、应力敏感性等因素,进一步复核储气库库容参数。

(1)储气库库容参数复核。根据气藏型储气库库容参数复核方法,准确获得各项计算参数后,复核储气库库容量、工作气量等关键参数。

(2)库容参数再评价。与方案设计指标对比,分析库容参数变化的主要原因。

六、第一周期注气方案设计

(1)注气方案设计原则、注气层位确定、单井注气能力预测(根据新钻井试采或试注相关

资料,利用节点分析方法进行预测)

(2)储气库注气方案优化

① 最大注气速度方案。可利用注气井全部投注;注气井数、井号及单井注气能力确定;气藏工程方法或数值模拟方法预测储气库注气方案指标。

② 合理注气速度方案。考虑建库气驱效果、配钻停注、地面注气工艺配套等,有选择性地投注;设计不同注气井数、井号及单井注气量等多套注气方案;气藏工程方法或数值模拟方法预测储气库注气方案指标;多方案对比分析并确定合理注气速度方案。

③ 储气库配注方案。根据管网可供注气量与合理注气速度方案匹配;确定注气井数、井号及单井注气量;气藏工程方法或数值模拟方法预测储气库注气方案指标。

七、第一周期注气方案部署

(1)注气方案部署内容包括注气井数及井号,注气层位及周期,单井注气顺序、时率及分月配注量,储气库分月配注量、库存量及地层压力预测等。

(2)注气监测及资料录取。提出注气监测的内容及监测计划,资料录取内容、方法及具体要求。

八、第一周期采气方案

注末地层压力高于建库方案设计的下限压力时,应编制采气方案,包括采气方案设计原则、储气库采气能力预测、采气周期及天数、采气井数及井号确定、分月单井及储气库采气指标预测等。

九、注采气测试及资料录取要求

(1)生产测试包括工作井的注气和采气能力系统试井(修正等时试井、稳定试井等)、工作井大压差工作制度下注气和采气能力测试、工作井的不稳定试井(注气压力降落试井、采气压力恢复试井、干扰试井、探边测试等)、工作井注气和采气剖面测试等。

(2)根据建库方案初步设计监测要求,监测井取全取准各项资料。在注采运行过程中,主要监测内容包括流量、压力、温度、井流物组成及性质等;在注采间歇平衡期,主要监测内容包括储气库内压力场和温度场变化,气液界面平面和纵向变化等。

十、措施建议

针对储气库注气运行过程中可能存在的问题及风险,如圈闭密封性、流体稳定运移、井及地面工程配套等,提出具体的分步实施监测要求和建议。

第二节　周期注采方案编制要求

储气库经历建库投产后,积累了一定的注采运行动态资料,各类矛盾和问题初步显露,同时储气库运行规律初步建立。相比于建库投产,周期注采主要目的是保障储气库安全稳定扩容达产运行,进一步提高储气库工作气量和运行效率。因此注采方案编制的内容、要求均发生了一定程度的变化,评价预测所使用的方法也更趋完善。周期注采方案编制内容主要包括储气库概况、周期注采任务完成情况、注采动态特征研究、气井注采气能力评价分析、储气库多周期运行特征评价、注采能力预测与优化配产配注、储气库周期注采方案部署与实施、存在的问题及措施建议。

一、储气库概况

(1)储气库地质概况。简述储气库区域地质概况,建库层位构造特征、沉积微相、储层综合评价、油气水分布特征等。

(2)方案设计要点。包括注采井设计、井数、井深,监测井设计、监测目的,设计指标(运行压力区间、库容量、工作气量、注采时间、日注采气量等)。

(3)建设实施及运行现状。储气库钻完井数及主要参数,注气压缩机、露点处理等装置建设情况;投产运行时间及情况,目前运行情况(投产井数、注采气量、地层压力、动态监测资料等)。

二、周期注采任务完成情况

包括工程建设进度及资料录取情况,周期注采气量、任务完成情况,单井及储气库周期注采运行情况等。

三、注采动态特征研究

利用储气库周期注采资料和动态监测资料,分析多周期注采运行动态,总结注采动态特征,根据运行动态预测目前的主要技术指标。

(1)多周期注采气量分析。分析多周期注采气量、单位压升注气量及单位压降采气量变化,以及影响注采气量的主要因素。

(2)采气阶段产油水量分析。分析单井及储气库多周期产油量和产水变化特征,评价储气库边水侵入特征及主要影响因素。

(3)多周期运行压力分析。分析储气库上限压力、下限压力变化及影响运行压力区间的主要因素;同时结合地质精细研究成果资料,分析储层连通性及对储气库注采气能力和平面动用等方面的影响。

(4)动态监测资料分析。利用产吸剖面测试、圈闭密封性监测、流体分析化验及运移监测等资料,分析主要产吸层位、圈闭密封性及流体运行特征,评价对储气库运行效果的影响。

(5)实际运行指标与原设计对比分析。

四、气井注采气能力评价分析

主要采用气藏工程方法、修正气井产能方程,评价气井合理注采气能力,为单井合理配产配注奠定基础。

(1)气井产能方程修正。利用矿场产能试井、理论方法以及经验方法,对比分析气井注采气能力,综合确定气井多周期产能方程。

(2)气井产能评价。计算无阻流量和不同地层压力下的注采气能力,分析气井产能及影响气井产能的主要因素;与方案设计对比,气井多周期产能变化特征及影响产能的主要因素。

(3)气井合理配产配注。利用节点压力分析预测方法,分析气井不同地层压力下和井口压力下的合理注采气能力,优化调整气井配产配注。

五、储气库多周期运行特征评价

(1)气井多周期井控分析与预测。利用气井现代产量不稳定分析方法(RTA),拟合气井年度注采运行 RTA 典型图版;定性诊断气井的渗流特征,分析水侵、井间干扰等现象,拟合得到气井的渗透率、井控储量、井控半径、表皮系数等储渗参数,并评价注采井网控制程度。

(2)储气库多周期库存分析与预测。利用气藏型储气库库存分析方法,计算周期运行技术指标,分析多周期技术指标变化特征并预测未来趋势,对比方案设计的主要差距。

(3)储气库运行效果及影响因素分析。包括储气库扩容阶段划分及扩容方式分析、运行效果评价(动用库存量、井网控制、技术指标等)、运行效率影响因素综合分析及储气库提高工作气量和运行效率措施建议。

六、注采能力预测与优化配产配注

(1)储气库注采能力预测。在周期动态运行特征分析的基础上,根据技术指标变化规律,预测储气库本周期注采气能力。

(2)库群整体优化配产配注。结合管输能力和市场调峰需求,合理安排各储气库注采气顺序,优化各储气库周期及月度注采气量等;根据各储气库的运行特点,合理安排单井开井顺序、配产配注气量等。

七、储气库周期注采方案部署与实施

包括储气库周期注采气量安排,储气库注采井数及井号,单井注采顺序、时率及配产配注,储气库动态监测计划及资料录取要求。

八、措施建议

分析储气库目前工程建设节奏,扩容达产效率及安全稳定运行管理中存在的主要问题,提出相应的措施和建议。

第三节 注采优化调整方案编制要求

气藏型储气库投产运行后,伴随着扩容达产过程,周期注采方案编制逐步走向深入,各类矛盾和问题逐渐暴露,需要在一个重要阶段节点,利用丰富的动静态资料,通过精细地质与注采动态模拟技术相结合,揭示储气库运行机理和内在地质因素,进而提出一套较为完整的注采优化调整方案部署,进一步优化库容参数和井产能,增强井网适应性,解决深层次矛盾和问题,提高储气库运行效率,加快扩容达产速度。气藏型储气库注采优化调整方案设计基本流程如图 10-3-1 所示。

在总体技术流程建立的基础上,对调整方案编制提出了具体要求,进一步规范调整方案编

制工作,达到方案编制规范、高效的目的,可作为储气库相关人员编制方案参考。重点包括原方案设计、工程建设进度、注采动态特征研究,精细地质再认识、气井产能复核修正、优化调整对比方案设计等。

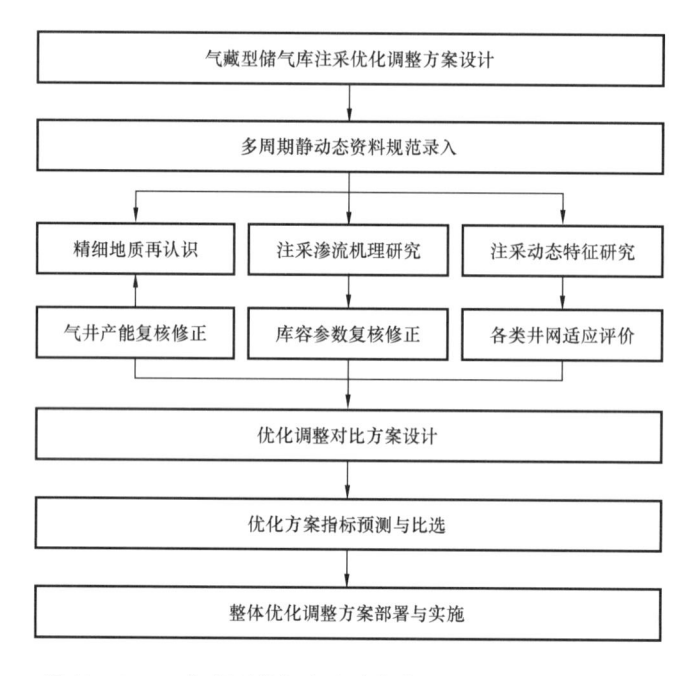

图 10-3-1　气藏型储气库注采优化调整方案设计基本流程

一、原方案设计

根据储气库设计方案,总体论述方案设计要点,包括方案设计主要参数、方案工程实施要求、存在的问题及风险等。

(1)方案设计主要参数。储气库建库层位、运行方式及注采时间,注采井井距、井数及井网部署,监测井设计、监测目的及井数等,运行压力区间,库容量,垫气量,工作气量,注采井数,注采天数,平衡期,单井日注采气量。

(2)工程实施要点。井、地面及管道等工程建设任务,分批实施要求及时间节点,质量控制要求。

(3)存在的问题及风险。储气库建设及运行过程中可能遇到的问题及解决对策,风险管控措施及应急预案等。

二、工程建设进度

根据工程实施方案,总体论述工程建设情况及下一步进度安排,包括工程实施方案要点、工程进度及资料录取、影响工程进度的主要因素、下一步工程建设调整及进度安排等。

(1)工程进度及资料录取。钻完井数情况及新井钻完井主要参数,单井测井解释、系统试井和不稳定试井、试采情况、取心及岩心分析等资料情况。

(2)影响工程进度的主要因素。论述影响目前工程建设进度的主要因素及存在的主要问题,提出下一步解决措施。

(3)下一步工程建设调整及进度安排。根据工程影响因素,合理调整工程建设,提出下一步具体的进度计划安排。

三、注采动态特征研究

利用储气库周期注采资料和动态监测资料,分析多周期注采运行动态,总结注采动态特征,根据运行动态预测目前的主要技术指标。

(1)多周期注采气量分析。分析多周期注采气量、单位压升注气量及单位压降采气量变化,以及影响注采气量的主要因素。

(2)采气阶段产油水量分析。分析单井及储气库多周期产油量和产水变化特征,评价储气库边水侵入特征及主要影响因素。

(3)多周期运行压力分析。分析储气库上限压力、下限压力变化及影响运行压力区间的主要因素;同时结合地质精细研究成果资料,分析储层连通性及对储气库注采气能力和平面动用等方面的影响。

(4)动态监测资料分析。利用产吸剖面测试、圈闭密封性监测、流体分析化验及运移监测等资料,分析主要产吸层位、圈闭密封性及流体运行特征,评价对储气库运行效果的影响。

(5)实际运行指标与原设计对比。对比库容量、工作气量等主要技术指标,分析存在差异的主要原因。

(6)注采动态特征总结。通过对注采气量、产油产水特征、运行压力、圈闭密封性等的分析,总结储气库多周期动态特征。

四、精细地质再认识

针对储气库与气藏的差异性,重点开展高分辨层序地层识别、精细构造研究、圈闭密封性评价、储层精细表征、圈闭三维精细地质建模等研究,重现建立储气库精细地质模型,为储气库地质评价及建设运行奠定基础。

(1)高分辨层序地层识别。充分利用钻井、露头、测井和高分辨率三维地震资料,开展基准面旋回特征及识别、连井拉平地层剖面图、基准面旋回的对比等,建立高分辨率层序地层格架;完成地层划分与对比工作,准确刻画砂体分布特征。

(2)精细构造研究。通过构造圈闭重新解释、断层和裂缝检测、微小断层研究等,确定断层组合基本模式、断层剖面及纵向组合,以气藏为整体研究单元并重点对复杂部位进行构造精细描述,同时动静态资料相结合及时修正构造,通过对构造形态的描述最终建立起目的层三维空间形态的概念。

(3)圈闭密封性评价。从微观到宏观,开展断层静态封闭性评价、盖层静态封闭性评价、圈闭动态封闭性评价等,结合定性评价和定量计算结果,综合评价圈闭密封性,预警地质泄漏风险,提高安全水平。

(4)储层精细表征。包括储层的基本属性(孔隙性、渗透性、润湿性、含油气性),储层隔夹层描述(成因及类型、识别标志等),储层非均质性(宏观非均质性、微观非均质性、影响因素),储层流动单元(划分原则、依据、分类成果),储层综合评价。

(5)圈闭三维精细地质建模。在精细构造研究的基础上,以建模方法为指导,建立储气库构造模型、储层模型和流体模型等三部分,形成储气库高精度三维可视化地质模型;相比气藏地质建模,建模范围需要扩大、建模更精细、储层孔隙网络系统需进行表征及储层可利用孔隙空间计算。

五、注采渗流机理研究

(1)气水互驱渗流特征。开展岩心单次气水驱替相渗、多次气水互驱相渗实验,研究储气库多周期注采运行过程中气水过渡带渗流能力及两相流动区间的变化特征,分析气水过渡带的孔隙空间利用效率。

(2)注采仿真物理模拟。开展地层条件下长岩心注采仿真物理模拟实验,计算长岩心库存指标、动用参数及注采驱替效率,分析地层条件下,储气库多周期注采运行库容动用特征及动用效率;结合微观可视化渗流物理模拟,从微观的角度,直观地了解地层条件下储气库气、水两相微观分布及渗流特征,并分析其主要影响因素。

(3)三维可视化数值模拟。通过气藏开发和储气库多周期注采运行数值模拟,高精度拟合预测关键运行指标,从宏观可视化的角度,分析储气库气水宏观运动规律、流体分布特征及主要运移方向。

(4)注采渗流机理。评价储气库微观储渗特征、孔隙空间利用效率及多相流体宏观运动规律,综合分析影响储气库运行效率的主要因素。

六、气井产能复核修正

主要采用气藏工程方法,修正气井产能方程,评价气井产能,开展气井合理注采气能力研究,为单井合理配产配注奠定基础。

(1)气井产能方程修正。利用矿场产能试井、理论方法以及经验方法,对比分析气井注采气能力,综合确定气井产能方程。

(2)气井产能评价。计算无阻流量和不同地层压力下的注采气能力,分析气井产能及影响气井产能的主要因素;与方案设计对比,气井注采气能力的变化及主要影响因素。

(3)气井合理配产配注。利用节点压力分析预测方法,分析气井不同地层压力下和井口压力下的合理注采气能力,优化调整气井配产配注。

七、库容参数复核修正

主要采用气藏工程方法,结合注采驱替物理模拟和气水宏观运动数值模拟结果,建立库容参数复核方法并修正有效库容量和工作气量。

(1)库容参数复核方法及流程。针对储气库地质和注采特征,建立合适的库容参数计算方法,并形成相应的评价技术流程。

(2)库容参数复核结果分析。应用库容参数复核方法,完成有效库容和工作气量复核,并对结果的可靠性进行分析。

(3)与方案设计对比分析。与方案设计值进行对比分析,指出实际运行产生差异的主要原因,分析工作气量提高潜力。

八、各类井网适应性评价

应用气井现代产量不稳定分析方法,通过井控诊断与分析,分析目前注采井网的控制程度,提出井网加密调整的主要区域。

(1)井控诊断与预测。开展单井注气和采气现代产量不稳定分析,定性诊断流动状态,定量描述控制储量、控制半径、储层渗透率、表皮系数等储层参数。

(2)井网控制评价。评价静态库存量的动用情况、气井井控范围,同时可结合储层有效厚度分布图,分析目前井网调整的有利区及挖潜潜力。

九、运行效果评价与主控因素

综合精细地质研究、物理模拟、数值模拟及气藏工程等研究成果,分析储气库目前运行技术指标,评价运行效果及主要影响因素,为优化调整打下基础。

(1)储气库多周期库存分析与预测。利用气藏型储气库库存分析方法,计算周期运行技术指标,分析多周期技术指标变化特征并预测未来趋势,对比建库方案设计的主要差距。

(2)气井多周期井控分析与预测。利用气井现代产量不稳定分析方法(RTA),拟合气井年度注采运行 RTA 典型图版;定性诊断气井的渗流特征,分析水侵、井间干扰等现象,拟合得到气井的渗透率、井控储量、井控半径、表皮系数等储渗参数,并评价注采井网控制程度。

(3)扩容阶段及扩容方式。以动用含气孔隙体积和总库容量为主要依据,将储气库划分为快速扩容期、稳定扩容期及扩容停止期等不同阶段,分析储气库是气驱扩容还是携排液扩容方式,总结目前扩容特征。

(4)储气库运行效果。利用储气库动用库存量、井网控制、技术指标等资料,评价储气库多周期运行效果评价,提出目前存在的主要问题。

(5)影响因素分析。从精细地质研究、物理模拟、数值模拟及气藏工程方面,综合分析影响储气库运行效率的主要因素。

十、优化调整对比方案设计

针对储气库存在的问题,结合精细地质研究、物理模拟、数值模拟及气藏工程等研究成果,提出多套提高工作气量和运行效率的优化调整方案。

(1)提高工作气潜力分析。从地质评价、渗流机理以及数值模拟等方面,对比分析储气库提高工作气的潜力,最终落实储气库提高工作气潜力。

(2)井网调整的潜力区分析。主要基于地质研究和气藏工程井网评价,落实储层发育区域、井网未控制区域,提出井网调整的有利区域。

(3)井网调整对比方案设计。分析达到工作气潜力需要调整的井数,并针对不同区带的地质特征,提出不同的井型组合模式,设计多套井网调整对比方案。

(4)注采方式设计与运行参数对比方案。① 注采方式设计。针对气井的构造位置和功能定位,设计气井的运行方式(只采气或注采),注采顺序及其组合,提出不同的注采方式对比方案。② 运行参数对比。根据相关研究成果,设计运行压力、单井注采能力等不同参数,提出不同的运行参数对比方案。

十一、优化方案指标预测与比选

主要采用数值模拟方法,对不同的井网、注采方式、运行参数调整方案开展指标预测,对比分析不同方案运行技术指标,提出推荐注采井网调整方案。

(1)数值模拟运行指标预测与优选。根据设定的模拟预测条件,预测不同井网调整对比方案的运行指标;从单井产气量、产水量、工作气量增量等方面,对比优选注采优化调整方案。

(2)推荐注采井网调整方案。提出推荐调整方案井网布置要点,包括井数、水平井与直井组合、井距、注采方式、运行参数及气井功能(注采井、单采井、监测井等);预测推荐方案主要技术指标。

十二、整体优化调整方案部署与实施

根据储气库注采优化调整推荐方案,对矿场实施做出具体的部署与要求。

(1)方案调整预期指标。包括井数、井型、井网、注采方式、运行参数,预期提高的工作气量,以及能达到的有效库容量和工作气量。

(2)调整方案实施要求。从地质评价、钻完井、注采井工程、地面及 HSE 等方面,对优化调整方案提出具体的实施原则、步骤和要求,做到安全、高效实施,保障储气库按期投运。

(3)实施风险及监测要求。评价储气库注采运行过程中存在的主要地质风险,提出降低风险的措施建议,并提出动态监测和资料录取要求,提高风险管控能力,保障注采优化调整方案顺利实施。